# 年表　茶の世界史

松崎芳郎編著

# 年表 茶の世界史

八坂書房

# まえがき

この年表は私自身が茶に興味を覚えて、書物を読むうち、茶に関するできごとを自らの為に年代順に整理しておいたものが基本となっている。考えてみると私が戦前東京にあった茶業組合中央会議所に入所したのは、日独伊三国協定を結んだ年であったから四十五年も前のことになる。当時同会議所は今上天皇御大典記念事業の一つとして、茶に関する出版物の収集整理を行なっていた。私がその整理を担当したころは四千部一万冊以上に及ぶ、和、漢、洋の蔵書があった。この整理に当っているうち気のついたことをメモにしておいたのである。そのメモは私が出征している間に一部は戦災で焼失してしまった。だがメモのうち恩師角田健三氏の指導で浩瀚な古今図書集成から抜粋しておいた部分が手許に残ったのは幸であった。もう一つ幸なことは茶業組合中央会議所の蔵書の大半は戦災を免れていることを復員後に知ったことである。

この蔵書は農林水産省の書庫から現在、日本茶業中央会に保管されており、今は整理中で一般の閲覧はできないところを、特に同会荒井藤光専務の御好意によって閲覧の便宜を与えられたことも幸なことであった。そこで私は曾て茶業組合中央会議所に在職中に編纂した『支那茶業文献目録』を足がかりにして、再度自らのメモの継続に挑戦し、何等か茶と茶業の発展に一つの寄与をなし得ないだろうかと思い直すことにした。このようにいくつかの幸運にも恵まれて私自身のメモは、かなり充足することができた。

こうしている矢先、たまたまこれを見た八坂書房の八坂安守社長から、茶の研究者や茶に興味を抱く人びとにとって何等か参考になればと、これを取り纏め刊行することの承諾を得たという次第である。

以上の経過の通り、これは私の接し得たきわめて限られた範囲の資料にもとづくメモが中心になっているので、もとより完全なものではないことは私自身よく知っているわけである。したがってこれを読まれる諸賢は一人でも多く、これに筆を加えてより完璧なものにしていただきたいと願っている。この年表はそのための一石を投じたことになればと念願するものなのである。このようなわけであるので末尾にあげた参考文献は、多かれ少なかれ引用させていただいているのであるから、出典を明示しないものがあったとしても、その意味では御了承を仰ぎたいと思うし、また感謝してやまない次第である。

この年表だけをとって見ると、同年間に各国の記録が一緒に記載されている。それはそれなりに各国の茶について、同期間中の動きを対比する便利さはあろうが、国別に整理してそれぞれの流れを見ることも必要であると考える。そこでこの年表を骨格にして、これに諸文献や諸家の説などを参考に又は引用させていただき、且つ八坂書房の鹿島照美編集員の助言を得ながら肉付け構成したのが、「II」の『茶の世界小史』である。両者併せて利用されれば、私の意図するところは充分に果たし得て、幸甚この上ないのである。

いま茶について多くの著作が刊行されている。その点では茶の出版文化史上では空前の盛況といっていいであろう。ただ「ことごとく書を信ずれば書無きに如かず」で、読者はいかに玉石を取捨するかが大切だと思う。

この年表作成に当っても、私は玉石混淆を怖れるあまり独断で「玉」を捨て去りはしないか、また私の不勉強から年代を比定できないため割愛した資料の中に、「玉」を含んでいたのではないかとおそれている。

このような意味でも、この年表は多くの諸学諸賢によって磨きをかけられるべき、あくまでも素材であることを繰り返して、まえがきとする。

一九八五年九月

松崎芳郎

年表　茶の世界史

# 目次

まえがき……3
I 年 表……11
II 茶の世界小史……217
第一章 中国……219
1 漢代……219
漢代以前の伝説 「荼」は「茶」か 漢代の喫茶
2 三国時代……222
3 晋代……223
4 南北朝時代……224
5 隋代……225
6 唐代……225
喫茶風習の固定化 茶集散地の形成 茶と文芸 茶書の登場、『茶経』
茶の産業化 貢茶と課税 茶の製法と飲み方
7 宋代……231
榷茶法の成立 茶の密売 茶商軍の発生 宋代の茶製法と末茶法
8 金代……239
貴人の飲む茶

9　元代……241
民族差別と茶の重税　元代の喫茶法
10　明代……242
茶馬交易　炒製葉茶の出現
11　清代……247
茶馬交易からヨーロッパ貿易へ　世界の茶史の概観
第二章　日本……250
1　まえおき……250
茶の自生説と伝来説　ヤマチャの利用　伝来したか製茶法と喫茶の風習
2　天平時代……254
文献では喫茶の伝来は不確実
3　平安時代……255
茶と入唐僧　『日本後紀』の記録　茶の衰微
4　鎌倉時代……259
栄西の茶種将来説　『喫茶養生記』　茶産地のひろがり　喫茶の階層とその目的
5　室町時代……265
生産と品質の向上　高級茶は抹茶か　喫茶法の二つの流れ、闘茶と茶の湯
6　安土桃山時代……270
信長の茶　秀吉の茶　利休の茶　茶の生産と喫茶風習
7　江戸時代……274

大名茶の派生　諸藩の生産奨励策　茶消費の大衆化と商品化　茶製造技術の向上　文人好みの煎茶道　茶道観の変化　生産者、流通業者の組織化　日本茶輸出の前日

第三章　西欧諸国……282

1　まえおき……282
西洋人の見た中国茶　西洋人の見た日本茶

2　ポルトガル……286

3　オランダ……286
ヨーロッパへの道はオランダから　消費を助長した中国磁器

4　イギリス……288
驚異的な輸入の増大　「午後の茶」にみる喫茶の発展　紅茶の起源　ボストンのティーパーティー　アヘン戦争　インドで茶栽培を開始　アッサムで茶樹を発見

5　ロシア（ソ連）……297
サモワール喫茶

第四章　二〇世紀の動向……300

1　茶園開設の動き……300
セイロン（スリランカ）　インドネシア　新興のアフリカ諸国

2　中国の動向……307
収奪された茶業者　生産、消費、輸出の減退　新生中国茶の底力

3　日本の動向……310
日本茶の近代化　茶業組合の結成　アメリカの喫茶事情　紅茶に圧されたアメリカ市場　『茶の本』とその後の茶道　輸出新市場の開拓　第二次大戦前後
参考文献……321
人名索引……327

# I 年表

# 凡例

一、年表最上欄に日本史の時代区分をあげ、年の見出しは西暦を用い、それに相応する日本年号を併記した。
一、中国の王朝名、年号は、記事のはじめに括弧内に記入した。なお同一年内に同一王朝の記事が複数あるばあいは、初頭のもののみに附し、以下は省略した。
一、年号は改元の年をもって表記した。
一、日本の記事中に月日があるものは、一八七二年までは太陰暦、一八七三年以降は太陽暦によっている。その他、中国、アジア諸国の記事に月日のあるものは、一八五九年までは太陰暦、一八六〇年以降は太陽暦によった。
一、記事は五種類に分け、中国関係のものには㊥、日本関係のものには㊐、欧米諸国には㊄、中国、日本以外のアジア諸国には㊍、その他には㊀というマークを各記事の頭に附けた。
一、同一年内の記載事項は、上記マークの順によって排列した。月日が明らかでないものが多いため、同一年内は時間的な順序によらない。
一、年代不詳のものは収録を避けたが、重要と思われる事項については「このころ」として、ほぼ推定できる年代に記載した。
一、各記事の末尾の括弧内に、当該記事の出典、出所をしめす文献名又は資料名を記入したが、それはすべて『　』内に記入した。出典、出所は時代の古いものについては、極力原典をしるしたが、省略したものも多い。
一、記事は、原典、原資料のうち、茶の歴史上参考と思われる部分を抜粋して記載したものが相当に多い。これは必ずしも原典、原資料を総合したものを、要約ないし抜粋したものとは限らない。
一、同一と思われる記事が、別の年代にそれぞれ記載されたものがある。これは出典の相違によるもので、そのまま記載した。

| 日本 | |
| --- | --- |
| 年代 | 事項 |
| 前二七八〇 | ㊥このころ神農氏『食経』を著わすと伝える。その中に「荼茗（タメイ）久しく服すれば、人をして力あらしめ、志を悦（ヨロコ）ばしむ」との記載があったという。（『茶経』）荼・茗はいずれも茶の古字或は別称。また『茶経』中に「茶の飲たるは神農に発す」とも記す。なお『食経』は今に伝わっていない。 |
| 前二七三七 | ㊥このころ中国において茶樹が発見されていたという。（荘晩芳『茶作学』） |
| 前七七〇 | ㊥このころ周の文王の子、周公旦『爾雅』を著わすという。その中に「荼（タ）は苦菜なり」（釈草第十三部）「檟は苦荼なり」（釈木第十四部）との記述がある。ただし『爾雅』は周公の著で孔子が増補したというのは仮託のはなしで現在に伝えられるものは、秦漢時代（紀元前二四九〜二二〇年）または後漢のはじめ（紀元三〇年頃）のものとされる。 |
| 前五〇〇 | ㊥このころ編纂された『詩経』中の鄘（ギョウ）風、谷風篇に「誰か謂（イ）う荼苦し」と、また大雅篇に「菫（トウ）荼は飴の如し」、豳（ヒン）風七月篇に「九月採荼」とある。ともに荼の字がある。荼は茶の古字ではあるが、この『詩経』の荼は今の茶を指すかどうかには諸説がある。大別すれば、荼は苦菜（ニガナ）とし一種の野菜とする説と草茶（又は苗茶）とする説の二説あるようである。（前五九年の項参照） |
| 前四〇〇 | ㊥このころ著わされた『晏子（アンシ）春秋』に「晏子は景公に相たる時、脱粟の飯を食い、三弋（ヨク）（三羽の鳥）を炙にし、五卵茗菜のみ」と記す。茗は茶の別字。 |
| 前三〇〇〜前二〇〇 | ㊥「秦人、蜀（今の四川省が中心）を取り、始めて茗飲の事を知る」との句がある。中国四川省一帯では飲茶の習慣はすでに盛行していたという。（顧炎武『日知録』）『日知録』は一六八二年に著わされた。 |

| | |
|---|---|
| 前一三五 | ㊥（前漢）武帝の建元年間（前一四〇〜前一三五）、四川省犍為郡の南安、武陽の地、皆名茶を出すという。（『華陽国志』）武陽は現在の四川省彭山県。 |
| 前一一八 | ㊥（前漢、元狩五）司馬相如没する。かれは茶を飲んだという。（『茶経』） |
| 前七三〜前四九 | ㊥（前漢）この時在位していた宣帝の時、『礼記』編纂される。その中に「掌茶」「聚茶」をもって喪事の用に供したと記す。 |
| 前五九 | ㊥（前漢、神爵三）このころ著述されたという、宣帝時代の学者王褒の『僮約』に「茶を烹る」「茶を買う」などの文字がみられる。また、「茶を烹るに具を尽す」の文字もある。そのうち「茶」については茶ではなく、「苦菜」（にがな、ノゲシ草）であるとの説がある。一方、宋の章樵は『僮約』の註により「武陽に茶を買う」の武陽は王褒の故郷四川省眉州彭山県で、この辺りは中国で最も早く茶の産地として知られていたようなので「買茶」の茶は茶であるとしている。（矢野仁一『茶の歴史に就いて』、大石貞男『日本茶業発達史』）（七三四年の項参照） |
| 前三二〜前七 | ㊥（前漢）成帝のころ、飲茶の習慣があったという。（『広陽雑記』巻三）『広陽雑記』の著者は清の劉献廷。かれは漢の成帝に関する古伝承に基いてこの説をたてた。 |
| 一八 | ㊥（新、天鳳五）大夫楊雄没する（70）。その『蜀都賦』に「百華春を投ず、隠隠たる芬芳あり。蔓茗は荻郁、翠紫は青黄たり。」と茶を讃えた句がある。またその著『方言』の中で「蜀の西南人は茶を蔎と曰う。蜀人茶を飲むこと最も早し、蔎の字は茶の俗字たり」と記す。蜀の西南とは今の雲南地方。 |
| 八三 | ㊥（後漢）章帝の建初の年（七六〜八三）、『漢書』一〇〇巻なる。この中「地理志」に「茶陵」の文字がある。（六四五年の項参照） |

| | |
|---|---|
| 一二一 | ㊥（後漢、建光一）学者許慎『説文』（「説文解字」ともいわれる字典）を脱稿し（九九年）、帝に献上する。その中に「茗は茶の芽也」と記す。 |
| 一四九 | ㊥（後漢）桓帝の建和（一四七〜一四九）のころ、仏教伝来し、江西省の廬山では寺院仏閣が三〇〇余に達し、僧侶が雲集していた。かれらは断崖をよじ上り、飛瀑を冒して争って野生茶を採ったという。（『廬山志』） |
| 二〇〇 | ㊥（後漢、建安五）薬方と針灸術に精通した華佗、『食経』（一説に『食論』ともいう）を著わすという。その中に「苦茶は久しく食すれば意思を益す」との記載がある。（『茶経』）『食経』は今に伝わっていない。 |
| 二〇四 | ㊥呉の韋昭（二〇四〜二七三）、呉国王烏程侯の孫皓より茶荈を賜わる。この記録が「茶」の字の初例という。（『三国志』呉志） |
| 二一六 | ㊥（魏、建安二一）曹操魏王となる。宋代の欧陽修（一〇〇七〜一〇七二）の『集古録』下巻に「茶は前史に見ゆ、蓋し魏晋より以来之れ有り」と記す。 |
| 二二〇 | ㊥（後漢、建安二五）このころ尚書令の役にあった傅巽、『七誨』（七つの教訓）を著わす。その中に「南中（雲南省）の茶子」の語がある。 |
| 二三〇 | ㊥（魏、太和四）このころ、張揖の撰とされる『埤倉』に「茶」字を梌につくる。同じく張揖の撰とされる『雑字』に「荈」は「茗」の別字なりという。 |
| 二六五 | ㊥魏の時代（二二〇〜二六五）、仏教徒がインドより帰国の途中、茶苗七株を持ち帰り、四川省の泯山に栽植したという。（荘晩芳『茶作学』） |

| | |
|---|---|
| 二七〇 | ㊥（晋、泰始六）このころ郭義恭の撰とされる『広志』に「茶は叢生す」の句がある。 |
| 二七三 | ㊥（晋、泰始九）呉の孫権の孫韋昭殺される。韋昭は酒を好まず、茶をよく飲むと記す。（『茶経』） |
| 二七四 | ㊥（晋）武帝の泰始の年（二六五〜二七四）、安徽省宣城の人、秦精という者が大山に入り茶樹を得たと伝える。（『続捜神記』） |
| 二八九 | ㊥（晋）武帝の大康の年（二八〇〜二八九）、張載「成都楼に登る詩」を詠む。その中に「芳茶は六清に冠し、溢味は九区に播す」（芳しい茶は六種の飲料よりぬきん出て居り、滋味はあまねく各地に知れている）と記す。 |
| 二九〇 | ㊥（晋、太熙一）このころの書とされる『荊州土地記』に「浮梁の茶最も好し」の句、また「武陵七県通じて茶を出だす。最も好し」の句がある。 |
| 二九三 | ㊥（晋、元康三）太司馬（大将軍）孫楚没する。その歌に「薑、桂、茶、荈は巴蜀（四川省）に出づ」とある。（『孫楚集』『新唐書』） |
| 二九四 | ㊥（晋、元康四）司隷校尉（警視総監のごとき役）傅咸没する。その司隷教に「茶粥（チャジュク）」（末茶の雑煮のようなものか）、「餅」（茶餅のことか）の字句がある。（『晋書』） |
| 二九五 | ㊥このころ「洛陽の紙価を高めた」とされた文人左思、「嬌女の詩」をつくる。少女の優雅なすがた、茶を煮るときのすがたなどをうたっている。 |
| 三〇〇 | ㊥（晋、永康一）張華没する（68）。その著『博物志』に「真茶を飲めば人をして眠り少なからしむ」と記す。 |

三〇六　㊥（晋、光熙一）恵帝没する。「ある者が瓦盂をもって夜、恵帝に茶を奉る。帝飲んで以て佳と為す」という。（『北堂書鈔』）

三一五　㊥（晋、建興三）アメリカの駐清代理公使のホルカムベ（Holcombe）が、茶樹はこの年インドから中国に移植されたと述べている。（Clark Univers, Lectures, "China and the far-East"）ただしこの説は余りにも断定的に年代を確定して述べている点などからいっても信憑性のあるものではないとされている。（矢野仁一『茶の歴史に就いて』）

三一七　㊥（東晋、建武一）大将軍劉琨、段匹磾に殺される。劉琨が兄の子劉演に与えた書に「吾体内憒悶を患う、恒に真茶を仰ぐ、汝信じて之を致すべし」と記す。（『北堂書鈔』）

三二二　㊥（東晋）元帝（三一七～三二二在位）の時、「宣城毎年、貢茶頗る多し」という。（『本草衍義』）これは安徽省における貢茶の最初の記録とされる。

三二四　㊥（東晋、大寧二）郭璞没する。『爾雅』の註釈『爾雅郭璞註』の著で知られる。茶についてその註にいう、「樹は小にして梔子（くちなし）に似、冬に葉を生じ、羹に煮て飲むべく、早采のものを茶、晩取のものを茗と曰い、荈と曰う。蜀の人は苦茶と称す」と。また「苦茶」の字句を解釈して「葉は吸い物にできる」ともいう。

三三九　㊥（東晋、咸康五）丞相王導没する。王導が生前、神童として名高い任瞻という男を酒席に招いた折、任瞻は酒をみて「これは茶か茗か」と奇問を発して人々を驚かし、人が神童も怪しいと思ったのに気がつき、いや自分は「燗の熱冷を問うた」のだと言い直したという。（『世説』）

三四六　㊥（東晋、永和二）禅僧単道開、臨漳県の昭徳寺に禅室を造る。茶を飲んで睡眠を防いだという。（『晋書』）これを茶室の起源とする説がある。また道開は「食する所の薬は、松、桂、密でその他は茶

| | |
|---|---|
| | 蘇だけ」という。(『茶経』)茶蘇とは茶粥のようなものか。 |
| 三五六 | ㊥(東晋)穆帝の永和の末、李份という男が四明山で中秋の明月の夜、狸の化けた美人と茶を飲んだという伝説がある。(『捜神記』)四明山は現在の浙江省鄞(キン)県にあり茶の名産地として知られる。 |
| 三六二 | ㊥(東晋、隆和一)哀帝即位する。哀帝の岳父王濛は常に継続して茶を飲むという。ただし当時の茶は甚だ苦く、賓客などはこれを「水厄あり」と称して敬遠したと伝える。(『世説』『採茶録』)<br>㊥陸樹声の『茶寮記』に「晋宋已降、呉人は葉(茶葉)をとり、之を煮て茶粥(チャジュク)という」と述べている。この時代茶を煮て葉を粥のようにして飲んだこともあるかとされる。陸樹声は明の万暦の人。 |
| 三六三 | ㊥(東晋、興寧一)大司馬録尚事の桓温、全盛時代にあっても「性倹なり。毎讌、惟だ七奠を下し、茶果を拌するのみ」と粗食であったことを伝える。(『晋書』桓温伝)倹は質素。讌は宴。 |
| 三七三 | ㊥(東晋、寧康一)大司馬、桓温没する。「その性質質素で、宴会毎に七つだけの供え物を出し、あとは茶菓を出しただけ」と記す。(『茶経』)(三六三年の項参照。全く同様の話が伝わっていることがわかる。年号は興寧と寧康の差がある。) |
| 三八六 | ㊥北魏建国、以降五三四年に亡ぶ。この時代に賈思『斉民要術』を著わすという。この書は中国北部の農業を中心に扱っているが中国最古の農書とされる。この中に「白醪麹(しろざけこうじ)」の作り方を示して「これを竹帚で衝きたてて茗の渤(あわだて)のようにする」と記す。 |
| 四〇〇 | ㊥(東晋、隆安四)このころ斐淵『広州記』を撰する。「酉平県に皐盧出だす。茗の別名。葉大にして渋く、南人以て飲と為す」と記す。 |
| 四二六 | ㊥(宋、元嘉三)給事黄門郎の役についた劉敬叔『異宛』十巻を著わす。その中に茶を古塚に捧げていた或る婦人が、古い塚から礼を受けたという物語等を記している。 |

| | |
|---|---|
| 四四〇 | ㊥（宋、元嘉一七）このころ（南北朝の初期）山謙之『呉興記』を著わす。その中に「浙江烏程（今の呉興県）以西二十里、温山有り、産する所の茶、専ら進貢の用に作る」と記す。浙江省貢茶の最も早い記載とされる。 |
| 四四三 | ㊥（宋、元嘉二〇）学者王微没する（28）。その詩に「君を待てども来らず、えりを正してひとり茶をたてる」意を賦す。（『茶経』） |
| 四四九 | ㊥（宋、元嘉二六）学問、徳行に名のあった沈演之没する（53）。晩年に茶をもって飯に代えていたという。（『茶経』） |
| 四六〇 | ㊥（宋、大明四）このころ『南越志』が著わされたという。その中に「茗は苦渋。亦これを過羅（コロ）という」との記述がある。 |
| 四七二 | ㊥（宋、泰予一）予章王の子尚自刃する。子尚かつて八公山（一名北山、安徽省）に行き茶茗を飲んだ時「これ甘露なり、何ぞ茶茗と言わむ」という。（『茶経』『太平御覧』） |
| 四七七 | ㊥（北魏、太和一）この年博士となった張揖『広雅』を著わす。その中でいう、「荊州や巴山の間（四川省から湖北省にかけた辺り）に生じた茶葉をとって、これを搗いて餅に作る。飲む時は、赤く炙って、それを粉末にし、器に入れ、湯を注いで之に蓋をする。それに葱、薑、蜜柑の皮を加える。それを飲めば、酒を醒まし、人をして眠らなくする」と。（『茶経』） |
| 四九三 | ㊥（斉）武帝の永明年間（四八三〜四九三）、トルコと貿易あり、茶が絹織物や磁器と共に輸出されたという。（『飲茶漫話』）<br>㊥（斉、永明一一）武帝没する。遺詔に「我が霊上慎んで牲を以て祭を為す勿れ、唯餅果、茶飲、乾飯、酒脯を設けるのみ」と記す。（『斉武帝本紀』） |

| | |
|---|---|
| 五〇八 | ㊥（梁、天監七）この年に没した任昉『述異記』を著わす。この中に「巴東（四川省東部）に真香茗あり。その花白きこと薔薇の如し。煎服すれば人をして眠らざらしむ。能く誦して忘ることなし」とある。 |
| 五一七 | ㊥（梁、天監一六）西域の僧が中国に来て修業中、眠りより醒め自分の両眼を地に棄てたところ、そこから茶樹が生じたという伝説がある。（五二〇年の項参照） |
| 五二〇 | ㊥（梁、普通一）達磨大師、インドから禅宗布教のため中国へ渡る。この達磨大師が眼球をくり抜いて地に棄てたところに茶樹が生えたという伝説がある。（五一七年の項参照）五一七年と五二〇年の達磨の茶の創初伝説は次の三書の説に基く。Kaempfer "History of Japan", De Candolle "Origin of Cultivated Plants" (p. 117, 118), Hartwich "Die menschlichen Genussmittel" (p. 426) |
| 五二九 | ㊥（北魏）永安の年（五二八〜五二九）、奉朝清という役にあった王粛（後に尚書令となる）は、博学多識を以て知られていたが、彼は羊肉や酪漿などの物は食べず、喉がかわけば茗汁を飲んでいた。一度に一升は飲み、漏巵（ロウシ）（底なし盃）とあだ名されたという。（『洛陽伽藍記』） |
| 五三六 | ㊥（梁、大同二）処士陶弘景没する。その著『雑録』に「苦茶は身を軽うし、骨を換う」との記載がある。（『茶経』）また陶弘景が注釈をした『桐君採薬録』に「西陽（湖北省黄州府）、武昌（湖北省）、廬江（安徽省廬州府）、晋陵（江蘇省常州）等に好茗を出し……」との記載がある。 |
| 五三九 | ㊥（梁、大同五）文章を以て聞えた劉冉没する。彼が晋安王より米などを送られたのに対し礼を述べているが、その中で「茗は白米を食べると同じ」などと述べる。（『茶経』） |
| 五四三 | ㊥（梁、大同九）顧野王『玉篇』を撰すという。その中に「荈は茶葉の老いたるもの。茗は荈、茶は苦菜也」と記す。 |

## 飛　鳥

| | |
|---|---|
| 五八九 | ㊥（隋、開皇九）文帝即位する。文帝は茶を嗜むという。このため一部の権勢に阿諛の徒は、上の好むところに迎合したが、これが飲茶の流行に拍車をかけたと伝える。（『隋書』） |
| 六〇一 | ㊥（隋、仁寿一）陸方言等『広韻』を撰する。その中に「𣘻、春蔵の葉は以て飲と為すべし。巴南（四川省南部）の人は葭𣘻という。茶は俗なり」と記す。 |
| 六三八 | ㊥（唐、貞観一二）虞世南没する（80）。『北堂書鈔』を編する。とくに此の書物、酒食部に「茶篇」を設けたことに注目されるという。茶の記事、詩の引用等がある。現存中国類書の最古のもの。 |
| 六四一 | ㊥（唐、貞観一五）杜育没する。その『荈賦』にいう、「霊山は惟れ岳、奇産のあつまる所、それ荈草を生じ、谷をわたり、岡を被(オホ)う」と。霊山は四川省にあり、岷江の源流岷山をいう。<br>㊥この年文政公主は第三十二世チベット王、松贊干布に嫁す。そのとき湖南岳州の名茶「灉湖含膏」を持参した。これよりチベットに飲茶の風が伝わったという。 |
| 六四五<br>大化一 | ㊥（唐、貞観一九）学者、顔師古没する（64）。かれは茶の古字「茶」の発音について『漢書』地理志の茶陵の註釈に「茶の音は丈加反(ジョウカノハン)。音塗(ト)」と述べた。これでみると『漢書』ができたのは後漢の章帝、建初年間（七六〜八三）とされるから、そのころは「茶」は「チャ」と「ト」の二音があったとみられる。（八三年の項参照） |
| 六四六<br>大化二 | ㊍（新羅）善徳女王のころ（六三二〜六四六）、茶の初伝の記事がある。「……茶は善徳王の時よりこれ有り」。（『三国史記』） |
| 六五九<br>斉明五 | ㊥（唐、顕慶四）この年に勅撰された『新修本草』に茶が苦𣘻、茗の字であらわされ、薬剤に用いられることが記されている。「茗は苦𣘻、茗は味甘く苦微、寒に毒無し。瘻瘡を主し、小便を利し、去痰熱渇、人をして睡りを少なからしむ。秋に之を採る。苦𣘻は気を下し、宿食を消すを主とし、飲を |

## 奈良

| 西暦 | 和暦 | 事項 |
| --- | --- | --- |
| | | 作すときは茱萸薑等を加う」。（『茶経』） |
| 七〇四 | 慶雲一 | ㊥（唐、嗣聖二一）このころ孟洗『食療本草』を著わすという。その中に「赤白下痢に茶一斤を以て、焙って搗き、之を抹にして、濃煎し、一、二盞服するを好とす。又、久しく痢を患える者も此れを服すべし」と記す。（『茶』） |
| 七〇八 | 和銅一 | ㊥（唐、景竜二）三月、「天子司農少卿王光輔の荘に幸す。駕還りたる後、中書侍郎南陽岑羲、茗飲葡萄の漿を設け、学士等と経史を討論す」との記載がある。（『景竜文館記』） |
| 七一一 | 和銅四 | ㊥（唐、景雲二）このころ陳蔵器『本草拾遺』を撰する。その中に「皐芦（コウロ）、味は苦平、飲をなせば渇を止め、疾を除き睡らず。利水目を明らかにす。南海の諸山に産す」とある。皐芦は和名タウチャ。 |
| 七二三 | 養老七 | ㊥（唐、開元一一）唐の李邕書の『娑羅樹碑』に茶毗（タビ）という文字がある。 |
| 七二九 | 天平一 | ㊐「百人の僧を内裡に召して、般若を講ぜられ、第二日行茶の儀有り」という。（『公事根源』） |
| 七三四 | 天平六 | ㊐『正倉院文書』（『大日本古文書』所収）にこの年より宝亀二（七七一）年までの間に四十通の関係文書がある。いずれも写経生の食料として買い求めたもので「茶十五束」とか「茶七把価銭五文」などと記されている。ただしこの「茶」は束ねた野菜のことと推測されている。代価から考えても安すぎると思われるので「ニガナ」「ツバナ」また「ノゲシ」との説がつよい。しかし茶とみた場合、茶を煮たものとしても通るという説もあり、現在は茶とみる説が有力視されている。<br>㊐「この年二月、大内の大般若経に引茶給いしと有り」という。（『奥儀抄』） |
| 七四一 | 天平一三 | ㊥（唐）玄宗の開元年中（七一三〜七四一）、「太山（山東省の泰山）の霊岩寺に降魔師あり、禅者に寝ねざるを教うるとて茶を飲ませたるが、是より、飲茶俗を成せり」という。（『続博物志』『封氏聞見記』） |

奈　良

| | |
|---|---|
| | ㊥（唐）開元年間、山東、河北から当時の首都長安に至る間「城市多く店舗を開き、煎茶之を売る。道俗を問わず、銭を投じて飲を取る。其の茶は江淮（コウワイ）（江蘇、安徽両省の地区）より来たり舟車相継ぐ……」などと記す。（『封氏聞見記』）<br>㊥（唐）開元年間、張巡許遠が睢陽城（河南省帰徳府）を守るころ、糧食に乏しく、米に茶、紙、樹皮を雑えて士卒と共に之を食したとの記録がある。（『資治通鑑』）（七五五年の項参照）<br>㊥（唐）玄宗の開元の末ごろ在世した斐迪（ハイテキ）『茶泉詩』を残すと伝える。 |
| 七四二<br>天平一四 | ㊥（唐、天宝一）浮梁（江西省浮梁県）より西北、華北地方に販売された茶は毎年七百万駄、税は十五万貫の多きに達したという。（『元和郡県志』）一駄の荷物の重量は約三六〇キロ。 |
| 七四八<br>天平二〇 | ㊐天平の時代（七二九〜七四八）に僧行基、「諸国に堂舎を建立する事四十九箇所、これに茶木を植えた」という。（『東大寺要録』） |
| 七四九<br>天平感宝一<br>天平勝宝一 | ㊐僧行基没する（80）。 |
| 七五〇<br>天平勝宝二 | ㊥（唐、天宝九）聖善寺沙門某書『霊運禅師碑』に茶椀（タ）の文字がある。 |
| 七五一<br>天平勝宝三 | ㊥（唐、天宝一〇）この年進士に挙げられた銭起は、茶宴、茶会の詩をよく詠んだ。「趙莒（キョ）の茶宴に与う」詩、「竹下言を忘れ紫茶に対し、全勝羽客流霞に酔う。……」などがある。（『茶事拾遺』）茶宴の名称はここに始まるという。 |
| 七五五<br>天平勝宝七 | ㊥（唐）天宝年間（七四二〜七五五）、「南岳貢茶、官符の星火、春焙を催す。山農之れに苦しむ」（『唐書』食貨志）とある。貢茶の害をのべた最初の記録という。<br>㊥（唐）天宝年間、劉清真という者が、その徒二十人と寿州（安徽省の寿県）にて茶を作るとの記録がある。（『太平広記』） |

## 奈良

㊥（唐、天宝一四）安禄山謀反し、張巡、睢陽城（今の河南省帰徳府）に籠城したとき、樹皮、紙布を切って煮て之に茶汁を加えて食い、なお意気盛であったという。（『資治通鑑』）（七四一年の項参照）

**七五六 天平勝宝八**

㊥（唐、至徳一）この年進士に挙げられた封演はその著『封氏聞見記』の中で、泰山（山東省）の霊巌寺の僧降魔師は坐禅の時も飲茶を許されていたと記述している。

**七六〇 天平宝字四**

㊥（唐、上元一）湖北省天門県の人、陸羽（字は鴻漸）『茶経』三巻を著わす。「一之源（茶の起源、茶の原理）、二之具（製茶具）、三之造（製茶法）、四之器（飲茶器）、五之煮（茶餅の煮方）、六之飲（飲茶論）、七之事（茶の歴史）、八之出（茶の産地）、九の略（略茶式）、十之図（図解）」の三巻十章からなり、茶の掟を定式化した茶の聖書と称される。八之出の産地によれば、当時すでに、山南道（現在の湖北、陝西、四川各省の地）、淮南道（現在の湖北安徽両省の地）、浙西道（現在の浙江省のあたり）、剣南道（現在の四川省）、浙東道（現在の銭塘江の東南部）、黔中道（現在の湖南省の一部）、江南道（現在の浙江、福建、江蘇の各省にまたがる地）、嶺南道（現在の福建、広東、広西の各省にまたがる地）と広範囲にわたって茶を産していたことがわかる。この著により著者は世に茶神と称せられる。

**七六一 天平宝字五**

㊥（唐）粛宗の上元の年（七六〇〜七六一）、湖州（今の浙江省）長城県の人、釈皎然（シャクコウネン）、『杼山集』十巻、『詩式』五巻などを著わす。茶詩が頗る多い。

㊥（唐）粛宗の代（七五六〜七六一）に陸羽が「芬香甘辣（ラツ）、他境に冠たり上に薦むべし」といったので時の常州（江蘇省）太守李栖筠、これに従い貢茶をしたという。これが貢茶の濫觴とされる。（『漁隠叢話』）貢茶の濫觴については三二二年、四四〇年の項参照。

**七六二 天平宝字六**

㊥（唐、宝応一）詩仙とされる李白没する（61）。茶に関する詩が多い。「常に聞く玉泉山、山洞乳窟多し。仙鼠は白雅の如く倒れ懸かり渓月深し、茗は此の中石に生じ、玉泉流れて歇（ヤ）まず。……」など

## 奈良

| | |
|---|---|
| | の作がある。 |
| 七六三 天平宝字七 | ㊥（唐、応徳一）長興県（浙江省）に命じて貢茶を進献させたという。（『中国的名茶』） |
| 七六六 天平神護二 | ㊥（唐、大暦一）寿州（安徽省寿県）の刺史張鎰、新茶一串を陸贄に送る。（『唐書』陸贄伝） |
| 七六七 神護景雲一 | ㊥（唐、大暦二）僧無着、五台山華厳寺に入り茶を喫する。 |
| 七七〇 宝亀一 | ㊥（唐、大暦五）李栖筠が常州（江蘇省常州）の刺史であった時、山僧に陽羨（江蘇省にあり）の茶を献ずる者がいたとの記載がある。ここはすでに茶の名産で知られていた。（『古今図書集成』食貨典）<br>㊥浙江省長興県顧渚山に貢茶院が置かれ、歳造一万八千四百斤の貢茶奉進するという。（『全唐詩話』）またこの貢茶院は中国における最初の製茶工場とされる。<br>㊥詩人、杜甫没する（58）。茶については「落日平台上、春風茗を啜る時……」などの詩をのこす。 |
| 七七一 宝亀二 | ㊐『奉写一切経所解』の月別の作物を述べた項のうち五月、九月、十月に茶がある。（茶については七三四年の項参照） |
| 七七三 宝亀四 | ㊥（唐、大暦八）太守顔真卿、陸羽のために茶房三癸亭を建てる。（『杼山妙喜寺碑銘』）また、顔真卿「月夜茶を啜る」の連句等、茶に関する多くの詩をのこす。 |
| 七七五 宝亀六 | ㊥（唐、大暦一〇）「吐蕃（チベット）数々盗を為す。……支うる能わず。……回紇（ウイグル）赤心、馬万匹を市らんと請う。有司は財乏しきを以て止だ千匹を市う」（『新唐書』）とあり、『封氏聞見記』に「回紇入朝の時、馬を持ち来たりて茶に易えた。……」との記載がある。また明代の『大学衍義補』に「唐の世に回紇入朝の時既に馬を以て茶に易えている。西北蒙古族が茶を嗜んだことはその |

奈良

由来深いのである」と記す。これらを以てこのころ茶馬貿易が行なわれたとの見解が多い。

**七七八　宝亀九**

㊐このころ歌集『万葉集』なるとされる。この中に「五更(アカトキ)の目不酔草(メザマシグサ)と此(コレ)をだに見つつ坐(オワ)して吾と偲(シヌ)ばせ」の歌がある。この「目不酔草」は茶ではないかとする説がある。

**七八〇　宝亀一一**

㊥（唐、建中一）蜀（四川省）の相（大臣）崔寧の女、茶托子を作る。（『説郛』続事始）

㊥常兗、福建観察使となり、始めて研膏茶を作る。（『古今図書集成』食貨典）研膏茶は福建の建州及び南劍州に発達し、蠟面茶、蠟茶また臘茶とも呼ばれる。茶芽を蒸し練り研ぎこれに油膏などを加え団状に塑成した最高級の茶。

㊐宝亀年間（七七〇〜七八〇）、美濃国（岐阜県）白山神社を創建した泰澄大師が京都に遊学して帰路、茶種子を持ち帰り、白川郷広野に播いたと伝える。（『美濃茶の栽培と加工』）

**七八一　天応一**

㊥（唐、建中二）徐浩の書『不空和尚碑』に「茶毗」の文字がある。

㊥入蕃使判官常魯、吐蕃（チベット）に使し、帳中で茶を烹ていたところ、西蔵王の賛普も亦、唐本国の種々の名茶を出して饗応したと伝える。（『唐国史補』）

㊥浙江省高刺郡顧渚の茶三千六百串を進貢すという。その際「顧渚山中の紫茶を帝は未だ嘗めないのを嘆息す」との意をうたった詩を附けたという。（『全唐詩話』）顧渚の茶は湖州。

㊥この年三月、浙江省湖州の刺史袁高「修貢顧渚茶山作」の詩をなし、貢茶の恐るべき実状をうたう。「動けばすなわち千金の費、日に万姓をして貧ならしむ。我れ顧渚源に来て、茶事に親しむを得たり、……悲嗟空山に遍ねく、草木も春を為さず。陰嶺の芽未だ吐かざるに使曹の牒已に頻なり……」（『全唐詩話』）此の詩はのちに石に刻まれた。（『光緒長興県志』）

**七八二　延暦一**

㊥（唐、建中三）（または建中元年ともいう）、戸部侍郎趙賛の意見により、茶を始めて、課税の対象とし、常平の本銭に充てるという名儀で、漆、竹木と共に税率十分の一の従価税を課す。（『唐書』）

| 平安 | |
|---|---|
| | 食貨志） |
| 七八三<br>延暦二 | ㊥（唐、建中四）徳宗が朱泚の難を奉天（今の陝西省乾県）に避けたとき、鎮海軍節度使、韓滉が専ら糧運の任に当り、朝廷を救った折「采練嚢を以て、茶末を緘して、自ら負うて健歩以て至尊に進めた」という。（『唐国史補』） |
| 七八四<br>延暦三 | ㊥（唐、興元一）茶税を一旦廃止する。（『唐書』） |
| 七八五<br>延暦四 | ㊥唐代の忠臣、書法の大家である顔真卿、李希烈に殺される。『春夜茶を啜る連句』の詩中に「花を泛べて坐客を邀え、飲に代りて清言を引く」との作がある。 |
| 七八七<br>延暦六 | ㊥（唐、貞元三）吐蕃（西蔵）と盟約する。この前後、入蕃使常魯が、吐蕃に使した時、自分の飲料に茶を携帯して往く。（『唐国史補』）（七八一年の項参照） |
| 七八八<br>延暦七 | ㊐最澄（伝教大師）比叡山延暦寺を創建する。また延暦の年に唐より茶を持ち帰ったという。（『日本荘記』）（八〇五年の項参照） |
| 七八九<br>延暦八 | ㊥（唐、貞元五）浙江省顧渚山の貢茶の種類を五等級に区別、第一等は清明節迄に長安の都に届くを要したという。これを「急程茶」という。（『中国的名茶』）顧渚山のある長興県から長安までの距離二〇〇〇キロ、唐代の交通条件の下で十日以内の輸送は至難のことであった。 |
| 七九一<br>延暦一〇 | ㊥（唐、貞元七）顧渚茶院に修貢する。<br>㊥湖州（浙江省）の刺史、宇頔は常州（江蘇省）と合同して奏請し、長興よりの貢茶の長安到着を十日に限り延着することを許されたという。（『中国的茶業』）<br>㊥この年に刻した袁高の「茶山詩」は茶字すべて五つ、皆茶の文字に作ってある。 |

## 平安

| | |
|---|---|
| 七九三 延暦一二 | ㊥(唐、貞元九)塩鉄使張滂の建議により、水旱(旱魃)のために民田の税が徴収できない場合の用度に充てるため、茶を再び課税の対象となす。然し水旱救わず『唐書』というから、旱魃の被害はそのまま放置されたようである。 |
| 七九四 延暦一三 | ㊐桓武天皇山背(ヤマシロ)に遷都し、平安京と称する。主殿寮の東に茶園を設け、造茶使を置くという。(『西宮記』『百寮訓要抄』『拾芥抄』) |
| 七九五 延暦一四 | ㊥(唐、貞元一一)湖州刺史李祠、吉祥寺を武康県より顧渚山に移して貢茶院を置く。茶焙(製茶工場)百余。工匠千余人。茶摘み男女は三万人におよんだという。(『元和郡県志』) |
| 七九八 延暦一七 | ㊥(唐、貞元一四)この年進士に挙げられた呂温に「三月三日茶宴序」の文がある。「三月三日、上巳禊飲之日也、諸子議するに茶を以て酌し焉(コレ)に代う。……」などと記す。 |
| 八〇四 延暦二三 | ㊥(唐、貞元二〇)陸羽没する。(一説に七八五年ともいう。)<br>㊥徳宗の時(七八〇〜八〇四)、蓚の人、封演、御史中丞の役につく。『封氏聞見記』を著わす。その中に「飲茶」の条などの重要な記事が多い。<br>㊥徳宗の貞元年間(七八五〜八〇四)に「研膏茶」が製造されたという。(『書墁録』)(七八〇年の項参照) |
| | ㊥貞元年間、回紇が来て馬を茶に易える。茶榷、始めて厳なりという。(『唐書』『封氏聞見記』) |
| 八〇五 延暦二四 | ㊥(唐、永貞一)呉通微の書『楚金禅師碑』に茶毗の文字がある。<br>㊐最澄、近江坂本日吉社に唐より将来した茶実を植えるという。また茶(団(ダン)茶)を持ち帰ったという。(『日吉社神道秘密記』) |
| 八〇六 大同一 | ㊐空海、帰朝して真言宗を始める。中国より、茶種、石礦(イシウス)を将来したという。(『弘法大師年譜』) |

## 平安

| | |
|---|---|
| 八〇八 大同三 | ㊐宮廷、大内裏の東北隅に茶園一町を造り、内蔵寮の所管に属させたといわれる。 |
| 八一〇 弘仁一 | ㊐「始めて嘗茶式を立て給う」との記録がある。(『本朝古物記源』) |
| 八一二 弘仁三 | ㊥(唐、元和七)このころ大智禅師懐海、百丈山(今の江西省南昌府奉新県西)にて『百丈清規(ハクジョウシンギ)』を定める。(『釈氏稽古略』)清規は禅林の規式を定めたもので、寺中に「茶堂」という所あり、職掌に「茶頭」或は「茶礼」などの記があり、茶と禅寺の関係が深いことがわかる。 |
| 八一四 弘仁五 | ㊥(唐、元和九)この年の進士、張又新『煎茶水記』を著わす。(著者は鷹の子、字は孔昭、左司郎中の官職に終る。)各地の名水について品等し、「揚子江南零水第一、無錫恵山寺石水第二。蘇州虎丘寺石水第三。……」と記す。<br>㊐四月十八日嵯峨天皇、西洞院西の藤原冬嗣の邸に幸して賦す。(『凌雲集』)「詩を吟じて香茗(茶)を搗くを厭わず、興に乗りて偏えに雅弾を聴くべし」。<br>㊐閏七月、僧空海が中国から将来した典籍などを嵯峨天皇へ献じた時の奉献表のなかに「茶湯坐来……」の語がみえる。(『性霊集』)<br>㊐八月十一日、皇太帝(淳和)の池亭に幸して詠む。(『凌雲集』)「粛然幽興の処、院裡に茶煙満つ」。 |
| 八一五 弘仁六 | ㊐四月、嵯峨天皇、近江韓崎に行幸のさい、梵釈寺にて入唐帰朝の僧永忠が茶を煎じ奉る。(『日本後紀』)「近江国滋賀韓崎に幸す。便ち崇福寺を過ぐ。大僧都永忠・護命法師等、衆僧を率い、門外に迎え奉る。皇帝輿を降り、堂に昇り、仏を礼す。更に梵釈寺を過ぐ。輿を停めて詩を賦す。……大僧都永忠、手自ら茶を煎じて奉御す。御被(かずけ)を施さる。……」。<br>㊐六月、嵯峨天皇、畿内および近江・播磨の国々に[illegible](茶)を植えることを命じたという。(『日本後紀』) |

| | |
|---|---|
| | ㊐この年、近江国、甲賀の岩谷山麓の岡野に茶種子が播かれたと伝え、これが朝宮茶のはじめという。(『信楽町史』) |
| 八一六<br>弘仁七 | ㊥(唐、元和一一)寿州(安徽省寿県)に詔して兵三千を以てその境内の茶園を保護する。(『冊府元亀』『古今図書集成』食貨典)<br>㊐五月十一日、空海のもとに走った最澄の弟子泰範に、最澄は書状を送って自分のもとに還るよう懇請し、「茶十斤」を贈って遠志を表わしている。(『性霊集』) |
| 八一七<br>弘仁八 | ㊥(唐、元和一二)内庫の茶三十万斤を出し戸部に付し、其の代金を進めしめる。(『冊府元亀』) |
| 八一八<br>弘仁九 | ㊐漢詩集『文華秀麗集』三巻なる。その中に「遠く伝う南兵教、夏久しく天台に老ゆ。……羽客は講席に親しみ、山精は茶杯を供す」とある。また、「景を避け風を追う長松の下、琴を提げ茗を擣く老梧の間」などの句がある。 |
| 八一九<br>弘仁一〇 | ㊥(唐、元和一四)光州(河南省)の茶園を百姓(人民)に帰す。(『冊府元亀』)<br>㊥文人、柳宗元没する(46)。茶に関する詩「……晨朝に霊芽を掇る、蒸烟石瀬に俯し、咫尺丹崖を凌す。……」などをのこす。 |
| 八二〇<br>弘仁一一 | ㊥(唐、元和一五)申州(現在の河南省信陽県)の歳貢茶を停める。(『旧唐書』穆宗本紀)<br>㊥(唐)憲宗の元和の年(八〇六～八二〇)に在世していた李肇『唐国史補』を著わす。その巻下に「風俗茶を貴ぶ、茶の名品益々多し。劒南に蒙頂石花あり、……湖州に顧渚の紫筍あり、……常州に義興の紫筍あり、……睦州(現在の浙江省のあたり)に鳩坑あり、……寿州に霍山の黄芽あり……」などの記載がある。 |

## 平安

| | |
|---|---|
| 八二一 弘仁一二 | ㊥（唐、長慶一）塩鉄使王播の上奏により、天下の茶税を旧額百文に対し、五十文を加徴することとする。（『新唐書』食貨志） |
| 八二四 天長一 | ㊥（唐）穆宗の時（八二一〜八二四）、拾遺の職にあった李班、増税の不可を上奏する。その文にいう、「茗飲は人の資する所、税を重くすれば則ち価必ず増す。貧弱益々困す」と。（『新唐書』食貨志） |
| 八二七 天長四 | ㊐良岑安世ら『経国集』を撰上する。その中に惟氏、「出雲の巨太守の茶歌に和す」と題して「呉塩和味して殊更に美なり」と述べた記載がある。 |
| 八二八 天長五 | (東)（新羅）興徳王の三年、金大廉、唐に朝貢し、帰朝の際、茶樹を持ち帰り慶尚道の智異山に栽えた。（『新羅史』）朝鮮半島に茶が齎らされたはじめと伝える。<br>(東)遣唐大使の金氏、唐の文宗皇帝から茶の種子を賜わり智異山に播種したという。（『東国通鑑』） |
| 八三〇 天長七 | ㊐僧最澄の高弟円仁、武蔵河越に無量寺を草創する（川越喜多院の前身）。最澄が唐より茶の実を持ち帰り近江坂本に播いた（『西宮記』）とすれば、その高弟円仁が河越の地に無量寺を創設するに当り、茶の実を河越にもたらし、河越茶の基を開いたということが考えられるという説もある。 |
| 八三一 天長八 | ㊥（唐、太和五）白楽天の詩友元稹没する（52）。「一言至七言詩」に「茶、香葉、嫩芽。詩客を慕い、僧家を愛し、白玉を碾雕し、紅紗を羅織す……」などの詩をのこす。 |
| 八三三 天長一〇 | ㊥（唐、太和七）呉蜀地方の冬中に新茶を製造貢納する例を停め、物性に逆わず、立春後に製造せしむべしとの詔を下す。（『旧唐書』文宗本紀） |
| 八三五 承和二 | ㊥（唐、太和九）盧同没する。茶の七碗の歌は、とくに著名。「一碗にて喉吻潤う。二碗孤悶を破り、三碗枯腸を捜り、四碗軽汗を発し、五碗肌骨清く、六碗仙霊に通じ、七碗は喫し得ざる也」。 |

## 平安

| | |
|---|---|
| | ㊥「王涯は榷茶（茶の専売）の利を献ず、乃ち涯を以て榷茶使となす。茶の榷税あるは涯より始むる也」という。（『旧唐書』文宗本紀）この年、王涯は誅殺され、榷茶は実施されなかったという。「人々悦ぶ焉」とある。（『旧唐書』食貨志）<br>㊐僧空海没する（62）。 |
| 八三六<br>承和三 | ㊥（唐、開成一）李石宰相となり、諸道の薬物、口味、茶以外の他物の進献を禁じる。（『旧唐書』李石伝） |
| 八三七<br>承和四 | ㊥（唐、開成二）浙江の観察使盧商は茶税正額を増さんと奏請し、許可された。（『冊府元亀』） |
| 八三八<br>承和五 | ㊥（唐、開成三）浙江省湖州の刺史裴充、茶の進貢を法の如くしないことを理由に官を罷むという。（『冊府元亀』）<br>㊐最澄の弟子円仁入唐する。入唐中の日記『入唐求法巡礼行記』に「煎茶」「茶を啜る」「団茶一串」などの記事がある。 |
| 八四〇<br>承和七 | ㊥（唐、開成五）武宗即位し、江淮の茶税を増し、その私販する者を罰した。（『新唐書』食貨志）<br>㊥開成年間（八三六〜八四〇）朝廷の礦冶税は毎年七万余緡足らず。これは一県の茶税にも及ばなかった。（『新唐書』食貨志）<br>㊐慈覚大師円仁が長安から日本に帰国するとき、路用として絹、茶、銭を贈られたという。その茶「蒙頂茶二斤、団茶一串」とある。（『三国史記』） |
| 八四一<br>承和八 | ㊥（唐、会昌一）柳公権の書『玄秘塔碑』に茶毗の文字がある。茶の字より茶に変るのが見られる。<br>㊐『御史台記』に「唐制に三院あり……監察御史鄭路葺く。……御史茶瓶庁という」等の記録がある。茶の貯蔵に意を用いた記録。 |

## 平安

| | | |
|---|---|---|
| 八四二 | 承和九 | ㊥（唐、会昌二）詩人劉禹錫没する（70）。『西山蘭若に茶を試みる歌』がある。「山僧は後担す茶数叢、春来竹に映じて新茸を抽んず。宛然客の為に衣を振いて起ち、自ら芳叢に傍って鷹嘴を摘む。斯須にして炒成り満室香しく、便ち砌下に酌む金沙水。……」唐代の茶風を伺うに興味ある七言詩とされる。（鷹嘴は茶の若芽） |
| 八四三 | 承和一〇 | ㊐七月嵯峨天皇崩ずる(57)。茶樹を近畿諸国に栽培させ、貴族社会に喫茶の風習をひろめることに功績があったという。 |
| 八四六 | 承和一三 | ㊥（唐）武宗の会昌年間（八四一～八四六）、湖州（浙江省）、常州（江蘇省）の貢茶規定が強化される。この年間に貢納茶の規定は一万八四〇〇斤（九二〇〇キロ）に達し、製茶の工役に従事する者三万人、民大いに苦しむという。『全唐詩話』<br>㊥（唐、会昌六）詩人白楽天没する（74）。その「琵琶行」にいう、「老大嫁して商人の婦となる、商人利を重んじ別離を軽んず。前月浮梁より茶を買い去る、去来江口空船を守る」と。このころ茶の売買が広く行われていたとみられる。浮梁（江西省浮梁県）は当時人気の高かった茶の産地。 |
| 八四九 | 嘉祥二 | ㊥（唐、大中三）宣宗に拝謁した百三十歳の僧に対し、宣宗が長寿の秘薬を問うた。この僧曰く「薬は飲まない、ただ茶を飲んでいる。百椀も厭わず」と。宣宗感じて名茶五十斤を賜わったという。『旧唐書』 |
| 八五一 | 仁寿一 | ㊥アラビア人 Soleiman の著『航海物語』（China des Chroniques）に「中国に於ては八五一年のころ塩は国王の課税品であるが、熱湯中に入れて飲まれる一種の植物も亦課税品で sahh と称し、至る所の都邑で販売されている。その額は夥しいものがある。煮沸した水をその植物の上に注ぎかけて飲むのであるが、苦味を有する」との記述がある。<br>㊥（唐、大中五）詩人杜牧、この年の作である『宜興の茶山に題す』中に「山は実に東呉の秀、茶は |

平安

| | |
|---|---|
| | 瑞草の魁と称す……」と詠む。宜興は江蘇省宜興県。 |
| 八五二 仁寿二 | ㊥（唐、大中六）塩鉄使転運使斐休は密貿易の禁を厳にし、正税を納める茶商を保護した。一方、茶税の自然増収をはかるため税茶法十二条を建てて奏請、施行された。（『新唐書』食貨志） |
| 八五四 斉衡一 | ㊐「天台大師を祭る」の文中に伝教大師の門下であった慈覚大師円仁が「謹んで餅菓茶薬蔬食の饌を献ずる」とある。（『日本喫茶史要』） |
| 八五五 斉衡二 | ㊥（唐、大中九）斐休書の『圭峰定慧禅師碑』に茶毗の文字がある。 |
| 八五六 斉衡三 | ㊥（唐、大中一〇）進士に挙げられた詩人李郢、『茶山貢焙の歌』に「春風三月貢茶の時」などと詠む。内容は貢茶に苦しむ人民を諷するもの。 |
| 八六〇 貞観二 | ㊐僧、真済没する(61)。弘法大師の詩文集『性霊集』一〇巻を編む。この中に「茶湯一垸、逍遙また足りぬ」などの詩がある。 |
| 八六二 貞観四 | ㊥（唐、咸通三）安徽省祁門の茶について「千里の内、茶を業とする者七、八なり。これにより衣食を給し、賦役に供す、悉くこの祁の茗を恃みとす。色芳にして香し、賈客みな議し、諸方より来たる。毎年二、三月銀を帯びて市に求め、貨を他郡にもたらさんとする者、肩を摩し、跡を接して至る」という。（『祁門県閶門渓記』） |
| 八六四 貞観六 | ㊥（唐、咸通五）樊綽『蛮書』を著わす。その中で「雲南管内物産……茶は銀生城界の諸山に産す。……蛮は椒、薑、桂を和し、烹て之を飲む」と記す。<br>㊐『安祥寺伽藍縁起流記資材帳』に茶床子十九前、茶垸六十一口と煎茶道具の名が見える。（『茶の美術』） |

平　安

| | | |
|---|---|---|
| 八六六 | 貞観八 | ㊥（唐、咸通七）この年に主試に補された温庭筠『採茶録』を著わす。その中で茶の水と火に関する説話をあげる。 |
| 八七一 | 貞観一三 | ㊥（唐、咸通一二）このころ在世した張喬の『詩集』二巻がある。「陸処士（陸羽）を送る」などの茶の詩がある。 |
| 八七三 | 貞観一五 | ㊥（唐、咸通一四）このころ嘉州（今の四川省楽山県）の刺史になった薛能の詩に「塩は損ず、添う事を常に誡む、薑は宜し、著けて更に誇る」とある。これによって、当時茶に塩や薑を用いていたことがわかる。（『烏嘴茶詩』） |
| 八七九 | 元慶三 | ㊐都良香没する（46）。かれの「銚子廻文銘」（『都氏文集』）に「多く茶茗を飲み来るは如何。体内を和調し、悶を散じ、痾を除く」と記す。 |
| 八八一 | 元慶五 | ㊥（唐、中和一）皮日休没する。『茶具十詠』の作がある。同じころ陸亀蒙の『茶具十詠の倡和』がある。茶舎、茶焙、茶鼎など茶の道具について詩に表現したもの。<br>㊥（唐）僖宗の中和のころ在世した僧斉己『白蓮集』一〇巻を編む。茶詩が頗る多い。 |
| 八八三 | 元慶七 | ㊥（唐）蘇廙明『十六湯品』を著わす。「湯は茶の命を司る」として、茶と湯との関係を論じる。 |
| 八八七 | 仁和三 | ㊥（唐）僖宗の光啓の年（八八五〜八八七）、福建省の武夷山一帯では茶葉を蒸して竜鳳茶を製造したという。（『中国的名茶』） |
| 八八九 | 寛平一 | ㊐菅原道真『月夜の詩』にいう、「茗葉香湯、飲酒を免れ……」と。 |
| 八九八 | 昌泰一 | ㊐十月に「宇多天皇大和に行幸し現光寺に詣で給いし折、別当聖珠大師が山果を捧げ、香茶を煎じて侍臣に饗食させた」とある。（『扶桑略記』） |

## 平安

| | |
|---|---|
| 九〇一 延喜一 | ㊥（唐、天復一）七十余歳にして登第した曽松「再び陸処士を訪ぬ」などの詩をのこす。「万巻の書辺の人半白、再来惟だ恐る玄纁（クン）（纁は垢のこと）を降すを……」と、陸羽の隠栖した地を訪ねて回想したもの。 |
| 九〇二 延喜二 | ㊐菅原道真の大宰府に於ける『両夜』の作がある。「遷客甚だ煩懣す。煩懣は胸腸を結（クク）り起きて茶一椀を飲む……云々」。（『菅家後集』） |
| | ㊐醍醐天皇が仁和寺に朝覲の行幸をした折、宇多法皇は対面ののち茶二盞を勧めたという。（『真俗交談記』） |
| 九〇三 延喜三 | ㊥（唐、天復三）「昭宗長安に還る、蜀王に進爵した王建が表を奉り、茶布等十万を貢す」との記録がある。（『説郛』） |
| 九〇五 延喜五 | ㊥（唐、天祐二）このころ韓鄂『四時纂要』を撰する。茶の栽培、製法などについての記述がある。 |
| | ㊐民部省の年料雑器として、長門国と尾張国から茶碗二十口の京運を記す。（『延喜式』） |
| 九〇九 延喜九 | ㊐理源大師（聖宝僧正）没する。『元亨釈書』によれば大師は東大寺で修業中、茶盞を傍に置いて昏睡に備えたという。 |
| 九一〇 延喜一〇 | ㊐「弘法大師の霊前に新茶を供え、それ以後年々の恒例となった」という。（『弘法大師年譜』） |
| 九一二 延喜一二 | ㊥（蜀、永平二）建帝「竜華禅院に游ぶ。僧貫休を召し、坐に茶薬綵段を賜う」との記録がある。（『説郛』） |
| 九一六 延喜一六 | ㊐宇多法皇の算賀に茶を供して酒に代らしめ給うたという。（『新儀式』） |
| 九二二 延喜二二 | ㊐延喜の年（九〇一〜九二二）、伊勢（三重県）水沢にある飯盛山の浄林寺（現在の一乗寺）の住職玄 |

## 平安

| 年 | 事項 |
|---|---|
| | 庵がはじめて茶を植えたと伝える。（『水沢村の茶』） |
| 九二四 延長二 | ㊥（呉、順義四）睿帝、細茶五〇〇斤を、また、秋に新茶を唐に献じるという。（『十国春秋』） |
| 九二五 延長三 | ㊥（蜀）成康のころ、毛文錫『茶譜』を著わす。蜀（四川省）の茶について記載が多いというが、原書は散佚している。 |
| 九二六 延長四 | ㊥（呉）睿帝、使を遣わして唐に新茶を献じるという。（『十国春秋』） |
| 九二七 延長五 | ㊥（後唐、天成二）「偽呉の楊溥、新茶を貢す」という。（『旧唐書』明宗本紀）<br>㊐藤原忠平ら『延喜式』を完成奏進する。その巻二三「年料雑器」尾張国の項に「茶小椀廿口、径各五寸」、長門国の項に「茶椀廿口、径各五寸」、また巻二八「隼人司」に「茶籠廿枚方二尺」などの文字が見られる。 |
| 九三二 承平二 | ㊥（後唐、長興三）「荆南の高重誨、銀及び茶を進む」という。（『旧唐書』明宗本紀） |
| 九三四 承平四 | ㊥（後蜀）孟知章が帝位に就くころ、毛文錫『茶譜』を著わす。（九二五年の項参照） |
| 九三七 承平七 | ㊥（閩、通文二）国人建州（今の福建省）の茶膏を貢するという。（『閩康宗本紀』）<br>㊥「皮光業、性茗を嗜む。常に詩を作り茗を以て口に苦しと為す」という。（『呉越皮光業伝』） |
| 九三八 天慶一 | ㊐このころ、源順の『倭名類聚抄（ワミョウルイジュウショウ）』なる。その中に「茶碾子、俗に之を茶研と謂う」と記す。また承平年中（九三一〜九三八）の野菜類のところに茶があり、「オオツチ」と読むという。（茶については七三四年の項参照） |
| 九四〇 天慶三 | ㊥（後晋、天福五）「天成の例にならい、茶薬を頒賜す」。（『晋書』高宗本紀） |

## 平　安

| | | |
|---|---|---|
| 九四六 | 天慶九 | ㊥（南唐、保大四）建州（福建）の製する乳茶を号して京挺と言う。臈茶の貢始めて罷む。陽羨、茶を貢するという。（『十国春秋』） |
| 九五〇 | 天暦四 | ㊐『仁和寺御室御物目録』に青茶垸、白茶垸の提壺（水注・壺・茶垸）、硯などの文字が見える。茶垸は茶碗と同義であるが、転じて輸入中国陶磁を指す語となった。 |
| 九五一 | 天暦五 | ㊐念仏をひろめた空也（コウヤ）上人、疾病流行にさいし洛中洛外の道俗に薬用として茶を施すという。（『空也上人絵詞伝都名所図絵』）煎じ茶の中に梅干と昆布を加えたもので、のちこれは大福茶として世にひろまったという。 |
| 九五三 | 天暦七 | ㊐このころの人、延暦寺定心院の春素、年七十四、往生の期を知り飲食、飲茶を絶ったという。（『日本往生極楽記』） |
| 九五四 | 天暦八 | ㊥（後周、顕徳一）鋌子茶の茶面に文を印する。玉蟬膏と言い、一種を清風と言う。（『十国春秋』）<br>㊐天台宗の僧で禅喜という者は、至孝の人であったと見えて、母の没後、その木像を作り、茶菓などを供えて、後に自ら喫した。（『扶桑略記』） |
| 九五五 | 天暦九 | ㊐十二月、大内に仏名会を行なわせ給い、入道法親王某に、御服及び茶並びに茶具を給うという。（『北山抄』） |
| 九六〇 | 天徳四 | ㊐村上天皇（九四六～九六七在位）御悩のとき、六波羅蜜寺の観音薩埵に供えた茶を天皇に奉ったところ、平復されたという。「王服の茶ここに始まる。これより観音供御の茶を日本国中元旦に喫する例となす。是を大服茶、あるいは大福茶となす」。（『紫野巨妙子の書』）（九五一年の項参照） |
| 九六三 | 応和三 | ㊥（宋、乾徳一）湖南の茶税を免じる。（『宋史』太祖本紀） |

平　安

| 年 | 記事 |
| --- | --- |
| 九六四 康保一 | ㊥（宋、乾徳二）、「初めて京師（首都汴京、今の河南省開封）、建安、漢陽、蘄口に令し、場を並置して茶を権す」との記載がある。（『続資治通鑑長編』『玉海』『文献通考』）権とは専売のこと。宋に於ける専売は、この年に始まるという。（建安＝江蘇省儀徴県。漢陽＝湖北省漢陽県。蘄口＝湖北省蘄春県挂口塘）なお民間の製する茶は、折税茶の外、ことごとく官が買納し、私買を禁じた。 |
| 九六五 康保二 | ㊥（宋、乾徳三）蘄州（湖北蘄春県）、黄州（湖北黄岡県）、舒州（安徽懐寧県）、廬州（安徽合肥県）、専州（安徽寿春県）に十四の山場を置いて、その地で製造された茶を悉く官が買い上げ専売とし、その利を籠し、歳入百余万緡を得たという。（『続資治通鑑長編』）<br>㊥『宋史』食貨志によれば、「蘄、黄、廬、舒、光（河南光山県）、寿の六州に十三の山場を置いた」という。 |
| 九六七 康保四 | ㊥（宋、乾徳五）「詔、客官場に旅し、到茶を買い禁権地に於て売る者は処断する」との記載がある。（『宋会要』）禁権とは商人の販売を禁じて官ひとり茶を民に売る制度。当時茶商は淮南地方の山場で茶の払下げを受け、これを定められた通商地分で売ることはできたが禁権地分では販売できなかった。<br>㊥『玉海』によれば、「初めて江（江南）淮（淮南）湖（荊湖）浙（両浙）福建の茶を権す」という。 |
| 九七〇 天禄一 | ㊥（宋、開宝三）「七月丁亥、私販を禁ず。河東及幽州」との記載がある。（『玉海』）河東、幽州は今の河北に当る。<br>㊥（宋）陶谷『荈茗録』一巻を著わす。<br>㊐天台座主十八代良源のつくった『二十六箇条の起請』のなかに「近ごろは六月会や十一月会で朝夕饗応あり僧侶に対する食べものや茶の接待がぜいたくになっている。よって煎茶威儀供を停止する」と記す。 |

## 平安

**九七二 天禄三**

㊥（宋、開宝五）「澶州（河北省）にて河を修む。兵卒には銭を給し、役夫には茶を給す」という。『河渠志』

㊐大福茶の創始者とされる空也上人没する（70）。

**九七四 天延二**

㊥（宋、開宝七）湖南の新製茶の貢を減ずる。（『宋史』）これより先、湖南の貢茶は常に異なり重厚なので、その価を定めようと請うたところ、太宗は「茶は善し、我が民を苦しめることなきや」と詔したため貢茶を減じたとされる。（『宋会要』食貨）

㊥（宋）湖南の新製茶を減ずると詔する。（『宋史』太祖本紀）

㊥（宋）劉蟠、商人に扮して民の私売茶を摘発する。（『北宋茶史』）

**九七六 貞元一**

㊥（宋、太平興国一）茶絹を以て蕃部来献の羊馬の価に給せんとの秦州の上奏があったという。（『宋史』吐蕃伝）

**九七七 貞元二**

㊥（宋、太平興国二）「江南諸州の茶、官市十分の八、其二は量を分ち、税は其の十分一を取る」との記録がある。（『宋会要』）なおこの年の榷茶は一七九五万斤と伝えられる。

㊥「江南諸州の榷茶、沿江に準敕し、榷貨八務を置く。（江陵府（湖北省）無為軍（安徽省）など）民に私蔵茶を有する者は、等しく科罪に第す」との記録がある。（『宋会要』）

㊥「茶に二類あり、片茶と云い、散茶と云う」と記す。（『宋史』食貨志）片茶とは葉茶、草茶とも呼ばれる普通の煎茶。散茶とは末子茶とも呼ばれ、片葉を茶臼で碾いて細末となしたもので、点茶に用いられるもの。

㊥皇帝に進貢用の団茶の表面に金の竜鳳紋をつけたという。またこれが磚茶及び茶餅製造の発端となったとされる。

㊥勅命により李昉の監修した『太平広記』五〇〇巻が作られる。その巻四一三「草木類」の「叙茶」の項に「茶之名器益々多し、剣南に蒙頂、石花あり。……湖州に顧渚の紫筍（ジュン）あり、……福州に方山

平安

| | |
|---|---|
| | の生芽あり……」などの記述がある。唐の李肇の『唐国史補』より引用したものとされるが、百五十年経た時もなお名茶の産地の変らないことの証左ともされる。（八二〇年の項参照） |
| 九七八 天元一 | ㊥（宋、太平興国三）「貢茶一〇万斤、建茶一万斤」という。（『宋史』銭俶伝）<br>㊥このころの人、葉夢得の『避暑録話』に「草茶の極品は惟だ雙井、顧渚。顧渚は長興県のいわゆる吉祥寺に在るなり」と記す。（草茶については九七七年の項参照） |
| 九七九 天元二 | ㊥（宋、太平興国四）偽茶（私蔵茶）を売るもの一斤につき杖刑百二十、斤以上におよぶ者は市に棄つとの詔がある。（『宋史』食貨志） |
| 九八一 天元四 | ㊐「円融天皇、大井川に行幸せさせ給い、摂政兼家供御を奉りたる時に茶琓（ちゃわん）を用いられたり」という。（『続古事談』） |
| 九八三 永観一 | ㊥（宋、太平興国八）吐蕃（チベット）、回紇（ウイグル）などから購入する馬の代価を銅銭を以て支払っていたが、その銅銭を鋳潰して兵器とする危険ありという有司の意見により、布帛、茶及びその他の物と交易することとする。（『宋史』兵志馬政）<br>㊥偽茶を禁ずると詔す。また民間の旧茶園の荒廃したものに対しては税を茶で納入すること、茶の無いものは他物で代納しうると詔する。（『文献通考』）<br>㊥李昉らが太宗の勅を奉じて編した『太平御覧（タイヘイギョラン）』（一種の百科辞典）なる。その「茗」の項に茶に関する文献を多く載せる。一二一一年日本の栄西禅師の著である『喫茶養生記』は多くこの書より引用されているといわれる。 |
| 九八四 永観二 | ㊥（宋、雍熙一）秋、秦州の有司から「蕃部から羊馬を献じて来たがそれに対し茶及び絹を以てその価に酬いたい」との上奏があり、これを許可する。（『宋史』吐蕃伝） |

| 西暦 | 和暦 | 事項 |
|---|---|---|
| 九八五 | 寛和一 | ㊥（宋、雍熙二）民温桑を造って茶と偽り、官に損害を与えたとの記録がある。（『宋史』食貨志） |
| 九八六 | 寛和二 | ㊐慶滋保胤（ヨシシゲノヤスタネ）（九三四～九九七）が三河の国府（豊川市国府町）に愛弟子である三河守大江定基を訪ねたさいの「晩秋過参州薬王寺有感」の中に「参河州碧海郡有一道場。曰薬王寺……有茶園。有薬園。……」とある。この薬王寺は愛知県安城市別郷町にあった別郷廃寺ともいわれる。（『本朝文粋』巻一〇） |
| 九八七 | 永延一 | ㊥（宋、雍熙四）このころの人、楽史『太平寰宇記』を撰する。その中に剣南道（福建）その他各地の茶について記述がある。 |
| 九八九 | 永祚一 | ㊥（宋、端拱二）茶の利益多く、商人は西北辺境の地に売り、利益は数倍に至る。当時西北に兵を動かして糧食欠乏していたので商人に食糧を運ばせ、遠近を考慮して金を支払うため券を発行した。これを交引という。（『宋史』食貨志）<br>㊥海州（江蘇省東海）に権貨務（茶専売を総括する機関）を増設する。（『北宋茶史』） |
| 九九〇 | 正暦一 | ㊥（宋、淳化一）土民（生産者）が茶利の厚薄を知らぬうちに、豪商のみが利を得る制度になりつつあり、茶法は日に日に大いに乱れる。（『古今治平略』） |
| 九九二 | 正暦三 | ㊥（宋、淳化三）私販茶を厳禁する。之を犯し捕えられ反抗した者は皆死罪になるという。（『宋史』食貨志） |
| 九九三 | 正暦四 | ㊥（宋、淳化四）「詔、京城及び諸道州府民の売茶、多く雑えるに土薬を以てし、其の利を規す。一切之を禁ず。犯す者は私販塩麹法を以て事に従うと」。（『宋会要』）京城とは東京開封府。<br>㊥この年権茶法を一時廃止するが、同年中に復活した。（『北宋茶史』）<br>㊥このころ宋朝の茶買上げ数量は約一一〇〇万斤という。（『群書考索後集』巻五六）（宋代の一斤の |

| | 平安 |
|---|---|
| | 重量はわが国の一六〇匁に殆ど同じく、約五九七グラム） |
| 九九四 正暦五 | ㊥（宋、淳化五）夏国（蒙古）より馬駝の献納があり、これに対して茶、薬、器幣、衣物を賜わったという。（『宋史』夏国伝）<br>㊥役人で温桑を以て茶と偽り官に損害を与える者があり、私塩（専売の塩をひそかに売る）の罪と同じとされる。（『宋史』食貨志）（九八五年の項参照） |
| 九九五 長徳一 | ㊥（宋、至道一）「沿江（河北地方）の榷務を廃し、商人の茶山に就くを許す。新茶を官給して以て之に便す」との記録がある。（『宋会要』）（九七〇年の項参照）<br>㊐藤原行成の日記『権記』十月十日の条に大内裏の茶園「造茶所」のことが見え、「今年料造御茶料物文」（今年分として造った茶の諸経費を書き上げた書類のこと）などの記述が見られる。 |
| 九九六 長徳二 | ㊥（宋、至道二）建州（福建）の竜鳳茶の工人は頭髪を剃るべしと詔あり。当時死刑囚のみ頭髪を剃る法律があったが、この詔により御茶園の工人は多大な恥辱をうけたという。（『宋史』茶法雑録） |
| 九九七 長徳三 | ㊥（宋、至道三）茶課増して二八五万貫にいたる。（『宋史』食貨志） |
| 九九八 長徳四 | ㊥（宋、咸平一）時の宰相丁謂『北苑茶録』を著わす。後、この書は亡失したが、茶の採、製、入貢の法式や、製茶具の図解を載せていたという。 |
| 九九九 長保一 | ㊥（宋、咸平二）剣、夔（キ）（何れも四川）等の五十余州の土貢を減罷すという。（『文献通考』） |
| 一〇〇一 長保三 | ㊥（宋、咸平四）王元之没する。『小畜集』『承明集』などの著があり、「茶園十二韻」など茶詩を多く作る。 |

平　安

| 年 | 事項 |
|---|---|
| 一〇〇五 寛弘二 | ㊥（宋、景徳二）「李溥、江淮の発伝使となり始めて浙江の貢茶数千斤を進む」という。（『夢渓筆談』）<br>㊥塩鉄副使の林特、榷茶の新法を定める。然し翌三年には真宗は旧法と比較してその利害を検討させたので商人は頗る眩惑したという。（『宋史』食貨志） |
| 一〇〇六 寛弘三 | ㊥（宋、景徳三）三司使の丁謂は「榷茶利益は尽く商賈に帰す」という。（『宋史』食貨志）<br>㊐『御堂関白記』に藤原道長、宋の商人曽令文より蘇木や茶垸、書籍などを贈られたという。 |
| 一〇〇七 寛弘四 | ㊥（宋）景徳年間（一〇〇四〜一〇〇七）、茶課三六〇万貫に増す。（『宋史』食貨志） |
| 一〇〇八 寛弘五 | ㊥（宋、大中祥符一）父老（老人）千五百人に茶を賜う。（『宋史』真宗本紀）<br>㊥江（江西省）浙（浙江省）荊（河北省）湖（湖南省）の新茶芽を貢納する旧制を廃止する。（『文献通考』） |
| 一〇一一 寛弘八 | ㊥（宋、大中祥符四）「詔して、淮南（安徽省）諸州軍、売る所の食茶估価等しからざるを以て」との記録がある。（『宋会要』）食茶とは人民の飲用に供する茶のこと。官が直接人民に茶を売ったことを示す。估価は物価。 |
| 一〇一二 長和一 | ㊥（宋、大中祥符五）「官場に就いて茶を買わしむ」との記録がある。（『宋会要』『続資治通鑑長編』）<br>㊥有司が販茶の違法者を同居密告するを許さんと請うたが、帝は利を以て習俗を敗るは国体に非ずとして許さず。（『宋史』真宗本紀） |
| 一〇一三 長和二 | ㊥（宋、大中祥符六）「諸路にて新茶を貢するもの、すべて三十余州。数千里を馳せ、歳中にして再三至るものあり。上その労をあわれみ、悉く停む」という。（『資治通鑑長編』） |
| 一〇一四 長和三 | ㊥（宋、大中祥符七）茶課増して三九〇万貫にいたる。（『宋史』食貨志） |

平安

**一〇一五 長和四**

㊥（宋、大中祥符八）茶の税収一六〇万貫に激減する。大中祥符五年は二〇〇余万貫、六年三〇〇万貫、七年三六〇万貫であった。（『宋史』食貨志）

㊥この年、宋朝の茶買上げ量は、二九〇〇余万斤。（『宋会要』食貨）

㊥「浙の諸州軍、淮南の十三場、今歳開場してから七月中旬に茶を買うこと二九〇六万斤」という。（『宋会要』食貨）

**一〇一六 長和五**

㊥（宋）真宗の大中祥符の年（一〇〇八～一〇一六）、宋朝の茶買上げ量は二三〇〇余万斤という。（『続資治通鑑長編』巻一〇〇『宋史』食貨志）

**一〇二一 治安一**

㊥（宋、天禧五）淮南（安徽省）の十三の茶場の歳課（年税）は二三万緡であるという。（『古今治平略』）

**一〇二三 治安三**

㊥（宋、天聖一）この年、淮南（安徽省）十三茶場の歳課は五十万緡に上る。（『古今治平略』）

㊥淮南十三山場に貼射茶法（チョウシャチャホウ）を行なう。（『宗史』仁宗本紀）貼射茶法とは茶の専売法で、官より園戸に支給していた耕作料たる本銭を給せず、商人が自ら園戸と直接取引により茶を購入するようにし、官の売買することにより得べき金額を入息として官に納めさせる法。

(東)宋使の一行が朝鮮を訪れたさいの茶俎の記事があり、これによると烏盞天目、青磁の碗、銀の風炉、茶具をおく紅俎、これを覆う紅巾などの道具が用意され、庭中に茶を烹たなど宮廷儀礼に茶がゆきわたっていたことが知られる。（『高麗図経』）

**一〇二四 万寿一**

㊥（宋、天聖二）「諸州軍、私茶を捕得、毎歳、二三万斤を下らず。食茶務に送りて、出売す」との記載がある。（『宋会要』）食茶務とは、人民に飲用茶を売捌く役所。

**一〇二五 万寿二**

㊥（宋、天聖三）榷茶塩を復する。（『模範最新世界年表』）

㊥貼射茶法を罷む。（『宋史』食貨志）すなわち、園戸（茶農）に本銭を給して、茶を官に収納し、商

## 平安

| | |
|---|---|
| | 人は官より茶を買うこととした。 |
| 一〇三一<br>長元四 | ㊥仁宗の天聖の年（一〇二三～一〇三一）、進士に挙げられた葉清臣『述煮茶小品』を著わす。 |
| 一〇三三<br>長元六 | ㊥（宋、明道二）宋子安『東渓試茶録』一巻を著わす。福建地方の産茶状況等について記す。 |
| 一〇三六<br>長元九 | ㊥（宋、景祐三）再び貼射茶法の制を復する。（『宋史』仁宗本紀）<br>㊥この年、宋の葉清臣は、茶通商に関する奏文を出しているが、その中に、当時天下の総戸数一〇二九万六六五六五のうち、三分の一は産茶の州郡であるといっている。全戸数の三分の二は消費地とみなされる。（『北宋茶史』） |
| 一〇三七<br>長暦一 | ㊐このころの人惟宗孝言（コレムネヨシコト）「茶讃」という文章をつくる。その中で「虎眼を煎じ来りて人情を慰潑（イハツ）す。悶を散すの計、乃（ナンジ）の功軽からず」と、茶の薬効を記す。（『本朝文粋』） |
| 一〇四〇<br>長久一 | ㊥（宋、康定一）『述煮茶小品』の著者葉清臣、三司使の役に就く。（『宋史』食貨志）<br>㊥この年、宋の文人、欧陽修は「今、国を利すること多き者は、茶と塩である」という。（『北宋茶史』） |
| 一〇四二<br>長久三 | ㊥（宋、慶暦二）三説の茶法を復する。（『宋史』食貨志） |
| 一〇四三<br>長久四 | ㊥（宋、慶暦三）李元昊を夏国主に封じ、毎年絹茶を与うるを条件として和を申し込む。（『宋史』仁宗本紀）（一説に一〇三八年という） |
| 一〇四四<br>寛徳一 | (東)夏国主李元昊、仁宗に誓表をたてつまり、毎年銀、綺、絹、茶二五万五〇〇〇を賜わらんことを懇請する。（『宋史』夏国伝） |
| 一〇四八<br>永承三 | ㊥（宋）仁宗慶暦年間（一〇四一～一〇四八）、福建路の転運使、蔡君謨「上品竜茶」を造り、歳貢にあてた。（『中国的名茶』）上品竜茶は太平興国二年（九七七年）に貢納にあてた竜団茶の基礎の上に |

平安

| 年 | 事項 |
| --- | --- |
| | 立って造られた固形の小竜団である。<br>㊥（宋、慶暦八）三説四説の法を、また貼買の法を行なう。（『宋史』食貨志）貼買とは貼射法による売買。 |
| 一〇五〇 永承五 | ㊥（宋、皇祐二）見銭法を復する。（『宋史』）茶法しばしば変革し、官茶の在庫は増大するという。 |
| 一〇五三 天喜一 | ㊥（宋、皇祐五）文人、苑仲淹（エン）（文正公）没する（63）。『斗茶歌』などの詩をのこす。その詩にいう、「黄金碾畔し緑塵飛び、碧玉甌中翠濤起こる……」と。<br>㊐このころ成立した藤原明衡の『新猿楽記』に、中国からの輸入品のなかに藤茶碗をあげている。 |
| 一〇五四 天喜二 | ㊥（宋、至和一）この年より翌至和二年の宋朝の茶買上げ量は一〇七六万斤という。（『続資治通鑑長編』巻一八八） |
| 一〇五六 天喜四 | ㊥（宋、嘉祐一）後の『茶録』の著者蔡襄、上等茶竜鳳団茶を造った詩を詠む。<br>㊐「三日間の朝夕、君側の家臣たちが坐って煎茶の施しをした。集った多くの僧たちは甘葛の煎じたもの、また厚朴、生薑などをそれに加えて飲んだ。」（『江家次第』） |
| 一〇五七 天喜五 | ㊥（宋、嘉祐二）政府は茶を売り一六万四三一貫余の収入を得、原価及び雑費を差引き浄利（純利益）一〇万六九五七貫余を得たという。（『夢渓筆談』）<br>㊐「侍医煎茶を衆僧に施し、甘葛煎（あまづら）を加え、厚朴、生姜等も要に随いて之を施す」の文章がある。（『江家次第』） |
| 一〇五八 康平一 | ㊥（宋、嘉祐三）茶の榷法（専売法）を廃止する。（『宋史』仁宗本紀）臘茶のみは官の専売に属していたという。（「臘茶」については、七八〇年の項参照）また、榷茶を廃止したのは一〇五九年（嘉祐四年）ともいう。（『北宋茶史』） |

| 平安 | |
|---|---|
| 一〇六〇<br>康平三 | ㊥宋に於て茶の販売浄利は年間五四万二二一一貫余なりという。(『夢渓筆談』)<br>㊥茶の権法廃止後は通商法が施行された。(『北宋茶史』)通商法とは商人が任意に茶産地に至り、茶を仕入れ、官はこれに課税して自由販売を許す法。<br>㊥(宋、嘉祐五)曽公亮、宋祈、欧陽修等、『新唐書』を編み、隠逸伝中に「陸羽伝」を収める。<br>㊥陳師道、『茶経序』著わす。 |
| 一〇六一<br>康平四 | ㊥(宋、嘉祐六)六権務及十三場の茶買上げ量は一〇五三万余斤という。(『夢渓筆談』巻一二) |
| 一〇六二<br>康平五 | ㊥(宋、嘉祐七)蘇頌『図経本草』を著わす。その中に「春中始めて生ず、嫩葉を蒸し焙り、苦水を去って之を末(マツ)にす。乃ち飲むべし、古の食する所と殊に同じからず」との記述がある。抹茶のことか。 |
| 一〇六六<br>治暦二 | ㊐藤原明衡没する。『本朝文粋』を編したとされる。『本朝文粋』は嵯峨天皇の弘仁年間(八一〇〜八二三)から後一条天皇(一〇一六〜一〇三五)のころまでの作家の漢詩文の選集であるが、この中に「多く茶茗を煮る、飲来如何、体内を和調し、悶を散じ、痾を除く」の句が見える。またこの中に慶滋保胤の文「参河州碧海郡に一道場あり、薬王寺という。……茶園あり、薬園あり」がある。 |
| 一〇六七<br>治暦三 | ㊥(宋、治平四)蔡襄(君謨と号す)、『茶録』を著わす。茶の色、香、味、貯蔵法、碾茶、候湯、点茶、茶の器、茶盞の温め方、茶籠、茶匙、湯瓶などについて述べる。仁宗皇帝の茶の烹点に関する下問に対し編したもの。簡単なるも記述正確といわれる。<br>㊥蔡襄この年没するという(56)。<br>㊥欧陽修『帰田録』を著わす。その中で「臘茶は剣、建(ともに福建)に出で、草茶は両浙に盛んなり。両浙の品日注(ニッチュウ)を第一となす」という。日注は日鋳茶ともいい、茶の名品。 |

## 平　安

| | |
|---|---|
| | ㊥英宗の治平の年（一〇六四〜一〇六七）「治平中の歳入臘茶四八万九〇〇〇余斤、散茶二五万五〇〇〇余斤、茶戸租銭三二万九八五五緡……」とある。（『宋史』食貨志） |
| 一〇七〇<br>延久二 | ㊥（宋、熙寧三）四川に於て西方の蕃馬との交易が盛んになったので買馬司を設け、茶と馬とを交易させる。（『宋史』）なお榷茶法は東南の諸路に行なわれ、四川および広西東西路では茶は自由交易が許されていた。 |
| 一〇七一<br>延久三 | ㊥（宋、熙寧四）欧陽修没する（65）。その『帰田録』に「蠟茶は剣、建に盛に草茶は両浙に勝る」などの記述がある。剣、建は福建省、両浙は浙江省に当る。（蠟茶、草茶については一一〇三年の項参照）また『大明水記』『浮槎山水記』など茶と水に関して論ずること多く、「建安三千五百里、京師三月新茶を嘗む」などの詩作も多い。（一〇六七年の項参照）<br>㊐延久年間（一〇六九〜一〇七三）の作といわれる『総国風土記』に「後三条天皇の頃（一〇六八〜一〇七二）全国中にして茶の産地に有名なりしは甲斐国八代郡、参河国八名郡、但馬国等なり」と記す。 |
| 一〇七二<br>延久四 | ㊥（宋、熙寧五）蘇軾（東坡）、年三十七杭州にあって通判となり科場を監試する。その時『試院煎茶歌』を作ったという。「蟹眼は已に過ぎて魚眼生じ、しうしうとして松風の鳴を作さんと欲す（湯の沸くさま）……又見ずや今時潞公が茶を煎じて西蜀に学び……」。<br>㊐三月、僧成尋が入宋して神宗皇帝に拝謁し、日本で必要な中国物産として、茶垸をあげている。（『参天台五台山記』）また成尋は杭州の市場に行った折、人びとが道路、屋内にあふれ、銀茶器で茶を飲ませ、銭一文をとっていたと記す。 |
| 一〇七四<br>承保一 | ㊥（宋、熙寧七）再び榷茶法を施き、二十数ヶ所に買茶場を置き、茶の買い上げを行なう。（『北宋茶史』） |

## 平　安

| | | |
|---|---|---|
| 一〇七五 | 承保二 | ㊥（宋、熙寧八）川峡路（四川陝西）の民の茶息（当時、官は茶の一種の仲買人の役をなし、商人は取引に当り直接茶農に支払い、官の売買することにより得べき利益を官に納入させた、これを茶息という）は十分の三にのぼり、ひそかに交易するものに徒刑、あるいは財産の没収をもって臨んだ。民始めて病み苦しむという。（『宋史』食貨志） |
| 一〇七七 | 承暦一 | ㊥（宋、熙寧一〇）茶息を十分の一にとどめるようにとの詔勅がある。（『宋史』食貨志）<br>㊥熙寧の年（一〇六八〜一〇七七）、「賈青、揀芽を取りて「密雲竜」を製す。二十餅を一斤となす」という。（『石林燕語』）これは細密な竜鳳団茶である。<br>㊥熙寧の年、進士に挙げられた黄儒『品茶要録』を著わす。茶の栽培から製造に至り論ずること詳細。<br>㊥熙寧の年、『宋史』食貨志に「蜀茶（四川省産の茶）の細き者、その品は南方のものに比べれば劣るが、ただ広漢の趙坡、合州の水南、峨眉の白牙、雅安の蒙頂は土人も亦之を珍とす。但だ産する所甚だ微。……旧来より権茶なし。熙寧の間、始めて提挙司を置き、歳課三十万を収め、元豊中（一〇七八〜一〇八五）に累増して百万に至る」という。 |
| 一〇七九 | 承暦三 | ㊐僧空海の詩文を弟子真済が編した『性霊集』の補正本（『補闕鈔』ともいわれる）なる。その中に「聊か二三子に与う、茶湯之談会を設け、醍醐之淳集を期す」との記載がある。 |
| 一〇八二 | 永保二 | ㊥（宋、元豊五）茶場と買馬司とを併せて一司とし、茶馬交易に便ならしめようとする。（『北宋茶史』）（一〇七〇年の項参照） |
| 一〇八三 | 永保三 | ㊥（宋、元豊六）「郭茂恂、茶場を併せて、馬を買わんと請う」。（『宋史』）<br>㊥宋の用臣都提挙汴（ベン）、河隄岸となり、「水磨（臼を水車でひく）を修置して、在京の茶戸の末茶を磨する」に利用せしめんと奏請する。（『続資治通鑑長篇』） |

平安

| | | |
|---|---|---|
| 一〇八四 | 応徳一 | ㊥（宋、元豊七）福建の転運副使王子京をして建州（福建）に権茶法を行なわしめたという。（『宋史』食貨志）<br>㊥この年に著わされた『呉郡図経続記』に「洞庭山、美茶を出だす」とある。<br>㊥この年、建州の茶生産量は三〇〇万斤という。（『宋会要』食貨） |
| 一〇八五 | 応徳二 | ㊥（宋、元豊八）臘茶を専売の対照とする。（『宋会要』）<br>㊥神宗の元豊の年（一〇七八〜一〇八五）「延慶に詔して茶を以て馬を市う、未だ幾ばくならずして之を罷む」。（『宋史』食貨志）<br>㊥元豊の年、水磨法を改め、茶戸が勝手に末茶を磨細するを禁じる。（『宋史』食貨志）<br>㊥元豊の年「建寧府、石乳、竜鳳等の茶を貢す」という。（『宋史』地理志） |
| 一〇八六 | 応徳三 | ㊥（宋、元祐一）福建の権茶法を罷める。（『宋史』食貨志）<br>㊥政治家、王安石没する（65）。『茶を寄せて平甫に与う』の詩中に「……石城水を試みるに頻啜するに宜し、金谷花を着けて漫ろに煎ずる莫れ」とある。茶を贈り物にする風習があったことがわかる。<br>㊥哲宗の元祐のはじめ、茶法を寛め水磨をやめさせる。（『宋史』食貨志） |
| 一〇九二 | 寛治六 | ㊥（宋、元祐七）文豪蘇東坡、流刑より再び召される。『煎茶詩』『種茶詩』『乞茶栽詩』など茶に関する多くの詩文をのこす。（一〇七二年の項参照）その詩中に「周詩は苦菜を記し、茗飲は近世に出ず。初めて粱肉を厭うに縁り、仮に此に昏滞を雪ぐ」と茶が肉食の中和に役立つことをうたっているものもある。<br>㊥陳承の『重広本草』なる。その中に閩茶（福建）が団餅であることや、「他所のものは或は芽を為し、或は末をなす」などと記す。 |

## 平安

| | |
|---|---|
| 一〇九四 嘉保一 | ㊥(宋、紹聖一)沈括没する(65)。『本朝茶法』を著わす。宋代の茶の政制について記す。他に『夢渓筆談』等の著がある。 |
| | ㊥この年陸師閔をして茶事を監督させ、陝西は、また禁榷(茶の専売)を行なう。(『宋史』食貨志) |
| 一〇九七 承徳一 | ㊥(宋、紹聖四)再び榷茶法を行ない、元豊時代(一〇七八〜一〇八五)の方法に復する。(『宋史』哲宗本紀) |
| 一〇九八 承徳二 | ㊥(宋、元符一)戸部(役名)は末茶を私販するものを捕えた者に、臘茶を私販する者を捕えた者同様に賞を給するよう上奏する。(『宋史』食貨志) |
| 一一〇〇 康和二 | ㊥(宋)哲宗の元符中(一〇九八〜一一〇〇)程之部は茶馬市を主管し、「馬至ること万四、茶課を得ること四百万緡」と功あることを伝える。(『宋史』程之部伝) |
| 一一〇一 康和三 | ㊥(宋、建中靖国一)蘇東坡、常州(江蘇省)にて没する(55)。東坡の言行を集めた『東坡志林』に司馬温公と茶墨を論じた話などを載す。司馬光は「茶と墨と二者は正反対である。茶は白からんと欲し、墨は黒からんと欲す。茶は重きを欲し、墨は軽きを欲す。茶は新しきを欲し、墨は古きを欲す」といい、それに対して東坡は「奇茶妙墨ともに香る、それはその徳が同じため、皆堅いのはその操が同じだから、このことは人にも喩えられる」と答えた。当時の茶は型に押しかためた固形茶であることが推測される。また、東坡に『茶説』の著がある。「茶は煩いを除き、膩(アブラ)を去る、世に茶無かるべからず」などと記す。 |
| 一一〇二 康和四 | ㊥(宋、崇寧一)「江淮七路の茶を榷し、官自ら市を為す」。(『宋史』) |
| 一一〇三 康和五 | ㊥(宋、崇寧二)茶の権法(専売法)が再び行なわれ、草茶、臘茶を問わず一律に専売とする。(『宋会要』)草茶とは一般の茶であり、臘茶については七八〇年の項参照。 |

平安

| 西暦 | 年号 | 事項 |
|---|---|---|
| | | ㊥この年、諸路に茶場を置き、皆水磨施設を増修、建、剣二州（福建）の商人、旅人の茶税を増す。（『宋史』徽宗本紀） |
| 一一〇四 | 長治一 | ㊥（宋、崇寧三）茶の園戸、五家を保と為し、ひそかに茶を売る者を互に観察し、密告する者に賞を与えたという。（『宋史』） |
| 一一〇五 | 長治二 | ㊥（宋、崇寧四）詩人黄庭堅（山谷）没する。茶に関する詩文が多い。その中に茶碾（茶の薬硯（ヤゲン））についての論がある。「銀を以てつくる、熟鉄之に次ぐ、……間々黒屑ありて隙穴にかくる、茶の色を害すること尤も甚だし」。 |
| | | ㊥この年再び茶の権法を廃止する。商旅には手形を支給し、自ら茶園戸に於て勝手に買うことを罷めさせる。（『宋史』食貨志） |
| 一一〇七 | 嘉承二 | ㊥（宋、大観一）徽宗皇帝（在位一一〇〇～一一二五）『大観茶論』を著わす。地産、天時、采択、蒸圧、製造、白茶、羅碾、盞、筅、杓、水、味、香、色、蔵焙、外焙等が記される。とくに茶筅の使用、抹茶の法が記されている。 |
| 一一一一 | 天永二 | ㊐大江匡房没する。その著『江家次第』に「毎夕侍臣を座せしめ、煎茶を施す。衆僧相（トモ）に甘葛を加えて煎じ、亦厚朴生薑等、要に随って之を施す」とあり、当時茶は僧家の間に用いられ、また茶の苦味に対して、これを緩和する調味が加えられたことが知られる。 |
| 一一一二 | 天永三 | ㊥（宋、政和二）詩人蘇轍没する。兄の東坡と共に詩文で聞こえる。『子瞻が煎茶歌に和す』として「煎茶の旧法は西蜀に出ず」などと詠む。西蜀は今の四川省眉山県。なお蘇兄弟は四川省の生れ。 |
| | | ㊥臘茶の専売を罷める。臘茶は官が買上げるが、残余のものについては商人の販運を許可した。（『宋会要』） |
| | | ㊥尚書省の判断が基になって諸路の水磨茶場（一〇八三年の項参照）を廃止する。（『続資治通鑑長篇』） |

平安

| | | |
|---|---|---|
| 一一一四 | 永久二 | ㊥（宋、政和四）前々年より諸路の水磨茶場が廃止され、都のみに置かれるようになったが、この年にいたって収入が三倍になったという。（『続資治通鑑長篇』） |
| 一一一六 | 永久四 | ㊥（宋、政和六）福建の茶園を塩田と同様に土地の測量をなし、産茶の多寡により等級を定め徴税することとする。（『宋史』食貨志） |
| 一一一七 | 永久五 | ㊥（宋）徽宗の政和年間（一一一一～一一一七）に於ける闘茶の記録『闘茶記』を唐庚が著わす。 |
| 一一二〇 | 保安一 | ㊥（宋、宣和二）蔡京の『延福宮曲宴記』に徽宗が群臣に茶を入れ、宴を催した情況を記す。「宣和二年十二月癸巳、宰執親王等を召して延福宮に曲宴す。……上近侍に命じて茶具を取り、親しく湯を手注し……」など。 |
| 一一二四 | 天治一 | ㊊（遼、保大四）「建州製する乳茶を号して京挺臘茶と言わしむ」という。（『十国春秋』） |
| 一一二五 | 天治二 | ㊥このころ（北宋の末～南宋の初め）『北苑別録』一巻が板行される。著者は趙汝砺或は熊克ともいうが詳かではない。当時の北苑における栽培製造、入貢について詳細に記録し、その説には拠るべきものが多いという。 |
| 一一二六 | 大治一 | ㊐勅選和歌集『金葉集』一〇巻なる。その中に選者源俊頼の「生ひしげるねむりの森の下にこそ目ざまし草はううべかりけれ」の歌がある。この「目ざまし草」は茶に比定されている。 |
| 一一二七 | 大治二 | ㊥（南宋、建炎一）成都の転運判官趙開は、茶を榷（専売）し、馬を購入する制度（茶馬法）は五害ありと論ずる。専売の経費は馬を買う利益より大なりという。これにより、茶馬法は更（アラタ）められた。（『宋史』食貨志） |
| 一一二八 | 大治三 | ㊥（南宋、建炎二）建安（福建）北苑の官属の山場において園戸（茶農）は虐待に堪えかね、反乱を起 |

| 平安 | |
|---|---|
| | したという。（『茶録』『朝野雑記』）<br>㊥『文献通考』に「建茶（福建の茶）は建炎二年葉濃の乱にて園丁散亡し遂に歳貢をやむ」という。<br>㊥この年以後三十年間、宋朝の権茶数量は年間、一五八〇余万斤という。（『建炎以来繋年要録』巻一七） |
| 一一二九 大治四 | ㊥（南宋、建炎三）『宋史』食貨志にこのころ茶を産するは東南に於ては浙東、浙西、江東、江西、湖南、湖北、福建、淮南、広東西路など十州、六十六県に及ぶとある。また「顧渚（山名）の石上に生ずるもの、之を紫笋（紫筍）と謂う、毗陵の陽羨、紹興の日鋳、婺源の謝源、隆興の黄竜雙井皆絶品なり」と記す。 |
| 一一三〇 大治五 | ㊥（南宋、建炎四）建寧（福建省）の臘茶の歳貢を罷める。（『宋史』食貨志）なお『宋史』食貨志に「建寧の臘茶は北苑を第一と為す。その最も佳きものを社前といい、次を火前といい、又雨前という」とある。 |
| 一一三一 天承一 | ㊥（南宋、紹興一）江東安撫大使に任命された葉夢得の『避暑録』に「草茶の絶品はこれ双井（いまの修水）……歳わずか一、二斤を得るのみ」と記す。<br>㊥この年、広西に茶塩司を置く。（『宋史』） |
| 一一三二 長承一 | ㊥（南宋、紹興二）湖北に茶塩司を置く。（『宋史』） |
| 一一三五 保延一 | ㊥（南宋、紹興五）徽宗、金に没する。<br>㊥この年、資政殿大学士の李邴が全軍に対する防備について上言した中に「山東の大姓、結んで山寨となり、以て自ら保つ」とある。『建炎以来繋年要録』すでに茶商軍の力のあることを記録している。 |

| 平安 | |
|---|---|
| 一一三七 保延三 | ㊥（南宋、紹興七）淮甸、江東、湖北の地は「今歳大旱、茶芽不発のため、茶商が無頼の徒となるおそれある」と記す。（『宋会要』） |
| 一一四二 康治一 | ㊥（南宋、紹興一二）「福建の臘茶長引云々」の記事がある。（『宋会要』）商人が福建の園戸と結託して臘茶の上品を下品として買取り海道より金に赴いてひそかに貿易するものがあるので、臘茶は品の高下を問わず悉く官に買い入れ、淮南（安徽省）、京西（江西、湖南省）の地方の住民に売るを許す許可証云々のこと。<br>㊥この年榷場が再び開設され、揚子江以北における臘茶の自由販売を禁止する。（『宋会要』）<br>㊥「榷場を興し、凡て建茶（福建の茶）尽く之を榷す」という。（『宋史』高宗本紀）<br>㊥（金、皇統二）金、宋、両堺に接する寿（安徽）鄧（河南）などに榷場を置く。（『金史』） |
| 一一四四 天養一 | ㊥（南宋、紹興一四）当時淮水をひそかに渡り、隣国金の人に茶を売る者が多かったので、その者には特殊の税を課し、密貿易を防ごうとした。（『宋会要』）宋に於ては茶が金に対する輸出品の筆頭であったという。 |
| 一一四五 久安一 | ㊥（南宋、紹興一五）成都利州路二十三場の茶年産量は二一〇〇万斤。（『要録』） |
| 一一四七 久安三 | ㊥（南宋、紹興一七）茶の園戸のすべてにおいて過剰分の茶を徴税の対象とする。茶司の歳収二〇〇万しかも馬を購入すること多きを加えずという。（『宋史』食貨志） |
| 一一四八 久安四 | ㊥（南宋、紹興一八）胡仔『苕渓漁隠叢話』を編する。北苑の茶などについて記す。 |
| 一一五〇 久安六 | ㊥（南宋、紹興二〇）このころ蔡宗顔『茶山節対』一巻を著わす。 |
| 一一五一 仁平一 | ㊥（南宋、紹興二一）秦檜、茶塩法を進言する。（『宋史』食貨志） |

平安

| | |
|---|---|
| 一一五五 久寿二 | ㊥（南宋、紹興二五）「上（高宗）宰執に諭していう。諸州の貢物皆罷めん。独り福建の貢茶のみは祖宗の旧制、いまだ罷むを欲せず」という。（『中興小記』） |
| 一一五七 保元二 | ㊥（南宋、紹興二七）私茶塩（ひそかに茶塩を売買するもの）を捕えたものに賞を与えるという。（『宋史』高宗本紀） |
| 一一六〇 永暦一 | ㊥（南宋、紹興三〇）夔（キ）州（四川省）の権茶をやめ、淮東江西の茶引銭をもって、墾田の為の募民および江州の軍事費に充てる。（『宋史』高宗本紀） |
| 一一六二 応保二 | ㊥（南宋、紹興三二）戸部の統計によれば、主なる茶産地の産額は次の通りという。（『宋会要』）浙東路一〇〇万三〇二一斤、浙西路四四八万四六一五斤、江南東路三七五万九二二六斤、江南西路五三八万三四六八斤、荊湖南路一一二万五八四五斤、荊湖北路九〇万五八四五斤、総計で一五七二万斤余、諸路、州、軍、県の全生産量は一九〇三万九二七七斤余。 |
| 一一六四 長寛二 | ㊥（南宋、隆興二）寿（安徽省にあり）蔡（河南省汝陽県）等十一の権場（貿易場）を再興し、これら権場で茶を貿易したとの記録がある。（『金史』食貨志） |
| 一一六五 永万一 | ㊥（南宋、乾道一）「二広諸州、多く江西と境を接す。江西之民、私茶塩を興販するを業となし、平民を刼殺す。而るに二広諸州の軍兵孱弱」との記録がある。（『宋会要』） |
| 一一六八 仁安三 | ㊐栄西禅師入宋（四月）、栄西はその秋帰国して、茶種子を将来したという説がある。「仁安三年……宋域の茶子を得て、持ち帰り背振山石上に投じ、之を種え……茶子一夜にして根芽を生ず。……」。（『千光寺、本寺開山千光祖師碑銘』）ただしこの撰文はこの年より五九〇余年後に作られた。（茶種子将来については一一九一年の項参照）<br>㊐「東大寺の沙門重源、興福寺の僧正と相倶に同船して宋国に到る。……我朝に帰来する宋の陳和卿 |

## 平安

| | |
|---|---|
| | と同船して帰朝後、庭前に植えて之を愛し、製して之を喫し……」。（『奈良県の茶業』）重源は仁安三年栄西と同道帰朝したという。 |
| 一一六九 嘉応一 | ㊐『元亨釈書』に「栄西乾道戊子、天台に遊び、山川の勝妙を見て、大歓喜を生じ、石橋に至り、香を焚き、茶を煎じ……」との記載がある。 |
| 一一七一 承安一 | ㊥（南宋、乾道七）湖南、湖北省に「茶寇」反乱があるという。（『朝野雑記』） |
| 一一七二 承安二 | ㊥（金、大定一二）榷場で香茶（私販茶か）の罪法を定める。（『続文献通考』） |
| 一一七三 承安三 | ㊥（南宋、乾道九）『文献通考』に「蜀茶（四川の茶）の細き者、其の品、南方のものに比べれば劣るが、広漢の趙坡、合州の水南、峨眉の白芽、雅安の蒙頂は土人も之を珍とす。然れども産する所は甚だ微にして江建（浙江・福建）の比にあらず」と記す。広漢、合州、峨眉、雅安何れも四川省にある。 |
| 一一七五 安元一 | ㊥（南宋、淳熙二）茶駔（茶の仲買）頼文政、中国湖北地方に於て反乱を起す。彼は茶商に押し立てられて、茶賊（専売制度下に於て茶を私販する者）の首領となり、湖南、江西に入り官軍を撃破するという。これらを茶寇と呼んだ。（『宋会要』『宋史』頼文政本紀）<br>㊥この年「方師尹は江西の提刑（役名）に任じられたが、江西には茶賊多いため、避畏遷延して赴任せず処罰された」という。（『宋会要』職官） |
| | ㊐後白河法皇、五十歳の賀のために、仁和寺円堂より煎茶具を借用する。（『玉海』） |
| 一一七六 安元二 | ㊐後白河法皇五十歳の御賀の儀式の準備に関して右大臣九条兼実の日記に「今度の儀式は康和の例（白河法皇算賀の折の前例）によって、煎茶を供する事となりて康和度の茶具を鳥羽の御倉に求めしが既に紛失してあらず、仁和寺より茶具を取り出された」とある。（『玉葉』） |

| 時代 | 西暦 | 年号 | 事項 |
|---|---|---|---|
| 平安 | 一一七七 | 治承一 | ㊥（南宋、淳熙四）『文献通考』に「吏部郎（職名）の閻蒼舒は茶馬の弊害をのべ、その弊害を去るには茶の価値を上げなければならぬとし……夷人（西域の人）は一日も茶無かるべからず、という状態なのでもっと茶の馬との交易比率を上昇させる必要がある。夷人に茶を多く与えると遂には茶を貴ばなくなる」と記す。 |
| 平安 | 一一七九 | 治承三 | ㊥（南宋、淳熙六）「茶園戸困窮の度を加えたるによりその重額銭（標準生産額）を減じ、又、引（イン）（貿易許可証）の息銭（利息）を減じた」という。（『宋史』食貨志） |
| 平安 | 一一八二 | 寿永一 | ㊥（南宋、淳熙九）建陽の人、熊蕃『宣和北苑貢茶録』を著わす。福建省の建安北苑の茶について、また、摘採、製造、入貢方式、竜団の名茶について詳述している。 |
| 鎌倉 | 一一八五 | 文治一 | ㊐『吾妻鏡』この年十月二十日の条に「法住寺より清経朝臣に献したものの中に茶垸（ワン）具二十、米千石、牛十頭等」との文がある。<br>㊐平家の落人、薩摩国日置郡阿多村に茶を植えると伝える。（『山城茶業史』） |
| 鎌倉 | 一一八七 | 文治三 | ㊐栄西禅師再度入宋し、臨安（今の浙江省杭州）より天台山に入る。（『日本茶史』） |
| 鎌倉 | 一一八九 | 文治五 | ㊥（南宋）淳熙年間（一一七四〜一一八九）淮南路における榷茶数量は八六五万斤。（『宋史』食貨志）<br>㊥淳熙年間「江湖の茶商相挺して盗を為す。荊南の茶賊頼文政を推して首となす」。（『鶴林玉露』）<br>㊥淳熙年間茶場の市場で蕃夷の馬二千九百余匹を得たという。この馬は皆良馬であったという。（『宋史』食貨志） |
| 鎌倉 | 一一九〇 | 建久一 | ㊥（南宋）光宗の紹熙の初、成都府利州路（四川省）二十三茶場の年産が二一〇二万斤になるという。（『宋史』食貨志） |

## 鎌　倉

**一一九一　建久二**

㊐栄西禅師（一一四一〜一二一五）宋より七月平戸に帰国し禅宗（臨済）を伝え、またこの時茶種子を将来したという。（『元亨釈書』『黄竜十世録』『梅山種茶譜略』『茶事心教弁』『嬉遊笑覧』『日本禅家始祖略年譜』など）（茶種子将来については一一六八年の項参照）また「入朝帰朝之時茶実石山に来投す。この種自ら石中に芽茎生じ長干……」（『背振山因由記』）とあり、筑前の背振山に播種したとされる。一説によれば「……たとえ栄西に茶実将来の事実ありと雖も、本邦に茶樹あるを栄西に始まるとするが如きは無稽の俗説なり」という。（末松謙澄『三教思想と茶道』）

㊐丹波の国多紀郡草山荘に茶が栽培されていたという。（『丹波の茶』）

**一一九三　建久四**

㊥（南宋、紹熙四）「塩茶の租銭（税金）八万二千余緡に益す」という。（『宋史』光宗本紀）

㊐源頼朝の富士巻狩に際し、須山村の住人が自宅前の野生茶樹の葉を摘み、飲料として頼朝に献じたという。（『駿東郡茶業史』一九二一年）

**一一九四　建久五**

㊐僧栄西、筑前国博多に建てた聖福寺に茶を植える。石上茶を移し植えたという。また一説に聖福寺の創立は建久六年（一一九五）とされる。

**一一九五　建久六**

㊥（南宋、慶元一）この年没した張同之墓（江蘇省江浦県所在）より建窯の禾天目茶碗が出土した。（『文物』一九七三〜四）

**一一九六　建久七**

㊥（南宋、慶元二）このころ泗州（安徽省泗州）の榷場（貿易場）に於て毎年新茶千胯を供進したと記す。（『金史』食貨志）

**一一九八　建久九**

㊥（金、承安三）官を設けて茶を製することとしたという。尚書省の令史劉成、河南に行き官造を視察するが、みずから茶の味をなめず、民の温桑というは実は茶に非ずと復命する。帝、仕事に熱心ならずとして杖七十の刑を与え、罷免する。（『金史』食貨志）

鎌倉

| | |
|---|---|
| 一一九九 正治一 | ㊥（金、承安四）坊を置いて新茶を造り、私茶を売る者の罪を定める。（『金史』食貨志） |
| 一二〇〇 正治二 | ㊥（南宋、慶元六）学者朱子（名は熹）没する（70）。その撰になる『名臣言行録』に「茶を抜いて桑を植う」の語がある。 |
| 一二〇二 建仁二 | ㊐このころ明恵上人（一一九三〜一二三二）栄西より茶種子を得、京都栂尾に之を植える。明恵三十歳のころであるという。（村山鎮『茶業通鑑』）（一二〇七年の項参照） |
| 一二〇四 元久一 | ㊥（南宋、嘉泰四）金、章宗の泰和四年、章宗、「朕新茶を嘗む、味嘉からずと雖も、亦豈食す可からざらんや」といい一斤入毎袋の価を三百文に減じたとの記録がある。（『金史』食貨志）<br>㊥この年、茶を産しない県で、豪民が勝手に茶租を取り立てることは許さずと詔する。（『宋史』食貨志、『文献通考』） |
| 一二〇五 元久二 | ㊥（南宋、開禧一）「官軍義勇茶商市兵」の記載がある。（『開禧徳安守城録』）義勇茶商市兵とは、大茶商を中心に編成された義勇軍たる茶商軍であり、販茶の利益確保、自己の生命財産の保全を目的として成長した。<br>㊥（金、泰和五）造茶の坊を廃止する。官に於て造茶坊を廃止して茶を造らなくしたが、茶樹を伐りとることなく、人民の自由な栽培をゆるした。（『金史』食貨志） |
| 一二〇六 建永一 | ㊥（金、泰和六）尚書省の上奏に「近年上下競て茶を啜り、中でも農民は尤も甚だしく、市井茶肆相属するという有様」との記録がある。金は宋より茶を購うため糸絹を以てしたという。このため金は、七品以上の官に限り、家で茶を飲むことを許したが、其他は一切茶を飲むことを禁じた。（『金史』食貨志）<br>㊥（南宋、開禧二）詩人、楊万里没する（79）。平易なことばで詩を作ったが、『舟泊呉江』など茶に |

## 鎌倉

| 年 | 事項 |
|---|---|
| | ついての詩などもある。 |
| 一二〇七 承元一 | ㊥（南宋、開禧三）「援兵至らざるを以て、官軍は義勇茶商市兵等三百人を遣わし、南寨及び河西守把の軍を攻めしむ」という。（『開禧徳安守城録』）<br>㊐明恵上人、栄西より茶種をおくられ、京都栂尾高山寺内にうえるという（栂尾茶の起源）。（『栂尾明恵上人伝』）（一二〇二年の項参照）なお栂尾高山寺にはこの時に茶種をいれた茶壺が残っており、漢柿形茶壺（あやのかきべたのちゃつぼ）と言われている。 |
| 一二〇八 承元二 | ㊥（金、泰和八）茶は宋土（金の敵国）の草芽であり、これを中国（金）の有益な糸綿と交易するのは不当であるとし、塩及び雑物と交易することを命じる。（『金史』食貨志）<br>㊥この年、塩を以て茶に易えることを命じる。（『金史』） |
| 一二一〇 承元四 | ㊥（南宋、嘉定三）陸游没する（85）。茶についての多くの詩を残しているが、その詩に「園丁は霜稲を刈り、村女は秋茶を売る」の句がある。秋茶はわが三番茶に当る。 |
| 一二一一 建暦一 | ㊐栄西『喫茶養生記』三巻を著わし三代将軍実朝に献進する。「茶は養生の仙薬、延齢の妙術なり」とし、茶の名称、樹形、効能、摘葉時期、摘葉方法および茶の調製の方法などを記す。わが国最初の茶書といわれる。とくにその製法の記載については注目される。「……宋朝の茶を焙ずる様を見て、則ち朝に採り即ち蒸し、即ち之を焙す。懈倦怠慢之者は為す可からざる也。焙棚は紙を敷き、紙燋せざる様、火を誘い、工夫して之を焙し、緩めず怠らず、竟夜眠らず、夜内に焙畢るべき也。即ち好瓶に盛り、竹葉を以て堅く瓶口を封じ風をして内に入らしめざれば則ち年を経て損ぜず。……」とある。 |
| 一二一四 建保二 | ㊐将軍実朝の二日酔に対し僧栄西が茶一盞（サン）を召し進め、相副えるに「茶の徳を誉める所の書」一巻（すなわち『喫茶養生記』）をもってしたところ、たちまち実朝の気分爽快になったという。（『吾妻 |

| 年 | 鎌倉 |
|---|---|
| | 鏡』) |
| 一二一五<br>建保三 | ㊐栄西没する(75)。栄西の入寂の場所に二説あり、鎌倉、寿福寺説(『吾妻鏡』『栄西禅師鑽仰会趣意書』『栄西禅師』など)と京都建仁寺説(『元亨釈書』『洛陽東山建仁寺開山始祖明菴西公禅師塔銘』『東山建仁寺略寺誌』など)とがある。 |
| 一二一六<br>建保四 | ㊥(金、貞祐三)金、宋の和議破れ、再び飲茶の禁令を出す。(『金史』食貨志) |
| 一二二二<br>貞応一 | ㊥(蒙古、太祖一七)ジンギス・カン(太祖)の軍に従っていた長春真人が邪米思干即ち河中府(サマルカンド)の南方アム(Amu)河南の班里城(Ballkh)付近に於て太祖に謁見し、従駕北回したる途すがら、屢々葡萄酒、瓜、茶食を賜わったという。(『長春真人西遊記』) |
| 一二二三<br>貞応二 | ㊥(金、元光二)茶を飲むことをさらに厳禁する。銭や穀物は一日も無くてはならぬが、茶は元来敵国たる宋地の産物で、飲食に不可欠のものではない。しかし商人は金帛で之を求めようとする。これは国家の無駄であるとし、親王、公主、五品以上の官職にあるもので茶を蓄積していたものは許可し、あとは茶を飲むを禁じ、犯したものは徒罪五年、密告したものには宝泉一万貫を賞すという。(『金史』食貨志) |
| 一二二七<br>安貞一 | ㊐道元禅師、中国より帰朝の際、漢作茶入の逸品「久我肩衝」を持ち帰る。<br>㊐道元と共に帰朝した加藤四郎左衛門景正(藤四郎)、尾張国瀬戸に於て茶器の製造を始めるという。(『喫茶史要』『三教思想と茶道』) |
| 一二二九<br>寛喜一 | ㊥(南宋、紹定二)台州(浙江省)の水災により、茶税を除くと詔する。(『宋史』理宗本紀) |
| 一二三二<br>貞永一 | ㊐明恵(高弁)上人没する(60)。上人は「茶の十徳」を述べている。一、諸天加護　二、父母孝養　三、悪魔降伏　四、睡眠自除　五、五臓調和　六、無病息災　七、朋友和合　八、正心修身　九、 |

鎌倉

| | |
|---|---|
| | 煩悩消滅 一〇、臨終不乱。 |
| 一二三四<br>文暦一 | ㊥（南宋、端平一）陳政「民は茶の租銭に苦しむ、よってその無き者には強制せず、民力を伸ばさん」と上請する。（『続文献通考』） |
| 一二三五<br>嘉禎一 | (東)（高麗、高宗二二）高麗の七賢の随一と称された李圭報没する（67）。茶の詩として「昔は神農草木を嘗め、之を方経に著して気を補わんを要す。独り茗飲に於ては棄て収めず、万品と同異を論ぜず。……詩を見るは猶お茶経を見るに勝る。陸生の品する所は糟粕のみ。……」などの作がある。 |
| 一二四一<br>仁治二 | ㊐駿河国の僧弁円（聖一国師）、宋より茶種を持ち帰り、同国美和村足久保に栽植したと伝える。（『東福寺誌』）ただし、文学博士辻善之助は「その出拠は何れにあるや存知申さず」と説く。なお、かれの開山した京都東福寺の什物中に宋国の茶の種子の容器があるという。 |
| 一二四三<br>寛元一 | ㊥（蒙古、脱列哥那二）中書令、耶律楚材（ヤリツソザイ）没する。茶や葡萄酒に関する詩を多く残す。西域における作に「一椀の清茶玉香を点ず、明日君に辞し東に向って去る」或は「七椀清茶玉泉に泛ぶ」また「清茶佳果行路に餞す」などがある。（『湛然居士集』） |
| 一二四六<br>寛元四 | ㊥（南宋、淳祐六）建安（福建省）の祝穆、『古今事文類聚』を編し、続集に茶事を入れる。 |
| 一二五三<br>建長五 | ㊐曹洞宗の祖、道元禅師没する（54）。その著『永平清規（シンギ）』は茶礼の基礎をなすといわれる。<br>㊐『古今著聞集』なる。その中に「獅子の形を造れりける茶碗の枕」とある。この茶碗は陶磁器の意に用いている。（一二六一年の項参照） |
| 一二六一<br>弘長一 | ㊥（元、中統二）官で蜀（四川）の茶を購い価を増して羌族に給した。（『元史』）<br>㊐仁和寺旧蔵『譲状の証文』に「ちゃわんのはち」の句がある。このちゃわんは焼物の意味に用いられている。（好川海堂『日本喫茶史要』）（一二五三年の項参照） |

鎌　倉

| | |
|---|---|
| 一二六二<br>弘長二 | ㊐西大寺叡尊、北条実時の招きにより鎌倉に下向し、途中諸所で茶を儲ける。「儲茶」とはただ茶を飲んだのではなく、誰かのために茶を特別に用意したこととされる。庶民教化のために薬として茶を施したことか。「駿河国麻利子宿に於て茶を儲く、同国清見関に於て茶を儲く、同国見付宿に於て茶を儲く……」と記す。(『関東往還記』) |
| 一二六四<br>文永一 | ㊥(元、至元一)「四川の茶塩の課(税)を以て軍糧に充てる」という。(『元史』世祖本紀) |
| 一二六七<br>文永四 | ㊐筑前博多崇福寺の大応国師、宋より茶台子一台と茶に関する書物七部を持ち帰る。台子は後に夢想国師に帰したという。(『本朝高僧伝』)また大応国師は、茶宴や闘茶の習俗をも日本に持ち帰ったとされる。 |
| 一二六八<br>文永五 | ㊥(元、至元五)四川省成都の茶を権する。ひそかに採売する者は、塩の私販と同罪となす。(『元史』食貨志) |
| 一二六九<br>文永六 | ㊥(南宋、咸淳五)審安老人の『茶具図賛』なる。その中に砧(ウチバン)、模(カタ)、瓢(ヒシャク)、椎(ツチ)、羅(フルヒ)、合(フタモノ)、払末(ハネボウキ)、等の図がある。何れも宋代挽茶の具。 |
| 一二七一<br>文永八 | ㊥(元、至元八)「四川の民力困弊したるを以て、茶塩等の課税を免ず」という。(『元史』世祖本紀) |
| 一二七三<br>文永一〇 | ㊥(南宋、咸淳九)劉禹錫『百川学海壬集』に『茶経』及び張又新の『煎茶水記』、葉清臣の『述煮茶泉品図』、欧陽修の『大明水記』『浮漾山水記』、蔡襄の『茶録』、宋子安の『東渓試茶録』を刻する。<br>㊥楊万里、顕上人分茶の詩をつくる。 |
| 一二七四<br>文永一一 | ㊐文永年間(一二六四～一二七四)静岡県の安倍山中に自生茶があったとの記録がある。(『茶説集成』)<br>㊐文永年間、平重衡によって焼かれた奈良般若寺を再建した興正菩薩、産業として茶の栽植をすすめ |

鎌倉

| | | |
|---|---|---|
| | | る。（『山城茶業史』） |
| 一二七六 | 建治二 | ㊥（元、至元一三）長引（一定区域外の貿易許可証）、短引（区域内）を定め、取扱茶の量によって税金を納める法を制定するという。（『元史』食貨志） |
| 一二七七 | 建治三 | ㊥（元、至元一四）江淮（今の江蘇、安徽両省の地区）に榷茶都転運使司（都転運司の誤りか）という役を置き、長引、短引による茶取扱量の三分の半の税を徴収するという。（『元史』世祖本紀）当時、二州（または二路）以上を管轄する官を都転運使とし、転運使の常駐する役所を転運司と称した。なお、転運使はもと輸送を掌る官であったが、このころになって一路の長官として、運輸をはじめ、茶塩、刑獄、倉庫保管の職務をも掌るようになった。<br>㊐建治の年（一二七五～一二七七）山城国宇治田原郷の押領使、田原蔵人藤原道雅という者、始めて茶を禁裏に進め、以後恒例として献上した。（『日本茶史』） |
| 一二八〇 | 弘安三 | ㊥（元、至元一七）榷茶都転運司を置き、江州（江西省）に於て、江・淮・荊・湖・福・広各州の税を統轄させる。（『元史』食貨志）なお同書に「草茶毎引云々」の語がある。<br>㊐僧弁円（聖一国師）没する（79）。 |
| 一二八一 | 弘安四 | ㊐叡尊、西大寺境内の鎮守八幡社社頭において献茶の儀を厳修。その余抹を会同の大衆に振舞う。西大寺茶盛のはじまりとされる。（『日本喫茶史要』『大茶盛由来』） |
| 一二八三 | 弘安六 | ㊐聖一国師の高弟僧無住の『沙石集』八巻、脱稿する。その中に「或る牛飼、僧の茶のむ所にのぞみて云はく、あれは如何なる御薬にて候やらん。……これは三つの徳ある薬なり。……その徳と云ふは一には座禅の時眠らるるが是を呑みつれば通夜眠られず。一には食にあける時服すれば食消して身かろく心明らかなり。一には不発になる薬なり。……」とある。（『広文庫』第十二冊） |

| 鎌倉 | | |
|---|---|---|
| 一二八四<br>弘安七 | ㊐ | （元、至元二一）茶引の税を増す。（『元史』） |
| 一二八六<br>弘安九 | ㊥ | （元、至元二三）江西の権茶転運使李起南、江南の茶引の価を三貫六百文から五貫にせんと上奏する。（『元史』食貨志） |
| 一二八七<br>弘安一〇 | ㊐ | 弘安年中（一二七八〜一二八七）僧叡尊、宇治橋の東の橋寺を再興し、ここに茶房を置いたという。（『日本喫茶史要』はこのことについて元政上人の詩句を引用する。） |
| 一二八九<br>正応二 | ㊥ | （元、至元二六）また茶引の税を増す。（『元史』） |
| 一二九〇<br>正応三 | ㊐ | 叡尊没する（90）。 |
| 一二九三<br>永仁一 | ㊥ | （元、至元三〇）また江南（今の安徽、浙江、江西三省にまたがる地域）の茶法を改める。茶商の貨茶には必ず引（イン）を必要とし、引のないものは私茶と見做す。引の外に茶由有り、零茶を売る者に支給する。（『元史』食貨志） |
| 一二九五<br>永仁三 | ㊥ | （元、元貞一）江南の茶税を罷め、その数三千錠を以て、江西の権茶転運司の歳額に入らせた。（『元史』成宗本紀） |
| 一三〇〇<br>正安二 | ㊐ | このころ金沢貞顕、称名寺庭園をつくる。茶の贈与に関する書状が多い。今の横浜市金沢文庫に収蔵される。 |
| 一三〇四<br>嘉元二 | ㊥ | （元、大徳八）廬州路（四川省）の権茶提挙司を罷める。（『元史』） |
| 一三〇七<br>徳治二 | ㊥ | （元、大徳一一）武宗即位の年、江南地方に洪水あり、茶塩の税金を以て米を収め饑民の救恤に充てんとしたが、反って米価の騰貴を招き民困窮したという。（『元史』武宗本紀） |

## 鎌倉

| | |
|---|---|
| 一三〇八<br>延慶一 | ㊥（元、至大一）竜興瑞州の茶課を以て徽政院に入らしめた。竜興瑞州は皇太后の湯治の邑として特に茶課税を徴収されたという。（『元史』食貨志）<br>㊐駿河に生まれた大応国師没する（73）。（一二六七年の項参照） |
| 一三一一<br>応長一 | ㊥（元、至大四）仁宗即位し、茶課を増額する。（『元史』仁宗本紀） |
| 一三一二<br>正和一 | ㊥（元、皇慶一）江西、江浙両省の茶塩法の整備をはかる。（『元史』仁宗本紀） |
| 一三一三<br>正和二 | ㊥（元、皇慶二）権茶批験所並びに茶由局官を置き、さらに江南の茶法を定める。（『元史』仁宗本紀） |
| 一三一四<br>正和三 | ㊥（元、延祐一）魯明善『農桑撮要』を著わす。茶の栽培についての記述がある。 |
| 一三一五<br>正和四 | ㊥（元、延祐二）王禎『農書』を著わす。水車で茶を磨砕する茶磨法について詳述している。 |
| 一三一七<br>文保一 | ㊐大和国、西大寺から秋篠寺の凶徒の悪行狼藉の条々を訴えたが、その中に「極楽寺（鎌倉）開山忍性長老の命で植えた茶園で、茶樹数百本伐り払い荒野にしてしまった」と記す。（『西大寺文書』） |
| 一三一八<br>文保二 | ㊥（元、延祐五）江西、江南の茶税を増す。（『元史』仁宗本紀）このため「郡県の輸するところ、山谷の産をつくしてもその半余を充たす能わず」という。（『続文献通考』）<br>㊥淮西（湖北省）の山場の茶戸反乱するという。（荘晩芳『茶作学』） |
| 一三一九<br>元応一 | ㊥（元、延祐六）江西の官吏、豪民に茶課をゆるめぬよう詔する。（『元史』仁宗本紀） |
| 一三二〇<br>元応二 | ㊥（元、延祐七）茶税遂に増して二八万九二一一錠に至るという。（『元史』食貨志）<br>㊐元応の年（一三一九〜一三二〇）足利尊氏、吉松（現在の鹿児島県姶良郡）に本陣を定め、城内に茶を植えたという。（『島津藩政時代の茶の歴史』） |

## 鎌倉

| | |
|---|---|
| 一三二一 元亨一 | ㊐仏乗禅師入元し日本に始めて『茶経』をもたらす。<br>㊐この年書写された『軍茶利明王法』という聖教の奥書に「七碗之茶後、睡魔を伏す、九枝之灯前書功を終う」と記す。(『金沢文庫古文書』) |
| 一三二二 元亨二 | ㊥(元、至治二)鄧文原、榷茶転運司を廃止せんと願ったが許されなかったという。(『元史』鄧文原伝)また備蓄の粟を以て飢民をうるおさんと願ったが、これも許されなかったという。<br>㊐日本最初の仏教史書、虎関師錬の『元亨釈書』なる。この中に「理源大師が修業中、茶盞を傍において昏睡に備えた」との記録がある。(九〇九年の項参照) |
| 一三二四 正中一 | ㊐『花園院宸記』十一月朔日の条に、近日、日野資朝、同俊基らが結集会合して乱遊し、飲茶の会を催している。世にこれを無礼講あるいは破礼講の衆と称しているとのことだ、との記載がある。闘茶の会合のことか。 |
| 一三二五 正中二 | ㊐夢窓国師(疎石禅師)南禅寺住持となる。その著といわれる『夢中問答』に、「唐人の常の習ひにて、皆茶を愛することは、食を消し気を散ずる養生の為なり……昔盧同・陸羽等が茶を好みけるは、困睡をさまし、蒙気を散じて、学を嗜まむためなりと申し伝へたり、我朝の栂尾の上人、建仁の開山、茶を愛し玉ひけるは、蒙を散じ、ねぶりをさまして、道行の資となし玉はむためなりき」とある。栂屋の上人とは明慧上人高弁、建仁の開山は十光国師即ち栄西。 |
| 一三二六 嘉暦一 | ㊐中国の僧、清拙正澄来朝する。『大鑑清規(タイカンシンギ)』の著者で、後この弟子の古鏡明千により『勅修百丈清規』が板行される。いち早く我が国にも伝わり公刊され、禅院における僧侶の守るべき行儀作法の最も直接的な基本をかたちづくった。禅院の喫茶喫飯の規定、茶会の茶礼などは禅院のみならず、武家社会、殿中などに日常飲食儀礼として普及していく。 |

## 鎌倉

**1329 元徳一**

㊥（元、天暦二）茶税権司を廃し、私茶夾帯及び偽造茶引の罰法を定める。（『元史』食貨志）この罰法によれば茶引の無い者、引（イン）の文字を改ざんした者などは私茶法と同じく杖（杖打ち）七十。茶の半分は官に没し、半分は告発した者に賞として与えたという。

㊥四川の偽造塩茶引（貿易許可証）を焼却する。（『元史』文宗本紀）

㊐執権、北条貞顕は京都の貞将に新茶の用意を命じている。（『金沢文庫古文書』）将軍守邦親王らの、新茶を好んでいる御所への配意が見られる。

**1330 元徳二**

㊐執権北条貞顕、京都の子息に唐物と茶の湯の流行を手紙に書し、調度具足の調達を要請する。（『金沢文庫古文書』）その一部に「又から（唐）物、茶のはやり候事、なをいよいよまさり候。さやうのぐそく（具足）も御ようひ（用意）候べく候」と記す。

**1333 (南)元弘三 (北)正慶二**

㊥（元、元統一）江西、湖広、江浙、河南に再び権茶運司を置く。（『元史』順帝本紀）

## 南北朝

**1334 建武一**

㊐『二条河原落首』に連歌会、茶寄合の盛んなるを記す。（『建武年間記』）「茶香十炷（十種）ノ寄合モ鎌倉釣（ヅレ）に有鹿（アリシカ）ド都はイトド倍増ス」などと記す。

**1336 (南)延元一 (北)建武三**

㊐足利尊氏、幕府を開き『建武式目』を定める。その中で連歌会、茶寄合を群飲佚遊として禁止する。「格条の如くんば、厳制殊に重し、剰え好女の色に耽り、博奕の輩に及ぶ。此外又、或いは茶寄合と号し或は連歌会と称し、莫大の賭に及ぶ……」。

**1340 (南)興国一 (北)暦応三**

㊥（元、至元六）このころ在世した虞集游の『竜井詩』に「徘徊す竜井の上、雲気起って晴画……」の句がある。これは竜井（ロンジン）茶に関しての最初の記述とされる。

㊐このころの成立になるといわれる『異制庭訓往来（イセイテイキンオウライ）』に、主たる茶の産地として次のような記述がある。「我が朝の名山は栂尾を以て第一となすなり。仁和寺・醍醐・宇治・葉室・般若寺・神尾寺は是れ補佐たり。此の外、大和室尾・伊賀八鳥・伊勢河居・駿河清見・武蔵河越の茶、皆是れ天下の指

## 南北朝

| | | |
|---|---|---|
| | | 言するところなり。仁和寺及び大和・伊賀の名所を処々の国に比するは、瑪瑙を以て瓦礫に比するが如し……」。<br>㊐中原師守の『師守記』五月十一日の条に「今日梅小路の茶を調えられ」の記事がある。梅小路は山城国葛野郡（今の京都市に含まれる）の地か。 |
| 一三四一 | (南)興国二<br>(北)暦応四 | ㊐紀伊国高野山領古佐市郷内の馬場彦次郎垣内に茶園があったという。 |
| 一三四二 | (南)興国三<br>(北)康永一 | ㊥（元、至正二）江州（江西省）の茶税の取り立てが厳しく、茶戸（茶農）は「本来利を求むるを図るも、反ってその害を受け、日に消乏逃亡する」という。（『元史』食貨志） |
| 一三四三 | (南)興国四<br>(北)康永二 | ㊐京都祇園社家の記録である『祇園執行日記（ギオンシギョウニッキ）』に闘茶の勝負の点取表がある。闘茶が流行する。闘茶本来は「茶の同異を知る也」とあって、本茶と非茶の味別を競う形式である。本茶とは栂尾茶、非茶とはそれ以外の土地の茶の意。<br>㊐和田江州、百種茶を興行するという。 |
| 一三四四 | (南)興国五<br>(北)康永三 | ㊐夢窓疎石の法話を集録した『夢中問答』が伊予の大高重成によって書かれる。茶寄合が無益なることを説く。また『茶僻』の著がある。（一三二五年の項参照） |
| 一三四五 | (南)興国六<br>(北)貞和一 | ㊐『師守記』四月六日の条に「今朝穀倉の茶これを調せられ……」との記事がある。穀倉は山城国の中原師守の管領していた穀倉院のことか。 |
| 一三四六 | (南)正平一<br>(北)貞和二 | ㊥（元、至正六）張以寧「陸羽烹茶」の詩をつくる。また『詠茶詩録』の著がある。<br>㊐学僧虎関没する（68）。かれの作と伝えられる『異制庭訓往来』に「このごろの御会すべて無興となすべきか、茶香これ翫する者、只当世様珍体を以て風情となす。淳素を以て比興の義と為さん」とある。 |

## 南北朝

| | |
|---|---|
| 一三四八<br>(南)正平三<br>(北)貞和四 | ㊐『東草集(ソクソウシュウ)』に、正月十八日蓮花院月並和歌序として「諷詠の莚を巻いて盃配の席を展べ、酒を飲むこと漸く止めて、茶礼を重ねて催す」との記載がある。 |
| 一三四九<br>(南)正平四<br>(北)貞和五 | ㊐『師守記』の四月から六月にかけての記事の中に穀倉院の茶を摘んだという記事が散見する。「今日穀倉院の茶を摘まれ、家君縁者阿闍梨の重阿これを誘う」など。 |
| 一三五〇<br>(南)正平五<br>(北)観応一 | ㊐『祇園執行日記』三月十七日の条に「山階茶、生葉にて之を買い坊門に於て之を調う。今年茶調の始なり」との記事がある。山階は山科である。調うとは製茶するの意。<br>㊐またこの日記三月二十三日及び二十九日の条に「妙浄茶」「黒尾茶」「北野茶」「康楽寺茶」などの記事がある。<br>㊐僧、玄恵没する(71)。『喫茶往来』を著わしたとされるが、確証はない。茶筅、闘茶の様子、栂尾を本茶とし、それ以外は非茶とするなど室町初期の作と思われる点がある。 |
| 一三五一<br>(南)正平六<br>(北)観応二 | ㊐『慕帰絵詞』(藤原隆章等筆)が完成し、天目茶碗、茶筅、棗、茶釜、風炉等が描かれる。<br>㊐夢窓疎石禅師没する(76)。(一三二五、一三四四年の項参照) |
| 一三五二<br>(南)正平七<br>(北)文和一 | ㊐『祇園執行日記』三月六日、七日の条に「林茶今日之を調始す、諸神宮籠にて之を摘む、二焙炉二斤之れ有り……」「林茶又之れを摘む、一焙炉三十両之れ有り……」との記録がある。 |
| 一三五六<br>(南)正平一一<br>(北)延文一 | ㊐このころ『太平記』なる。「其の比(コロ)物にも覚えぬ田舎の者共、茶の会酒宴の砌にてそぞろなる物語しけるにも……身には五色を粧り、食には八珍を尽し、茶の会酒宴に若干の賞を入……」と、闘茶の模様風潮を記している。その他茶に関する記事も多い。 |
| 一三六一<br>(南)正平一六<br>(北)康安一 | ㊥(元、至正二一)明太祖、商人が産茶地で茶を貿易する場合には許可制とし、許可証百斤につき二百文課税する。(『学菴類稿』)なお明でこの法を「商茶」といい、辺境に茶を貯えて馬と交換するを |

南北朝

| 年 | 事項 |
|---|---|
| | 「官茶」、献上用の茶を「貢茶」といい、これを三つの茶法といった。 |
| 一三六四 (南)正平一九 (北)貞治三 | ㊥(元、至正二四)小説『水滸伝』の著者の一人羅漢中の生存が知られているが、同書の中に王婆が茶坊を開く描写がある。<br>㊐『師守記』に四月から六月にかけて、穀倉院の茶を摘んだという記事が見える。 |
| 一三六六 (南)正平二一 (北)貞治五 | ㊐佐々木導誉(または道誉)、大原野で百服の大非茶勝負を催す。<br>㊐摂津国勝尾寺領に比丘尼見心が茶園二ヶ所を寄進するという。 |
| 一三六七 (南)正平二二 (北)貞治六 | ㊗(高麗、恭愍王一六)高麗の文人、李斉賢没する(81)。松広和尚、新茗茶を寄恵するに答えた詩「枯腸酒を止め烟を止めんと欲す。老眼書を看るに霧を隔つるが如し。……佳茗を寄せ来って芳訊を致す。報ゆるに長篇を以てして深慕を表す……」などの詩をのこす。<br>㊐将軍、足利義詮没する(38)。『太平記』に足利義詮を闘茶に招待したとの記述がある。 |
| 一三六八 (南)正平二三 (北)応安一 | ㊥(明、洪武一)茶引、茶由の徴税を以て馬と交易する法を議定する。(『明会典』)<br>㊥この年私茶・私塩(官の許可なく茶・塩を売る)の者、引(イン)無くして売買する者、初犯は笞三十、原価は官に没収。再犯者は笞五十。三犯は杖八十、原価の倍を官に没すと定める。(『明会典』)<br>㊐佐々木導誉、『立花口伝大事』を著わす。<br>㊐『臨川寺重書案文』に九月嵯峨松陰が茶園と田畠を臨川寺三会院に寄進したとの記録がある。 |
| 一三七〇 (南)建徳一 (北)応安三 | ㊥(明、洪武三)張以寧没する(69)。『詠茶詩録』の著がある。 |
| 一三七一 (南)建徳二 (北)応安四 | ㊥(明、洪武四)陝西、四川等の産茶地の茶園において十株につき官は一株を徴収する。(『学菴類稿』) |

## 南北朝

| | |
|---|---|
| 一三七二<br>(南)文中一<br>(北)応安五 | ㊥（明、洪武五）茶馬司を置く。（『模範最新世界年表』）<br>㊐十二月二十四日、丹波の所領の下司より茶七袋を祇園社家へ送って来たという記述がある。（『祇園社家記録』） |
| 一三七三<br>(南)文中二<br>(北)応安六 | ㊐佐々木導誉没する（78）。東山派以前の茶道史上随一の茶人とされる。 |
| 一三七四<br>(南)文中三<br>(北)応安七 | ㊥（明、洪武七）河州（陝西省）に茶馬司を置く。（『学菴類稿』）<br>㊥文人、高啓（青邱）没する（38）。著名な『采茶の詞』をのこす。これは「茶農は良い茶は先ず太守に呈し、その余は商人に売って衣食に換える、ただ年中労働しても自分の満足なものはできない」の意をよんだ詩である。<br>㊐周防（山口県）の漢陽寺建立されるという。同寺の寺宝として茶釜と茶臼を伝えている。この茶釜は唐茶の釜炒用の平釜であるという。 |
| 一三七八<br>(南)天授四<br>(北)永和四 | ㊐三月、足利義満、室町第を造営する。世に「花の御所」とよばれ、会所が設けられた。<br>㊐足利義満、山谷代満（一説によると大内義弘）に命じて、茶を宇治に植えさせ、宇治、醍醐、栂尾の三ヶ所を茶園の佳地と定め、盛に茶をもてあそんだ。これにより諸国の領主地頭もこれにならい茶樹の繁植をはかったという。（『山城名勝志』） |
| 一三七九<br>(南)天授五<br>(北)康暦一 | ㊐足利義満のころ宇治の茶、足利将軍家及びその周囲の武将により特別の庇護を受ける。七園と称する指定茶園となる。七園とは森、川下、朝日、祝井、奥の山、宇文字、琵琶の七ヶ所で、このうち将軍家自らの茶園は森と川下、京極家の茶園は祝井と奥の山、山名家の茶園は宇文字と琵琶とされた。 |

| 時代 | 年 | 事項 |
|---|---|---|
| 南北朝 | 一三八二<br>(南)弘和二<br>(北)永徳二 | ㊥（明、洪武一五）茶五〇万斤を給して、馬三八〇〇匹を得たという。『学菴類稿』<br>㊐上総国赤岩郷十四ヶ村の『年貢結解状』に茶の記録がある。 |
| 南北朝 | 一三八三<br>(南)弘和三<br>(北)永徳三 | ㊥（明、洪武一六）洮州（陝西）の茶馬司を廃して、河州（陝西省）に統合する。『学菴類稿』 |
| 南北朝 | 一三八六<br>(南)元中三<br>(北)至徳三 | ㊥（明、洪武一九）四川永寧の茶馬司を廃して、雅州（四川省）碉門に茶馬司を置く。『学菴類稿』このころ茶と交易する馬を三等級に分け、上等の馬は茶四〇斤、以下中、下は一〇斤毎に逓減することとなっていた。その後上等馬は茶八〇斤、中下以下は更に二〇斤ずつ逓減することになり、その後更に上等馬一二〇斤、中等馬七〇斤、下等馬五〇斤と上昇した。『学菴類稿』 |
| 南北朝 | 一三八九<br>(南)元中六<br>(北)康応一 | ㊥（明、洪武二二）茶と西域の馬との交換比率を定める。すなわち、上等馬は一頭につき茶一二〇斤、中等馬一頭につき、茶七〇斤、下等馬一頭につき茶五〇斤とする。『明会典』（前項参照） |
| 南北朝 | 一三九一<br>(南)元中八<br>(北)明徳二 | ㊥（明、洪武二四）茶戸の採製した建寧（福建省）茶を碾揉して、大小の竜団（磚茶の一種）となすことを禁ずる。『大政紀』以降貢納茶は散形（バラ）茶となる。建寧茶は上等であり、その品等に探春、先春、次春、紫筍の四種あり、五百の茶戸は徭役を免じられている程重要視されていた。 |
| 室町 | 一三九二<br>明徳三 | ㊥（明、洪武二五）「陝西河州、馬を得ること一万三四〇余匹、茶を給すること三〇余万斤」などの記録がある。『学菴類稿』<br>㊐『松尾神社別伝』社領譲与に関する記載の中に茶園がある。<br>㊐足利義満の明徳年中（一三九〇〜一三九二）近江国愛知郡高野村の永源寺の開祖、円応禅師の徒弟越渓は同寺の東山腹に茶園を起し、一種の茶をつくる。その方法は箸で焙煉し、清潔で香味良く、この名を「越渓」と称したという。『茶業通鑑』 |

## 室町

| | |
|---|---|
| 一三九四<br>応永一 | ㊐和泉国の『久米田寺文書』に「寄進和泉国久米多寺本知行分加守郷内額原並びに茶園荒野事」との記事がある。加守郷内額原は今の大阪府岸和田市額原町及び加守町のあたりか。<br>㊐応永のはじめ、山城国の奇代坊光賢上人、「我が庵は都に遠き宇治田原奇妙奇代の茶数寄なりけん」と詠む。茶を飲む亭を数寄というはここに始まるという。(『日本茶史』) |
| 一三九六<br>応永三 | ㊐『東院毎日雑々記』三月二十七日の条に「竹松田辺より上洛す、茶下司公文各一斤、百姓一斤半三十匁到来す」との記事がある。田辺とは興福寺東院領山城田辺荘。<br>㊐『看聞御記』三月一日の条に、伏見宮家の闘茶の記録がある。 |
| 一三九七<br>応永四 | ㊥(明、洪武三〇)四川省の成都、重慶、保寧の三府及び播州(貴州省)に茶倉を置いて茶を貯蔵させ、米並びに西蕃の馬と交易すべく官を設ける。(『明会典』)<br>㊥この年私販茶厳禁の勅諭がある。(『学菴類稿』)都尉の王陽倫なる者私茶を販して死を賜わるという。 |
| 一三九八<br>応永五 | ㊥(明、洪武三一)茶を以て西蕃に往き馬に易える。「馬を得ること一万三五〇〇余匹、茶を給すること五〇余万斤」などの記録がある。(『学菴類稿』)<br>㊥洪武年間(一三六八〜一三九八)李景隆を西蕃に派し、茶を求め代りに馬を納入する辺境の種族に金牌の信符を与えることを約する。(『明会典』) |
| 一四〇二<br>応永九 | ㊐足利義満、明の正使をむかえ、茶礼を行なう。(『満済准后日記』) |
| 一四〇三<br>応永一〇 | ㊥(明、永楽一)四川、保寧の諸府茶一〇〇万斤、馬一万四〇五一匹に易えたという。(『明史』食貨志)<br>㊐『東寺百合文書』に、東寺南大門前に一服一銭の茶売りがいたとの記事がある。その茶売人が寺家に入れた誓約書に「もとのように南の河縁に居住し、片時といえども門下の石階へんには移住しな |

室町

いこと、鎮守宮仕えの部屋に暫時といえども茶具足を預けおかないこと、鎮守宮や諸堂の香火をとるようなことはしないこと、灌頂院閼伽井の水を汲むようなことはしないことなど」と記す。

一四〇五 応永一二

㊐山科『教言卿記』五月二十八日の条に「細川より御訪弐貫、茶十袋之を進上す」との記事がある。細川は播磨国細川荘。今の兵庫県三木市細川町の付近か。

一四〇六 応永一三

㊐山科『教言卿記』に「備前茶壺」の記載がある。また「大和国の三十六歳の女、十八歳より更に食事無く、只茶ばかり呑む……樋口の道場有り……諸人群集之を見る」との記載もある。

㊐筑後（福岡県）黒木町の霊巌寺開山すという。同寺の『由来記』によれば、「出羽国生れの周瑞和尚が明に渡り仏教修業の帰途、明より持参の茶種子を庄屋の長男松尾太五郎に与え、製茶の技術を伝えた。これが八女茶のはじめなり」という。（『福岡の八女茶』）

㊐足利義持、明帝から銀茶壺三などを贈られた。（『日本茶業発達史』）

一四〇七 応永一四

㊐『教言卿記』正月二十一日の条に「紀州石墻ヨリ音信、古茶三十袋、雁一、コノワタ三十小桶至、目出々々」との記事がある。なお京都栂尾高山寺の明恵上人（一二〇七年の項参照）はこの紀州石垣（墻）の生れという。

一四〇八 応永一五

㊥（明、永楽六）各関所に緞疋、布絹、私茶、青紙の出境もしくは私販の取締りを厳命する。（『明会典』）

㊐足利義満、後小松天皇を北山殿金閣に迎える。その時の押板飾に唐絵、香炉、花瓶など、書院飾に硯、筆墨、盆など、棚飾りに建盞、台、香炉、茶碗、茶壺、食籠、方盆、花瓶が配された。（『北山殿行幸記』）

㊐『教言卿記』七月二十三日の条に「紀州石墻より音信、例茶五十袋之を上つる（タテマツる）」との記事がある。

## 室　町

| 西暦 | 和暦 | 事項 |
| --- | --- | --- |
| 一四〇九 | 応永一六 | ㊥（明、永楽七）「茶や布、絹、紙のひそかに出境するをもって取締りを厳にす」。この年茶八万三〇〇〇余斤、馬七〇匹と交易されたという。（茶一一八〇余斤に対し馬一頭）『学菴類稿』<br>㊐『教言卿記』三月十日の条に「竹鼻茶二十袋、例年の如く到る」と記す。竹鼻とはいわゆる山科七郷の一である。また三月二十三日の条に「紀伊国石墻より茶五十袋之を送賜す」との記事がある。<br>㊐東寺領山城国上野庄下司行見入道が茶の運上を拒否し寺家と争ったという。（一四一一年の項参照） |
| 一四一〇 | 応永一七 | ㊐大和国、東大寺知足院の学侶方の畠と茶園の小作料、あわせて二百文を納めることを経覚が誓った請文が見られる。（『東大寺文書』）<br>㊐下総の香取神社付近で「ちゃえん」の争論があったという。（『香取文書纂』） |
| 一四一一 | 応永一八 | ㊥（明、永楽九）洮州（陝西）に茶馬司を設けた。（『学菴類稿』）<br>㊐『東大寺文書』に「請取、手播茶園代の事、合わせて一貫文者、右請取る所の状、件の如し」とある。<br>㊐山城国上野庄（東寺領）において荘園の下司が茶の運上を拒否し、寺家と争いをおこす。（一四〇九年の項参照） |
| 一四一二 | 応永一九 | ㊥（明、永楽一〇）「四川省安県に於て茶株枯死したるにより茶課を免ず」という。（『大政紀』） |
| 一四一三 | 応永二〇 | ㊐『看聞御記』十一月二十四日の条に、宇治から帰った僧が宇治茶十袋を貞成親王に献じたことが見える。「思いも寄らず芳志悦びを為す」と喜ぶさまを記す。<br>㊐近江国『大徳寺文書』所収の近江国塩津庄の熊谷直将が大徳寺の宗久禅尼にあてた譲状に「茶ゑん畠」の記事がある。 |
| 一四一五 | 応永二二 | ㊥（明、永楽一三）御史三員を派遣して陝西省の茶馬を巡督させる。（『明会典』） |

室町

| | | |
|---|---|---|
| 一四一六 | 応永二三 | ㊥（明、永楽一四）茶馬交易に使用する金牌信符の制度を停止する。『明会典』（一三九八年の項参照）このため馬の入手が次第に困難となったという。『古今治平略』 |
| 一四一七 | 応永二四 | ㊐六月、闘茶会の一種で、粗茶を使用し、風呂、酒宴を伴った遊興を主とする雲脚茶会が催される。『看聞御記』 |
| 一四二三 | 応永三〇 | ㊐『看聞御記』七月十五日の条に「茶屋」という語がはじめて見える。 |
| 一四二五 | 応永三二 | ㊥（明、洪熙一）四川省保寧府の保管する官茶のうち馬と交換できるものは留め、馬と交換不能の葉茶は焼毀させる。『明会典』 |
| 一四二九 | 永享一 | ㊥（明、宣徳四）四川省茶戸の役務を免ずる。『学菴類稿』 |
| 一四三四 | 永享六 | ㊐明の遣使が来朝し、茶礼の儀が行なわれる。焼香二拝ののち、国書が開かれ、ついで曲彔に座し、内官が建盞をすすめ、進物官人がこれをとって、御前に置くという。『満済准后日記』中国式の喫茶と推測される。 |
| 一四三五 | 永享七 | ㊥（明）宣宗の宣徳年間（一四二六〜一四三五）兀良哈（蒙古）よりの朝貢使臣を沿途茶飯をもって歓待したという。『明万暦会典』<br>㊐『蔭涼軒日録』書き始められる。初期の茶の湯、立花に関する貴重な記録となる。 |
| 一四三六 | 永享八 | ㊥（明、正統一）茶を運べば塩を支給する運茶支塩の制を廃したという。『明会典』 |
| 一四三七 | 永享九 | ㊐能阿弥『室町殿行幸御餝記』を著わす。書院飾りの中に現われる茶の湯のことなどを記す。 |
| 一四四〇 | 永享一二 | ㊥（明、正統五）このころ朱権『茶譜』一巻を著わす。茶法、茶碾、茶筅、煎茶法などについて記す。<br>㊐佐賀松浦郡平戸に着船した唐人たちが嬉野村の皿屋谷で陶器を焼いたと伝える。そのときここで自 |

## 室町

| 年 | 事項 |
|---|---|
| | 家飲料用に茶種を栽培したが、これが今の嬉野茶の発祥と伝えられる。(『嬉野吉田郷土誌』) |
| 一四四一 嘉吉一 | ㊥(明、正統六) 甘粛省の官茶で宣徳元年(一四二六年)から正統元年(一四三六年)までの古茶を、陝西や甘州官吏の俸給代りに払下げる。茶一斤につき米一斗の割合とされる。(『明会典』)<br>㊐『下学集』板行される。雲脚茶会、淋汗の茶の湯についても記す。<br>㊐宝鏡寺領遠江国浅羽庄代官片山大和入道沙弥性心、代官請負の条件に茶三百袋を進上するという。<br>㊐足利義満の四男、四代将軍義教没する(48)。父義満以来蒐集の唐物茶器の保管につとめ、また茶事の様式完成にも貢献した。 |
| 一四四二 嘉吉二 | ㊥(明、正統七) 潭宣『茶馬志』を著わす。 |
| 一四四三 嘉吉三 | ㊥(明、正統八) 陝西、甘粛両省の保管する官茶を軍や官の俸給に充てる。茶一斤につき米一斗五升の割合とされる。(『明会典』)<br>㊥金州(陝西省)の芽茶一斤、葉茶二斤を西寧の茶馬司に貯蔵し馬に易える。(『明会典』)<br>㊐『看聞御記』に「芦屋釜」の記載がある。 |
| 一四四九 宝徳一 | ㊥(明、正統一四) 都御史の沈固(シンコ)、山西行都司庫の銀を出して馬を買わんと奏請する。(『明史』食貨志) 蒙古、西域に必要な茶は密貿易(私販)によって流れたということか。或は一般には馬の支払いには絹、布、米を充てるので、それに代わる銀なのか。 |
| 一四五〇 宝徳二 | ㊐『大乗院寺社雑事記』書き始められる。寺院の闘茶会のありさまをうかがい知られる記載がある。<br>㊐北野社社務執行の日記『北野社家日記』始まる。(一六二七年に至る。) |
| 一四五一 宝徳三 | ㊥(明、景泰二) 陝西、四川の国境地域の関所の巡察を厳にして、私販茶の出境を取締まる。(『明会典』) |

## 室町

| | | |
|---|---|---|
| 一四五四 | 享徳三 | ㊥（明、景泰五）各処に令して、軍、官、民の者で、馬、船或は車両で私茶を運搬する者を厳に取締らせる。（『明会典』） |
| 一四五七 | 長禄一 | ㊐興福寺大乗院にてこの年始より、十種茶を興行する。（『大乗院寺社雑事記』） |
| 一四五八 | 長禄二 | ㊥（明、天順二）西蕃僧の私茶並びに武器を持つことを厳禁する。（『明会典』） |
| 一四六〇 | 寛正一 | ㊥（明、天順四）哈密（ハミ）の使者に細茶三〇斤を賜わる。また入京の哈密進貢使には特に毎人食茶五〇斤を買うことを許される慣例のあることなどの記録がある。（『大明会典』給賜三、外夷下） |
| 一四六一 | 寛正二 | ㊐季弘大叔の『碧山日録』三月二十六日の条に「満翁見え宇治新茶二包を恵まる……」と記す。 |
| 一四六二 | 寛正三 | ㊐『碧山日録』三月二日の条に、永安という人物の家をたずねた記事があり「其門甚だ隘し、身を側にして以て容る……床褥器具皆遠致之物也、仍ち南宇の茶を煎ず」と記す。後世の茶室のにじり口の前身の記載という説がある。 |
| 一四六三 | 寛正四 | ㊐『山科家礼記』四月九日の条に「のむらあしやり一番ちや二きん、二番一きん、三番一きん出で候」との記事がある。その他「おとわの茶」「ノクチノチヤ」などの記載がある。 |
| 一四六五 | 寛正六 | ㊐『碧山日録』正月十一日の条に「木幡（宇治）の満翁、恵寄するに茶甕、餅菜若干品を以てす」と記す。 |
| 一四六六 | 文正一 | ㊐『蔭涼軒日録』に、和泉国の一路庵禅海のことを記すのが見られる。禅海は「手取釜をのれは口が出過ぎたぞ雑炊たくと人に語るな」の歌などを作ったとされ、孤独を感じた茶人といわれる。 |
| 一四六七 | 応仁一 | ㊥（明、成化三）西寧、洮河（何れも甘粛省の州名）の茶馬司の古茶が湿ったので、今後は粗茶一〇〇斤につき銀五銭、芽茶三五斤で銀五銭、銀が無い場合は糸絹と交換するという。（『明会典』） |

| 時代 | 西暦 | 和暦 | 事項 |
|---|---|---|---|
| 室町 | 一四六八 | 応仁二 | ㊐『山科家礼記』五月十三日の条に「野口茶二斤、百二十文宛、又一斤年貢茶也」との記載がある。 |
| | 一四六九 | 文明一 | ㊐奈良興福寺の衆徒古市澄胤の館で、安位寺経覚等により淋汗の茶の湯が催される。(『経覚私要抄』) |
| | 一四七〇 | 文明二 | ㊥(明、成化六) 蒙古の小福晋満都海徹辰福晋 (Mandughai Ssetsen) が人を責めて「遂に熱茶一盞を取り、頂上より之を灌注す」という。(『蒙古源流』巻五)<br>㊥茶の豊作をうかがい茶を収買しこれを茶馬司に貯蔵して馬と交換するのに備えたという。(『明会典』)<br>㊐古市胤栄、古市一族若党らと淋汗 (林間) 茶湯を行なう。(『経覚私要抄』)<br>㊐将軍足利義政、春日社参の折、茶会を以て遇されたという。(『大乗院寺社雑事記』)<br>㊐後花園天皇没する (52)。禁中の御苑で茶を栽培、茶湯を好む。(『茶道年表』) |
| | 一四七一 | 文明三 | ㊥(明、成化七) 蕃僧 (回教徒) の私茶を収買したものを進貢することを禁じる。(『明会典』) |
| 戦国 | 一四七七 | 文明九 | ㊐内裏清涼殿の御湯殿に奉仕した女房の筆になる『御湯殿上日記』書き始められる。宮中の茶会、茶器に関する記載がある。(一六八七年に至る。) |
| | 一四七八 | 文明一〇 | ㊐奈良興福寺の塔頭多聞院の住持の日記『多聞院日記』書き始められる。茶道発展の経緯を知る上で貴重な書とされる。 |
| | 一四七九 | 文明一一 | ㊥(明、成化一五) 陝西の巡茶御史に、西蕃の馬を持ち来り茶と交易せんと願い出るものあれば許可せよと命令する。(『明会典』) |
| | 一四八一 | 文明一三 | ㊐近衛家の出納を記録した『雑事要録』に近衛家の所領富家殿から上茶一斤、挽屑 (ひくつ—粗茶の |

戦　国

| 年 | 事項 |
|---|---|
| | こと）五袋が献上されたとの、また「御礼物事」の項に、「五月二十九日、森坊茶十袋」との記載がある。森坊は宇治の地域にあったとされる。<br>㊐ 一条兼良没する（80）。その著『尺素往来』に「宇治は当代、近来の御賞翫にして、栂尾は此の間、衰微の体に候と雖も、各下虚しからざる謗思召し忘れらる可からざる者乎」との記載がある。 |
| 一四八二<br>文明一四 | ㊥（明、成化一八）私茶五百斤を夾帯する者は私塩の例と同様、之を徴発して軍用とする。（『明会典』）<br>㊐ 足利義政、東山山荘（慈照院銀閣）の造営を始める。之が茶室の初めとされる。（桑田『茶人伝』） |
| 一四八三<br>文明一五 | ㊥（明、成化一九）四川の茶一〇万斤を陝西に運び、西蕃の教徒に賜うという。（『学菴類稿』）<br>㊐『雑事要録』に「六月二十七日冨家殿より茶正葉二斤二十袋、ひくつ五斤献上、礼物として宇治報恩院茶十袋」との記事がある。<br>㊐ 足利義政、銀閣に移る。同仁斎と称する茶室がある。（『茶道年表』） |
| 一四八四<br>文明一六 | ㊐『雑事要録』に「冨家殿からの献進茶二十袋、礼物報恩院茶十袋」との記事がある。 |
| 一四八五<br>文明一七 | ㊐『雑事要録』に「冨家殿からの献進茶二斤、下五斤」との記事がある。 |
| 一四八六<br>文明一八 | ㊐ 山城国狛野庄の役人、狛山城守、興福寺に税の元になる帳面を差し出す。その中に茶二一斤と記す。（『大乗院諸領納帳』）同帳によればこの年狛野庄の 百姓二十一名、興福寺へ 茶一四斤四五匁を上納する。 |
| 一四八七<br>長享一 | ㊥（明、成化二三）丘濬（キュウシュン）の『大学衍義補』なる。その「山沢の利」の条にいう、「唐の回紇の入貢より、已に馬を以て茶に易う、即ち西北の虜が茶を嗜むはおのずから来るあり、虜人は乳酪を嗜む、乳酪は腸に滞る、而して茶の性は通利にして云々」と。また同条に「世復た抹茶の有ることを知らず……」とある。 |

戦国

| | |
|---|---|
| | ㊥成化年間（一四六五〜一四八七）に刊行された『浙江志』中に「杭州府土貢茶芽四〇斤、富陽土貢茶芽三〇斤、臨安県土貢茶芽二〇斤」などの記載がある。計量に「片」を用いず「斤」を用いていることは茶が固形の磚茶や茶餅から現在の形の散茶形になっていることを示すとされる。また飲用方法も「杭（州）の俗、細茗を用いて甌に置き、沸湯を以て之を点ず、名づけて撮泡（サッポウ）という」と明の陳師撰の『禅寄筆談』に記す。すなわち現在のいれ方と同じである。<br>㊐『雑事要録』に「冨家殿よりの献進茶二斤、ひくつ五斤」との記事がある。 |
| 一四八八 長享二 | ㊥（明、弘治一）迤北（蒙古）の進貢使臣を大同に於て茶飯を以て歓待したと記録する。（『明万暦会典』）<br>㊐『雑事要録』に「冨家殿よりの献進茶二斤、ひくつ五斤」との記事がある。 |
| 一四八九 延徳一 | ㊐『雑事要録』に「冨家殿よりの献進茶七斤、内上二斤、ひくつ五斤」との記事がある。 |
| 一四九〇 延徳二 | ㊥（明、弘治三）辺境の馬が欠乏したので商人を招いて茶を茶馬司に出荷させる。西寧、河州各四〇万斤、洮州(陝西)二〇万斤。茶一〇〇斤を以て上馬一匹。八〇斤で中馬一匹と定める。（『明会典』）<br>㊐『雑事要録』に「冨家殿からの献進茶七斤、よき二斤、ひくつ五斤」との記事がある。<br>㊐足利義政没する（55）。東山に銀閣を建てるなど、茶道のいわゆる東山派の豪華厳粛な茶の湯を流行させた。 |
| 一四九一 延徳三 | ㊐『雑事要録』に「冨家殿からの献進茶七斤、上二斤、ひくつ五斤、礼物として森坊茶一〇袋」との記事がある。<br>㊐吉川家本『元亨釈書』に十種茶勝負記録がある。 |
| 一四九四 明応三 | ㊥（明、弘治七）陝西省饑飢により商人を召して中茶二〇〇万斤を放出、糧食に代えさせ饑飢に対応させる。（『明会典』） |

戦国

| | | |
|---|---|---|
| 一四九五 | 明応四 | ㊥（明、弘治八）茶と馬の交易を中止し、中茶四〇〇万斤を辺境に貯蔵する。（『明会典』）<br>㊐『雑事要録』に「冨家殿よりの献進茶七斤、よき二斤、ひくつ五斤」との記事がある。 |
| 一四九六 | 明応五 | ㊐『雑事要録』に「冨家殿よりの献進茶、吉茶二斤二十四袋、ひくつ五斤」との記事がある。 |
| 一四九七 | 明応六 | ㊐『雑事要録』に「冨家殿よりの献進茶一斤上、ひくつ五斤、礼物として報恩院茶十袋」との記事がある。 |
| 一四九八 | 明応七 | ㊐『雑事要録』に「冨家殿よりの献進茶七斤、此内上二斤、ひくつ五斤」との記事がある。 |
| 一四九九 | 明応八 | ㊐『雑事要録』に「冨家殿よりの献進茶、茶上二斤、ひくつ五斤」五袋の記事がある。 |
| 一五〇〇 | 明応九 | ㊐『雑事要録』に「冨家殿よりの献進茶、上二斤、ひくつ五斤、礼物報恩院茶十袋」との記事がある。 |
| 一五〇一 | 文亀一 | ㊥（明、弘治一四）辺境の糧餉が欠乏したため洮河西寧の茶四五百万斤（原文のまま）を買い上げ、辺境の食糧倉庫の備蓄用糧餉買い付けの資とする。（『明会典』） |
| 一五〇二 | 文亀二 | ㊐侘茶の祖とされる奈良の人村田珠光没する（81）。「古今唐物をあつめ名物かざり数寄の人は大名茶湯と云ふ。目利にて茶湯も上手に数寄の師匠として、世を渡るは茶湯者と云ふ。一物をも持たず、胸の覚悟一ツ、作分一ツ、手柄一ツ此三ケ条のとゝのへたるを侘数寄と云ふ」。（『珠光一紙目録』の紹鷗追加） |
| 一五〇三 | 文亀三 | ㊐『雑事要録』に「冨家殿よりの献進茶二斤、二十四袋、下五斤」との記事がある。 |
| 一五〇四 | 永正一 | ㊐この年間に金春禅鳳、『禅鳳雑談』を著わす。その中の珠光の物語に「数寄によそへて能物語候。結構見事申さば、是までにも被申候。金の風炉・罐子・水指・水こぼしにてあるべく候へども、しみはせまじく候、伊勢物なりとも、面白くたくみ候はば、まさり候べく候」という言葉が見える。 |

戦国

| | |
|---|---|
| | ㊐『雑事要録』に「冨家殿よりの献進茶二斤、ひくつ五斤」との記事がある。<br>㊐鷲尾隆康の『二水記』書き始められる。（一五二六年の項参照） |
| 一五〇五<br>永正二 | ㊥（明、弘治一八）私茶を持って、辺境の地に行き販売する者、夷人に進貢する者等に対して、罰則を定める。軽重により、南方煙瘴の地に追放、或は軍隊に徴集した。（『明会典』）<br>㊥楊一清の上奏文に「唐の時、回紇入貢してより已に馬を以て茶に易う」とある。（『武備志』）<br>㊐『雑事要録』に「礼物として報恩院茶十袋」との記事がある。 |
| 一五〇六<br>永正三 | ㊥（明、正徳一）陝西省所属の金州西郷、石泉、漢陰等の茶課二万六八〇〇余斤に、新たに二万四一六四斤の茶課を加えたという。（『明会典』） |
| 一五〇七<br>永正四 | ㊥（明、正徳二）楊一清、巡茶御史一員を設け、馬政、茶法の二事を兼理せんと請うという。（『明会典』）楊一清獄に下る。<br>㊥なお、楊一清、陝西に居ること三年、馬を得ること一万九〇〇〇余匹。これに対して西寧、河州（陝西）の茶斤各三十余万、兆州（陝西）一五万は未曾有の成績と自賛する。（『学菴類稿』） |
| 一五〇八<br>永正五 | ㊐古市幡磨斬られ没する（50）。茶祖と称される珠光の一の弟子といわれた。 |
| 一五一一<br>永正八 | ㊐この年の奥書ある『君台観左右帳記（クンダイカンソウチョウキ）』なる。茶人能阿弥の著と考えられている。茶室の諸道具の組合わせの規定などを記す。<br>㊐美濃国（岐阜県）揖斐郡に茶園があったとの記録がある。（『揖斐茶の歴史』）のち天正の中頃（一五八二頃）の検地帳にも記載があるという。<br>㊐美濃国池田町亀徳寺に茶園の寄進があったと伝わる。（『美濃茶の栽培と加工』） |
| 一五一二<br>永正九 | ㊐駿河国丸子柴屋寺の連歌師宗長、宇治から茶種子を取りよせて茶畑を作り、「山しろの宇治のかほ |

| 戦国 | |
|---|---|
| | りに堪えがたし種をまきをく柴の山畑」などの歌をのこす。（『日本茶業発達史』） |
| 一五一五<br>永正一二 | ㊥（明、正徳一〇）楊一清再び入閣して機務を掌る。このころ彼の上奏に「茶の私販盛行し、巡茶の官あるもこれを禁ずることを得ず」と述べる。（『武備志』）<br>㊥明の太祖（一三六八〜一三九八在位）以来の、蜀茶を以て番馬と易うる制度が破れたと記す。（『明史』楊一清伝）番馬とは西蕃の馬の意。<br>㊐五郎太夫、中国景徳鎮で青磁の製法を習得して帰朝したという。のち陶土を求めて国内を廻り、有田に窯をつくり、磁器の製造をはじめたといわれる。（『茶業通史』） |
| 一五一七<br>永正一四 | (西)ポルトガル人が海路広東に渡来し、飲料たる茶を知ったという。ヨーロッパ人が茶を知った最初とされる。（『栽茶与製茶』） |
| 一五一九<br>永正一六 | ㊐小唄集『閑吟集』なる。茶の湯の流行した様子などを記す。<br>㊐宇喜多能家、成光寺にたいし、妙蓮禅尼の「茶湯領」として土地三五反を寄進。（『茶道史年表』） |
| 一五二〇<br>永正一七 | ㊥（明、正徳一五）毎年徴していた養竜坑の茶課を三年に一回と更める。（『明会典』） |
| 一五二一<br>大永一 | ㊥（明、正徳一六）この年進士に挙げられた童承叙『茶経を論ずる書』を著わしたという。 |
| 一五二三<br>大永三 | ㊐連歌師宗長、真珠庵に銭十五貫と天目茶碗五十口を寄進する。（『茶の美術』）<br>㊐『雑事要録』十二月二十日の条に「二百疋、此内二十疋、御茶ノツミチン之を遣わす」とある。これは近衛家より毎年貢納される茶の摘賃として冨家殿に返されたものと思われる。<br>㊐相阿弥の『相阿弥茶湯伝書』なる。また東山殿の座敷飾りの様子をうかがうに貴重な『御飾記（オカザリノキ）』を著わした。<br>㊐池坊専栄の『花伝書』なる。 |

## 戦国

| | | |
|---|---|---|
| 一五二四 | 大永四 | ㊥（明、嘉靖三）陳講『茶馬志』四巻を著わす。<br>㊐雅楽家の豊原統秋（トヨハラムネアキ）、その邸内の茶室に三条西実隆を招き茶会を催す。公卿貴族の間に茶が浸透しつつあったことが知られる。なおこの年八月に統秋は没する（75）。（『茶道年表』） |
| 一五二五 | 大永五 | ㊐後柏原天皇の時（一五〇〇〜一五二五）明の人、紅令民、南京釜をもって肥前の嬉野地方に来、中国式の茶を試製し成功したという。（『栽茶与製茶』） |
| 一五二六 | 大永六 | ㊐『宗長日記』『二水記』に下京茶湯者村田宗珠の記事がある。『二水記』に「山居の身体尤も感あり。誠に市中の隠というべし。当時数寄の張本なり」と記す。宗珠は村田珠光の世嗣。茶会が市民階級の間に一種の流行をなしていたことが知られる。享禄五年（一五三二）の記録との説もある。 |
| 一五二九 | 享禄二 | ㊥（明、嘉靖八）朱祐檳『茶譜』一二巻を著わす。<br>㊥呉郡長州の人、顧元慶『茶譜』一巻を著わす。また『雲林遺事』を著わし、その中で蓮花茶について述べている。すなわち「蓮花の芯が正に開こうとするとき、手でそれを開き茶をその中に入れ、麻糸でくくり翌朝蓮花を摘みとり、茶を取り出して、日に乾かし、こうして三回繰り返して、あと錫製の缶に入れて収蔵しておく。これが蓮花茶である」と。 |
| 一五三〇 | 享禄三 | ㊥（明、嘉靖九）このころ銭椿年『茶譜』を著わす。<br>㊥楊一清没する（76）。『茶馬疏』をのこす。茶馬交易について詳述している。<br>㊐『二水記』にはじめて「茶会」の語が見える。 |
| 一五三一 | 享禄四 | ㊥（明、嘉靖一〇）このころ在世した、詩人王寅『顧渚茗』の詩などをのこす。 |
| 一五三二 | 天文一 | ㊐堺の武野紹鷗入道して茶道専念の生活に入る。「侘と云ふこと葉は故人も色々に歌にも詠じけれども、ちかくは正直に慎しみ深くおごらぬ様を侘と云ふ。一年のうちにも十月こそ侘なれ、……」な |

## 戦国

| | |
|---|---|
| | どと茶道の実際について見解を記す。(『日本茶道史』) |
| 一五三三<br>天文二 | ㊥(明、嘉靖一二)陝西省の金州、西郷、石泉、漢陰、紫陽の五州県の茶戸につき十年に一回茶課の基準を検査し直すこととする。(『明会典』)<br>㊐奈良の塗屋、松屋源三郎家の『茶会記』の記録がはじまる。三月二十日の四聖坊の会では「茶すぎて素麺あり」との記事がある。 |
| 一五三五<br>天文四 | ㊥(明、嘉靖一四)四川、陝西一帯を陝西の巡茶御史の管理下に入れ、私販私蔵茶の取締りを厳にする。(『明会典』)<br>㊥陝西の異教徒来貢し、四川の異教徒に食茶を買うのを許すと同様の措置を乞う。一人につき、三五斤買うを許されるという。(『学菴類稿』)<br>㊥この年、進士に挙げられた陳文燭『茶書全集』を撰する。陸羽の『茶経』、南宋審安老人の『茶具図賛』、明、顧元慶の『茶譜』などを収める。<br>㊥趙之履『茶譜続編』を著わす。 |
| 一五三六<br>天文五 | ㊥(明、嘉靖一五)民間の茶を貯える分量に制限があり、一月の用を過ぐることはできなかったと記録する。(『明史』食貨史、茶法—巡茶御史劉良卿の上奏)<br>㊐『石山本願寺日記』書き始められる。茶道の文献として貴重な記事が多い。 |
| 一五三七<br>天文六 | ㊐十四屋宗伍の茶会で、サケヤキ物と菜っぱの汁、引物としてアメノウヲのカザウナマスが出て、次にカイツケが出たと記す。(『松屋筆記』) |
| 一五三九<br>天文八 | ㊥(明、嘉靖一八)湖広僉事柯喬、陸羽の竜蓋寺を訪ね、茶亭を寺西につくる。(『茶経評釈外篇』)<br>㊐京都の茶人十四屋宗伍、「高ライ茶碗」を茶会に使用する。(『松屋筆記』)これが、高麗茶碗の文献初例。 |

戦国

| | |
|---|---|
| 一五四〇 天文九 | ㊐北向道陳を介して、千利休が武野紹鷗に茶をまなぶという。（『中世・近世茶人伝』）<br>㊐『山上宗二記』に、茶湯者と数寄者とに茶人をわけ、両方をかねる名人として村田珠光、鳥居引拙、武野紹鷗をあげる。 |
| 一五四一 天文一〇 | ㊥（明、嘉靖二〇）このころ在世した魯彭に「刻茶経序」の文がある。 |
| 一五四二 天文一一 | ㊐薩摩屋宗折の茶会に「珠光の茶碗にて薄茶あり」という。（『松屋筆記』） |
| 一五四七 天文一六 | ㊥（明、嘉靖二六）陝西省に令し、茶一〇〇万斤を召納させ辺境防備の軍糧に充てさせる。（『明会典』）<br>㊥『明会典』に「蒸造の仮茶」、「真茶を盗売する途中に草茶を采取する」などの語が見える。 |
| 一五四八 天文一七 | ㊐堺の豪商津田宗及（?〜一五九一）の『天王寺屋会記』書き始められる。彼はのち織田信長の茶頭をつとめた。 |
| 一五四九 天文一八 | ㊐『天王寺屋会記』に「信楽水指」が記される。<br>㊐武野紹鷗、袋棚の茶法の秘伝書『紹鷗袋棚記』を門弟の生島助之丞に授ける。（『茶道年表』） |
| 一五五〇 天文一九 | ㊥（明、嘉靖二九）このころ胡彦『茶馬類考』六巻を著わす。茶馬交易の利害について論じる。 |
| 一五五二 天文二一 | ㊥（明、嘉靖三一）進貢する蕃僧（異教徒）で許可を得た茶以外に私茶を携行し帰るものあれば、すべて没収し、法に照らして罪を問う。（『明会典』） |
| 一五五三 天文二二 | ㊐この年の賛ある十四屋宗伍の画像がある。現存最古の茶人像という。 |
| 一五五四 天文二三 | ㊥（明、嘉靖三三）田芸衡『煮泉小品』を著わす。水と茶の関係を詳らかに論ずる。<br>㊥徐献忠『水品』二巻を著わす。茶と水の関係について述べるところがある。 |

戦国

| | | |
|---|---|---|
| | | ㊐堺の納屋衆、今井宗久（一五二〇〜一五九三）の『今井宗久茶湯日記書抜』が書き始められる。この年より一五八九年までの茶会記で、信長、秀吉の大茶会、紹鷗、利休の茶会などを記す貴重な記録とされる。<br>㊐一漚軒宗金、『茶具備討集』を著わす。茶道具教科書では最古のもの。 |
| 一五五五 | 弘治一 | ㊐武野紹鷗没する（54）。茶道堺派の祖で、利休の師匠としても著名。『紹鷗袋棚記』『紹鷗茶湯百首』などの著がある。「正直に慎しみ深くおごらぬ様」を茶道佗びの要点としている。 |
| 一五五六 | 弘治二 | ㊥（明、嘉靖三五）歳貢用の御茶園を廃止する。（『明史』）<br>㊐『松屋筆記』に信楽水指の使用が記されている。 |
| 一五五七 | 弘治三 | ㊐大納言山科言継（コトツグ）の日記に「三月二日遠州懸川（掛川）天然寺に宿す。茶一ゃきん等之を賜はる。六日餅に茶之有り。七日寺僧意才一ゃきん之を送る」と記す。（一ゃきん＝原文のまま） |
| 一五五九 | 永禄二 | (西)イタリア人ラムージオ（Giovanni Batista Ramusio—1485〜1557）の『航海記集成』（または『航海と旅行記』とも訳される）に「中国では国中いたるところで茶を飲んでいる。それは空腹のとき、この煎汁を一、二杯飲めば、熱病、頭痛、胃痛、横腹関節の痛みがとれるという効果がある。痛風はその効験顕著な病気の一つである。食べ過ぎのときも少しこの煎汁をのめば直ちに消化してしまう……」との記載がある。またラムージオの『中国茶』もこの年に刊行されたが、この両書が茶（中国茶）をヨーロッパに最初に紹介した文献とされる。 |
| 一五六〇 | 永禄三 | (西)明の記事によれば、中国を訪れた最初のポルトガルの宣教師といわれるダ・クルス（Da Cruz）は「中国では高貴の家に訪問客があれば、チャという一種の飲み物——それは苦味があり、紅色で、くすりになる飲料だが、それを皿に入れて、さらにそれをきれいな籃（バスケット）に入れて出すことになっている」と述べる。（中国語訳『中国茶飲録』） |

## 戦国

| 年 | 事項 |
|---|---|
| 一五六二<br>永禄五 | ㊐北向道陳没する（58）。<br>(西)イエズス会の宣教師として来日した、ポルトガル人ルイス・フロイス（Luis Frois）の『日欧文化比較』に「われわれの間では日常飲む水は、冷たく澄んだものでなくてはならない。日本人の飲むものは熱くなければならないし、その後から竹の刷毛（茶せん）で叩いて茶を淹れることが必要とされる」と述べている。（なお『日欧文化比較』は一五八五年に刊行された。） |
| 一五六三<br>永禄六 | ㊐小倉藩（現在の福岡県豊前市にある）の求菩提山から茶を進物として京都聖護院に送ったという。また当時の戦国大名大内、大友、黒田、細川氏などにもここから進物として送っている。求菩提山は鎮西修験道の要として知られた英彦山と共に豊前修験道の双璧とされている。これにより九州北部の山岳修験道寺院に茶が伝わっていたことが、その礼状にしられる。「芳茗五十御進上尤珍重云々」と記されている。（『太陽』別冊） |
| 一五六四<br>永禄七 | ㊐この年の奥書ある『分類草人木』（三巻、真松斎春渓編述）に次の記述がある。「数寄ト云フ事、何レノ道ニモ好ミ嗜ムヲ云ベシ。近代茶ノ湯ノ道ヲ数寄ト云ハ数ヲ寄スルナレバ、茶ノ湯ニハ物数ヲ集ムル也。詑（侘）タル人モ集ムル也。諸芸ノ中ニ茶ノ湯ホド道具ヲ多ク集ムル者無レ之」。 |
| 一五六五<br>永禄八 | ㊥（明、嘉靖四四）進士に挙げられた陳文燭『茶書全集目録』を撰する。<br>(西)日本に布教に来ていたポルトガルのアルメイダ（Irnão Luis d'Almeida）神父の肥前の国福田より故郷への便りの中で「日本人はチャと呼ぶ口あたりのよい植物を愛好する」と記す。（『耶蘇会士日本通信』） |
| 一五六六<br>永禄九 | ㊐「備前棒先」の水翻、『天王寺屋会記』に見られる。<br>㊐「備前肩衝」の茶入、『天王寺屋会記』に見られる。<br>㊐『津田宗及茶湯日記』書き始められる。<br>㊐津田宗達没する（63）。紹鷗の門下堺衆の豪商茶人。『自他会記』を著わす。 |

| 時代 | 年 | 事項 |
|---|---|---|
| | 一五六七 永禄一〇 | ㊐光明院実堯『習見聴諺集』（第三に『君台観左右帳記』を含む）なる。<br>(西)イワン・ペトロフ（Ivan Petroff）とブーナスク・ヤリシェフ（Boornask Yalysheff）とによって、茶栽培の最初のニュースがロシアに伝わったという。（『茶業通史』） |
| | 一五六九 永禄一二 | ㊥（明、隆慶三）四川の歳額、茶引共にその税収は銀一万四三六七両という。（『明会典』）<br>㊐永録年中（一五五八～一五六九）『清良記』板行される。これは伊予国宇和郡の人松浦宗案が土居清良（水也）の諮問に答えて書いたというわが国最古の農書とされる。この中に農家が茶を栽培することはもう普通のように記してある。一説によれば『清良記』の板行は、一六二八年であるという。 |
| 安土桃山 | 一五七〇 元亀一 | ㊐神祇大副吉田兼見の日記『兼見卿記』書き始められる。茶事に関する記事が多い。 |
| 安土桃山 | 一五七一 元亀二 | ㊥（明、隆慶五）『明会典』中に「正茶一千斤は、散茶一千五百斤に照応す」などの記載がある。<br>㊐織田信長、京の上中下の衆をあつめて東福寺にて茶会を催す。茶頭は今井宗久がつとめた。（『宗及他会記』）<br>㊐信楽鬼桶の水指、『天王寺屋会記』に見られる。 |
| 安土桃山 | 一五七二 元亀三 | ㊥（明）隆慶年中（一五六七～一五七二）進士に挙げられた馮時可『茶録』一巻を編する。<br>㊥隆慶年間の著書『楽清県志』に浙江省雁山のことを述べて「近山多く茶あり、唯だ雁山竜湫背の清明に採るもの極めて佳し」と記す。 |
| 安土桃山 | 一五七三 天正一 | ㊥（明）神宗の初、礼部尚書を授けられた陸樹声『茶寮記』を著わす。「茗戦、候湯三沸、五花茶、茗粥」などについて略述する。 |
| 安土桃山 | 一五七四 天正二 | ㊐織田信長、千利休ら堺衆をまねいて、相国寺にて茶会を催す。（『宗及他会記』） |

## 安土桃山

| | |
|---|---|
| 一五七五 天正三 | (中)(明、万暦三) 浙江省の人、徐渭『茶経』一巻を著わし、また『煎茶七類』を著わす。 |
| 一五七六 天正四 | (日)美濃国乙津寺の僧蘭叔『酒茶論』を著わす。その中に「近代茶を好む者、宇治を以て第一となし、栂尾山之に次ぐ」との記載がある。茶の効能をあげた戯書。<br>(西)アルメイダ、茶について述べる。("The Book of Tea") |
| 一五七七 天正五 | (中)(明、万暦五) 俺荅汗(アルタン)、蒙古に茶市を開かんことを請う。(『明史』食貨志)<br>(日)松永弾正久秀戦没する(68)。紹鷗門下の武将茶人。織田信長に所望された「平蜘蛛の釜」を打ち割り、ともに火中にする。(『中世・近世茶人伝』)<br>(西)イエズス会の宣教師、ポルトガル人ロドリゲス(Girão João Rodriguez)来日する。『日本教会史』の稿本をのこす。この中に「茶の文化史」についての記載がある。また宇治に覆下茶が作られているとの記載もある。 |
| 一五七八 天正六 | (日)豊臣秀吉、織田信長に茶湯を許可される。(『宗及他会記』) |
| 一五七九 天正七 | (西)イタリア人、ヴァリニャーニ(Alessandro Valignani)、日本に来て、京都安土で信長に会う。その後(一五九〇、一五九八)も来日しているが、かれは日本に教会堂をつくる場合に茶の湯の接待を行なう部屋を設けることが必要だと述べている。『日本茶業発達史』) |
| 一五八〇 天正八 | (日)利休の茶会に、「ハタノソリタル茶碗」が使用される。(『宗及他会記』)<br>(日)明智光秀、茶会を催す。(『宗及他会記』) |
| 一五八一 天正九 | (日)『天王寺屋会記』に「瀬戸・白天目」の記載がある。<br>(日)千利休の野村宗覚宛『茶道伝書』に「……枯木の雪におれたる如くすねすねしき手前の中に、又しほらしきこうをなす事なり難き物にてぞ侍り、稽古すべし」などと記す。 |

## 安土桃山

| | |
|---|---|
| 一五八二<br>天正一〇 | (日)織田信長横死する(49)。しばしば多くの将士を茶会に招き、茶の湯の法式を習わせ、粗放野卑な武将に礼節を教え、茶湯政道を確立したといわれる。(桑田忠親説) |
| 一五八三<br>天正一一 | (日)豊臣秀吉、近江坂本で茶会を催す。千宗易茶頭をつとめる。(『宗及他会記』)この年の『松屋筆記』には「イセ茶碗」「セト白茶碗」「宗易形ノ茶ワン」「今ヤキ茶ワン」等の記載がある。美濃焼の志野茶碗や長次郎焼の楽焼茶碗がこれにあたるか。 |
| 一五八四<br>天正一二 | (日)豊臣秀吉、山城国久世郡宇治郷に対して『朱印状』を出し、その特権を認める。「他郷之者宇治茶と号し、銘袋を似せて諸国に系り商売の事……違犯の輩の者速やかに厳科に処すべき者也」。 |
| 一五八五<br>天正一三 | (中)(明、万暦一三)西安、鳳翔、漢中三府の茶禁を解く。商を招いて引(イン)(許可証)を給する。引百斤につき十分の三を官に入れ、残余は民間にて売買を許す。(『学菴類稿』)<br>(中)この年、茶馬貿易において漢中保寧と湖茶の評価が低いため、商人は越境して私販に走るという。(『明史』食貨志)<br>(日)豊臣秀吉、関白となり、藤原姓を称する。千宗易、利休居士号を勅賜される。利休は茶を通して日本式の目だたない美を最も鮮明に表現し創造した茶人とされる。(『豊臣秀吉』創元撰書)<br>(西)ルイス・フロイスの『日欧文化比較』刊行される。(『大航海時代叢書』)(一五六二年の項参照) |
| 一五八六<br>天正一四 | (日)千利休、茶会に「黒茶ワン」を使用する。(『今井宗久茶湯日記書抜』)<br>(日)九州から大阪城に上ってきた大友宗麟は、秀吉のいう城内の黄金の茶室に案内され次のように記す。「其後金屋之御座敷御見せ候。三畳敷。天井、壁、其外皆金。あかり障子のほねまでも黄金。水こぼし、茶入、茶碗、盆、茶杓、蓋置から、火箸にいたるまですべて黄金づくしで、御茶宗易(利休)たてられ候」。(『大坂城見聞録』) |
| 一五八七<br>天正一五 | (日)十月、豊臣秀吉、京都北野で大茶湯を催す。茶頭は千利休・津田宗及・今井宗久がつとめる。公武 |

## 安土桃山

| | |
|---|---|
| | 庶民八百余人が参会したという。(『北野大茶湯記』『長闇堂記』)<br>㊐出雲(島根県)地方を毛利輝元が天正検地をしたがこのとき茶は税の対象になっていたという。 |
| 一五八八<br>天正一六 | ㊥(明、万暦一六)陳文燭『茶経』三巻を分刻し、この序をつくる。この時王孫貞吉、茶具を描く、又経首に六羨歌を附す。<br>㊐『利休茶之湯記』なる。<br>(西)ローマの牧師ジョヴァンニ・マッフェイ(Giovanni Maffei)、ラテン語で茶に関する記述をする。 |
| 一五八九<br>天正一七 | ㊥(明、万暦一七)陳耀文の撰する『天中記』六〇巻なる。その中に「凡て茶樹を種える必ず子(種子)を下す。移植すれば生ぜず、故に婦を聘するには必ず茶を以てす」と記す。<br>㊐利休の高弟山上宗二、『山上宗二記』を著わす。茶の湯の沿革・茶壺・天目・茶碗・釜・水指・香炉・香合・墨跡・唐絵・花入・茶入・台子飾・茶人伝などを記す。例えば、「茶碗」の項に「惣テ茶碗ハ唐茶盌スタリ、当世ハ高麗茶盌・瀬戸茶盌・今焼ノ茶盌迄也、形サヘ能候ヘハ数寄道具也」という一条を書している。<br>㊐土佐国で書かれた『門苧帳(検地帳)』に、漆、楮、桑、柚、柿などと共に茶の記載がある。<br>(西)ベニスのジョヴァンニ・ボトエ(Giovanni Botoe)、その著"On the Causes of Greatness in Cities"に茶に関することを記す。 |
| 一五九〇<br>天正一八 | ㊐九月、博多の町人神谷宗湛と大徳寺の球首座を聚楽屋敷に招いた茶事で、利休は黒茶碗を用いて点てたのち、片付けながら「黒キニ茶タテ候事、上様(秀吉)御キライ候ホドニ……」といったとの記録がある。(『宗湛日記』)秀吉と利休の断絶がのぞかれる。また、茶碗など明るきものへとの好みの変遷が見られるとされる。<br>㊐山上宗二、秀吉の意に逆って殺される(47)。『山上宗二記』とともに『茶器名物集』の著者としても知られる。 |

安土桃山

一五九一
天正一九

㊥（明、万暦一九）高濂『遵生八牋（ジュンセイハッセン）』を刊行する。人間生活の教養趣味の為の書物で、飲饌服食牋の中に茶泉類の章がある。その中に論茶品、採茶、蔵茶、択水、洗茶、候湯、煎茶四要、試茶三要、茶効、茶具、論泉水などの項があり、詳細に茶を論ずる。

㊐秀吉、関白職を秀次に譲ったとき、秀次に訓戒状を与えた。その中に「……茶湯、鷹野の鷹、女狂いに好き候事、秀吉真似こはあるまじき事。たゞし茶の湯は慰みに候条、さいさい茶湯をいたし、人を呼び候事は、苦しからず候。……」と記している。（『秀吉訓戒状』）

㊐千利休、秀吉の怒にふれて堺に下り『末期の文』を作成。のち上京して聚楽第にて自刃する（71）。その辞世（『茶話指月集』）に「人生七十。力囲希咄（リキイクトツ）。吾這宝剣（ワガコノホウケン）。祖仏供殺（ソブツグセッス）。提る我得具足の一つ太刀今この時ぞ天になげうつ」とある。

㊐津田（天王寺屋）宗及没する。『津田宗及茶湯日記』の集録がある。

㊐信州伊那の開善寺の『検地帳』に「御寺三十五石分外、琳蔵主、ちゃの木畑」の記録がある。これは地域の文書にみる茶畑の初見であるという。（宮本勉説）

㊐天正年間（一五七三～一五九一）美濃国小野村（現在の揖斐川町）検地帳に茶畑があるという。（『岐阜県資料』）

一五九二
文禄一

㊥（明、万暦二〇）このころ程栄『茶譜』を著わす。

㊐秀吉、肥前名護屋に至り、征韓軍を指揮する。名護屋より生母大政所に宛てた便りに「一だんと息災、昨日利休の茶にて御膳もあがり、おもしろく目出たく候まゝ御心やすく候べく候……」と記す。利休の死後も利休好みの茶事が天下を風靡していたともみられ、また秀吉が利休を追懐する心の切なるを示すともみられている。（桑田『太閤書信』）

㊃フロイス『日本史』を著わす。その中に随所に茶の湯についての記載がある。この年秀吉が「胃に良いある草の粉末―茶―を供した」との記事もある。

安土桃山

一五九三 文禄二

㊥(明、万暦二一)陳師『茶考』を編する。

㊥邑人参議周芸陸羽祠を建て、雁橋を架す。(『天門県志』)

㊥『煎茶七類』の著者、徐渭没する。『煎茶七類』中に「茗を器中に投じ、湯茗相投ずるを俟ちて……」と当時一般的な中投法式の淹茶法などを記す。中投法に対して上投法あり、これは先に湯を注ぎあとから茶を入れる方法。

㊥『本草綱目』の著者、李時珍没する。薬物書のこの書中に茶に関して「釈名」「集解」「気味」(薬効)「主治」「発明」「附方」(処方箋)などと分類し詳述する。

㊥このころ屠隆『茶説』を著わす。

㊐武野紹鷗の女婿、今井宗久没する(73)。天下の三宗匠の一人。『青雪応宣集』『今井宗久茶湯日記』などの著がある。

㊐南坊宗啓、『南坊録』を編成し終る。後世、茶道の宝典といわれる。かれの没年は定かでない。

㊐駒井重勝の『駒井日記』書き始められる。

㊐島田市伊久身字犬間大橋右近太郎、天正一三年(一五八五)に茶を初めてまき、この年駿府の代官に上茶四斤、中茶五斤、下茶六斤を物納したという。(『日本茶業発達史』)

一五九四 文禄三

㊐秀吉、伏見城の工事を督励する書簡を羽柴秀保に与える。「……少しも急がれ候て、申しつくべく候、但し其方、茶の湯ぬるく候はば、かやうのわび所の作事できかね申すべく候、数寄たぎり候はゞ、さっそく出来すべく候……」。(『太閤秀吉の手紙』)ぬるい茶の湯のような仕事でなく、たぎりたつ熱い湯のような仕事をせよとの催促である。

一五九五 文禄四

㊥(明、万暦二三)陳継儒『茶話』を著わし、茶の故事などについて記す。

㊥このころ、張源『茶録』一巻を著わす。

㊥湖南の茶引を禁じる。これは御史の李楠の説に従ったもので、かれは「湖南の茶は廉価で商人が勝手に西の蕃族に売り、私利をほしいままにして馬を納めること少ない。且つ湖南の茶は口を刺し、

安土桃山

| | |
|---|---|
| | 腹を破る。又湖茶は味苦し」と説く。（『学菴類稿』）<br>㊐利休七哲の一人、蒲生氏郷没する（40）。<br>㊐大和の太閤検地に、山辺郡・吉野郡（奈良）に茶園のことありという。（寺田孝重説） |
| 一五九六<br>慶長一 | ㊥（明、万暦二四）『本草綱目』が著者の没後三年にして刊行される。（一五九三年の項参照）<br>㊥張謙『茶経』一巻を著わす。<br>㊐小堀遠州、古田織部に茶の指導をうける。（『桜山一有事記』）<br>(西)オランダのリンスホーテン（Jan Huyghen van Linschoten）の『東方案内記』第二六章「ヤパン島について」中に「かれらは食後にある種の飲み物を飲用する。これは小さなポットに入った熱湯でそれを夏でも冬でも耐えられるだけ熱くして飲むのである。……このチャと称する薬草の、ある種の粉で調味した熱湯、これは非常に尊ばれ、財力があり地位のあるものはみな、この茶をある秘密の場所にしまっておいて、主人みずからこれを調整し友人や客を大いに手厚くもてなそうというときは、まずこの熱湯を喫することをすすめるほど珍重されている。かれらはまた、その湯を煮立てたり、その薬草を貯えるのに用いるポットを、その飲むための土製の碗とともに、われわれがダイヤモンドやルビーを尊ぶように、たいそう珍重する」と述べている。 |
| 一五九七<br>慶長二 | ㊥（明、万暦二五）（又は二六年）、王肯堂『証治準縄』を著わす。茶の薬効、とくに痢疾（赤、白痢）について詳述する。<br>㊥このころ孫大綬『茶譜外集』を著わす。<br>(西)ヨハン・バウヒン（Johann Bauhin）、その著“Plantrum”に茶の栽培のことを記す。 |
| 一五九八<br>慶長三 | ㊐この年に書かれた南禅寺の承兌和尚の『秀吉公伏見山里学問所記』に「秀吉公仰せられるに茶湯は慈照院殿（足利義政）を祖として、風義世間に行はるるといへども、未だ宜しく叶はざれば改正なさせ玉はんとて、……毎月時日を御定め山里御学問所に於て、茶道講談ありしなり」と記述がある。 |

## 江戸

(『源流茶話』)

㊐秀吉、京都醍醐花見の茶事を催す。(『宗湛日記』)

㊐この年秀吉没する(63)。かれはこれまでの茶人達の隠遁的、独善的な茶の湯の雰囲気を、より明るい大衆的なものとしたとされる。

(西)ジャン・ヒューゴー (Jan Hugo)、ラテン語から英訳した "Voyage & Travels" ではじめて英語で茶のことを紹介する。

**一五九九 慶長四**

㊐古田織部、伏見の自宅で「セト茶碗ヒミツ候也。ヘウゲモノ也」と神谷宗湛が記した茶碗を使う。(『宗湛日記』)(ヘウゲモノとは道化て見えるものの意)「伏見より織部ト云茶湯名人来候」と『多聞院日記』にある。

㊐黒田如水『黒田如水茶湯定書』一巻を記す。

㊐このころの『安倍中河内坂本検地帳』に「ちゃの木はた」「ちゃの木」という地名が見られるという。(宮本勉説)

**一六〇〇 慶長五**

㊥(明、万暦二八) このころ憑夢禎『快雪宝漫録』を著わし、茶の保存法について述べる。

㊐石田三成斬られる(41)。戦国武家茶人の一人。

㊐『宗春翁茶道聞書』書写なる。千利休、古田織部の茶法を述べたもの。

(西)オランダで中国の茶樹を試植したが失敗に帰したとテネント (J. E. Tennent) は記している。

(西)スペイン人、テクセイラ (Texeira)、マラッカで茶の乾葉が明国人の間に用いられていると記す。("Martin" Tea Trade)

**一六〇一 慶長六**

㊐美濃国(岐阜県)西尾豊後守光教の割礼に「樹木並茶園違乱之れ有るまじき事」とある。(揖斐川町『東光寺記録』)

㊐小倉藩の修験道本山・求菩提山(クボテサン)、領主に茶畑の内五〇石を寄進したという。(『太陽』別冊)(一五

江戸

六三年の項参照）

㊄西 イタリアの宣教師でこの年から中国・北京の宮廷に仕えたマテオ・リッチ（Matteo Ricci）の書翰に「日本では最良の茶は一ポンド十金エスク（約一ドルに当る）あるいはしばしば十二金エスクで売られている。そして日本と中国では茶の飲み方が少しちがっている。すなわち日本人は茶の葉を粉にしてスプーンに二、三杯茶碗に入れて熱湯を注ぎ、かきまぜた上飲みほすが、中国人は茶の葉を熱湯入りのポットに入れて、熱い湯を飲み、葉を残しておく」との記載がある。（大石貞男訳文）

**一六〇二 慶長七**

㊐ 土佐の領主、山内一豊、土佐郡、長岡郡、香美郡などの庄屋に採茶を命じる。この茶は交易の資として上方に送られたという。（『日本茶業発達史』——平尾道雄の説として）

㊐ 駿河国榛原郡地名（チナ）村で、茶二五斤を領主に納めたとの記録がある。（『中川根町史』中川根村文書より）翌年には茶四六斤を納入している。金納税として一貫三六六文の代に茶二六斤なりという。

㊄西 オランダ東インド会社創立し、明国の茶及び茶器をヨーロッパに紹介し始める。（『茶業通史』）

**一六〇三 慶長八**

㊐ 三河国の清水村（今の愛知県北設楽郡設楽町）の検地帳に「茶津具」の記載がある。

**一六〇四 慶長九**

㊥ （明、万暦三二）程用賓『茶録』四巻を著わし、茶の製法、飲用法などについて記述した。

㊐ 黒田如水、通称官兵衛没する（59）。『茶湯の掟』などの著述がある。（一五九九年の項参照）

**一六〇五 慶長一〇**

㊥ （明、万暦三三）羅廩『茶解』一巻を著わす。

㊥ 万暦の中期、小説『金瓶梅（キンペイバイ）』なるという。その第七二回に、「胡麻、塩漬けの筍、栗、西瓜の種、海青、黒豆、木樨、玫瑰（ハマナス）を六安産の芽茶に混ぜた」との記述がある。

**一六〇六 慶長一一**

㊥ （明、万暦三四）進士に挙げられた屠隆『考槃余事』を編する。書画、文具から琴、香、茶などの鑑賞の心を養うよう記す。中に茶箋の章があり、茶の品種、虎丘、陽羨、六安、竜井、采茶、焙茶、日曬茶、択水、候湯、択器、茶効、茶具などについて述べる。特に蔵茶、諸花茶、択水、茶具など

江戸

については詳しく述べている。

㊐ 上林掃部丞久茂没する(65)。宇治茶師、上林家の始祖。

(西) オランダ人によって、茶がマカオからジャワに移植されたという。(一六〇〇年の項参照)

**一六〇七 慶長一二**

㊥ (明、万暦三五) 許次紓(一六〇五年没)の『茶疏』にいう、「呉の虎丘、銭塘の竜井、香美濃郁なり。次いでは安徽省黄山の毛峰茶なり」と。

㊐ 利休の長男、千道安没する(62)。

(西) オランダ船が澳門(マカオ)から中国茶を運びこれが欧州に販売された。中国の茶がヨーロッパに直接量的にまとまって売られた最初の記録という。(『飲茶漫話』)

**一六〇八 慶長一三**

㊥ (明、万暦三六) このころ夏樹芳(茂卿)『茶董』二巻を著わす。茶の詩句と故事の雑録で、書中には疏漏が多い。(一六三九年の項参照)

**一六〇九 慶長一四**

㊐ 美濃国沓井村(現在の池田町)検地帳に茶樹の原木があるという。(『美濃茶の栽培と加工』)

(西) オランダ東インド会社、長崎県平戸に商館を設置する。

**一六一〇 慶長一五**

㊥ (明、万暦三八) 屠本畯『茗笈』二巻を著わす。茶の保存、飲用法などについて記す。

㊐ 紹鷗門下の細川幽斎没する(78)。

(西) オランダ東インド会社、平戸からバンタムをつうじてヨーロッパへはじめて日本茶を輸出。これがヨーロッパへもたらされた最初の日本茶であるといわれている。この茶は抹茶ではなく、釜炒茶と推定する説がある。(大石貞男説)

(西) タレイラ(Tareira)、茶について記述する。("The Book of Tea"＝Paul Kransel, Dissertation, Berlin, 1902. からの引用部分)

**一六一一 慶長一六**

㊐ 加藤清正没する(50)。戦国武家茶人の一人。

## 江戸

㊐織田有楽の『有楽亭茶湯日記』書き始められる。
(西)イギリス東インド会社、平戸に商館を設ける。

**一六一二 慶長一七**

㊥（明、万暦四〇）竜膺『蒙史』二巻を著わす。水と茶について記述する。
㊐「織部は、当時数寄の宗匠なり。幕下甚だ之を崇敬し給う」（『駿府記』）
㊐徳川家康、茶会に用いる茶の品質保全のため今の静岡県安倍奥の井川の大日峠に茶蔵を建て多数の茶壺を貯蔵する（お茶壺屋敷ともいわれた）。この茶壺は井川村の名主海野弥兵衛が保管の任に当り、壺の入出庫は家康が京都から、招いた茶道宗匠宗円が指図したという。（『聖一国師』）

**一六一三 慶長一八**

㊥（明、万暦四一）徐𤈶『茗譚』一巻を著わす。茶のいれ方などについて記す。
㊥喩政『茶集』二巻及び『烹茶図集』『茶書全集』を編する。

**一六一四 慶長一九**

㊥（明）万暦の書『滇略（テンリャク）』に「士庶用ゆる所皆普茶也、蒸して成団す」とあり、中国雲南省の普洱（プアール）茶の文献上の初見とされる。
㊐薩摩藩では慶長一九年（一六一四）～元和三年（一六一七）に茶の貢租を茶一斤（二五〇匁）につき籾二升五合としたという。（『島津藩政時代の茶の歴史』）
㊐武野紹鷗の嫡子宗瓦戦没する（65）。
㊐現在の静岡県の井川金鉱の金山衆が「ちゃえん」を作り茶を飲んだという記録があるという。「ちゃえん」とは塩分を含んだ茶の意か。（『日本茶業発達史』古文書より引用）
㊐丹波（京都、兵庫）の検地に、茶畑四一町五反六畝で一二石九斗の茶役米を課したという。
㊐慶長年間南部藩（岩手県）に於て大和から三戸招き、茶種子をとり寄せて播きつける。（盛岡市内にいま茶畑町の地名をのこす）（『盛岡砂子』）
㊐慶長の年、安芸（広島県）山県郡に茶税が課せられていたという。（『全国銘茶総覧』）

## 江戸

| 年 | 事項 |
|---|---|
| 一六一五<br>元和一 | ㊐古田織部重然、自刃する（71。）武人茶、大名茶として織部流の祖とされる。<br>㊐徳川家康の大阪陣勝利を祝い、宇治の茶師が三袋の新茶を献上する。宗治茶壺道中の初めとされる。<br>㊐高山右近没する（63）。キリシタン大名として知られるが、茶の湯においても利休の高弟として知られる。<br>(西)平戸に駐在するイギリス東インド会社のエイジェント、ウィッカム（R. L. Wickham）から茶に関してのイギリス人として最初の情報を本国に報告する。 |
| 一六一六<br>元和二 | ㊥（明、万暦四四）この年に生れた余懐（没年は康熙の年）『茶史補』を著わす。<br>㊐本阿弥光悦、徳川家康より京都洛北の鷹峰の地を拝領し、楽茶碗の作陶にふけり、蒔絵の製作にもかかわるという。（『本阿弥行状記』）<br>㊐日下部五郎八宗好、宇治採茶使に任命される。（『茶道年表』）<br>(西)イギリス人コックス（Richard Cocks）の日記（Hak. Soc. 本、第一巻、第二巻）に、十一月に銀被せの茶碗三個を買ったと記す。 |
| 一六一七<br>元和三 | ㊐毛利輝元の家臣、玉木吉保、自叙伝『自身鏡』を著わす。茶の湯の作法についての詳しい記事がある。 |
| 一六一八<br>元和四 | ㊥（明、万暦四六）駐ロシアの清国大使、ロシア皇帝に茶を献上する。（『飲茶漫話』）<br>㊐彦根藩、近江政所（マンドコロ）谷の諸村に対し、山地に茶畑が多くなったという理由で茶運上を課す。 |
| 一六一九<br>元和五 | ㊥（明、万暦四七）何彬然『茶約』一巻を著わす。<br>㊥万暦の年（一五七三〜一六一九）陝西腹裏地方西安等三府、官茶無く私販横行する。（『明会典』）<br>㊥万暦のころ在世していた胡文煥『茶集』一巻を編む。かれは「茶は至清至美の物なり。世は皆之を味わずして而して烟火を食う者は又、以て此れを語るに足らず。医家は茶の性は寒。能く人の脾を |

江戸

| | |
|---|---|
| | 傷ると論ずるも独りわれ、諸疾あれば、則ち必ず茶を藉って薬石となす」……などと説く。<br>㊥万暦の年、進士に挙げられた熊明遇『羅岕茶記』一巻を著わす。茶園、摘採、貯蔵、烹茶、水色等について七条の則をあげている。羅岕茶は浙江省産の名茶。<br>㊐八条宮智仁親王、この年、下桂に茶室を普請する。(『茶の美術』)<br>㊐会津藩上杉氏の家臣、山城直江守兼続没する。『四季農戒書』の著がある。その中に「大茶をたて喰い、彼方こなたの留守を尋ね行き人事をいふ女房……」との記載がある。 |
| 一六二〇<br>元和六 | ㊐茶竹子『喫茶雑話』一巻を著わす。<br>㊐越後(新潟県)の徳光屋覚左衛門、伊勢詣での帰途宇治に寄り、茶種子を購入して自分の菜園に播く。これが村山茶のはじめという。(『村上町東林寺過去帳』『本悟寺過去帳』) |
| 一六二一<br>元和七 | ㊥(明、天啓一)このころ明の忠臣文震亨(画家文徴明の曽孫)『長物志』二巻を著わす。その中で「湯は最も煙を悪む。炭にあらざれば不可。落葉、竹篠、樹梢、松子の類、実は用いるべからず。又暴炭、膏薪の如きは、濃煙、室を蔽う。更に茶魔たり」と茶に対して炭をえらぶ必要を説く。<br>㊥王象晋、『群芳譜』を撰し、種茶、貯茶、闘茶などについても記述する。<br>㊐織田信長の弟で、有楽流の茶祖である織田有楽(長益)没する(75)。 |
| 一六二三<br>元和九 | ㊥(明、天啓三)高元濬『茶乗』を著わす。茶の原産、煮法、品水、茶効などについて記す。<br>㊐徳川家光、宇治から茶を取りよせて定例茶会を催す。<br>㊐元和年間(一六一五〜一六二三)、駿河に茶問屋おこるという。(『日本茶業発達史』)<br>㊆スイスのG・バウヒン(Gaspard Bauhin)がその著“Theatri Botanici”に茶のことを記す。<br>㊆ポルトガルの宣教師、アレキサンダー・ド・ロード(Alexander de Rhodes)、中国内地を旅行し、茶が飲用されていることを記す。 |

# 江戸

| 年 | 事項 |
| --- | --- |
| 一六二四<br>寛永一 | ㊐三河国池場村（今の愛知県南設楽郡鳳来町）の『金田家古文書』に「すっこき茶」を両替八〇貫から九〇貫で信州に売るとの記載がある。 |
| 一六二五<br>寛永二 | ㊥（明、天啓五）茶法、馬政並びに辺防壊るとなす。このころ産茶多きもの、南直隷の常州、廬州、池州、徽州。浙江の湖州、厳州、衢州。紹興江西の南昌、饒州、南康、九江、吉安。湖広の武昌、宝慶、長沙、荊州。四川の成都、保寧、重慶、夔州、嘉定、瀘州、雅州の諸州であった。（『学菴類稿』『明史』茶法）<br>㊐桂離宮（桂山荘）の造営なる。（一六一九年の項参照） |
| 一六二六<br>寛永三 | ㊥（明、天啓六）学者李維楨没する（80）。『茶経序』『陸鴻漸詞記』などをのこす。<br>㊐京都誓願寺前の源太郎、『草人木』を板行。茶道初期の茶事を知る貴重な資料とされる。<br>㊐細川忠利、領内の旱魃に当り「安国寺肩衝」を出羽庄内侯酒井忠勝に売り窮民を救済する。（『古今茶話』） |
| 一六二七<br>寛永四 | ㊥（明）天啓の年（一六二一〜一六二七）、進士に挙げられた馮可賓『岕茶箋』を著わす。採茶、蒸茶、焙茶、蔵茶、烹茶等について記す。その説の中で、「茶碗は小さい方がよい。容器が小さいと香気が散逸し難く、味が沈澱しにくくなる。……茶の香味は入れ出すとき早からず遅からず、一瞬の間に極点がある」などと茶の入れ方について詳述している。<br>㊐今井宗久の子、宗薫没する（76）。<br>㊐茶道藪内流一世、藪内紹智没する（92）。 |
| 一六二八<br>寛永五 | ㊥（明、崇禎一）この年に進士にあげられた黄欽『茶経』を著わす。<br>㊐『寛永検地帳』に、今の徳島県丹生谷（ニウダニ）地方の奥地である木頭九ケ村に合計約二町歩の茶畑があるとの記載がある。 |

| 江戸 | |
|---|---|
| 一六二九 寛永六 | ㊐江戸小石川の後楽園、水戸の徳川頼房により築造されはじめる。（『茶道史年表』） |
| 一六三〇 寛永七 | ㊥（明、崇禎三）聞竜『茶箋』一巻を著わす。また陳克勤『茗林』一巻を著わす。<br>㊥このころ郭三辰『茶莢』一巻を著わす。<br>㊥このころ黄竜徳『茶説』一巻、万邦寧『茗史』二巻をそれぞれ著わす。 |
| 一六三二 寛永九 | ㊐幕府が毎年四、五月ごろ宇治茶を茶壺に入れて江戸まで送らせる、いわゆるお茶壺道中が制度化される。これは立春の日から一〇〇日後頃、江戸から東海道経由で宇治に茶壺を下し、御物茶師の上林家で茶を詰めたもので、同時に禁裏へも献上された。帰路は中山道を経て土用の二日前に江戸に到着するならわしとなっていた。（『聖一国師』）（一六一五年の項参照）<br>㊐小堀遠州の自会記『小堀遠州茶之湯置合之留』一巻記述される。 |
| 一六三三 寛永一〇 | ㊥（明、崇禎六）『陶庵夢憶』に「癸酉の年、好事者あり茶館を開く、泉は実に玉帯。茶は実に蘭雪。湯は旋煮を以てし、老湯無し。器は時滌を以てし穢器無し。……」との記載がある。<br>㊥明の政治家、農学者徐光啓没する（71）。『農政全書』六〇巻を編述する。その中で「茶は霊草也、之を種うれば則ち利溥し（多し）。之を飲めば則ち神清し。上は王公貴人の尚ぶ所、下にしては小夫賤隷も欠くべからざる所。……」と記す。 |
| 一六三四 寛永一一 | ㊐都城（宮崎県）に茶道役が設けられたという。（『宮崎県茶業史』） |
| 一六三五 寛永一二 | ㊐博多の豪商で、『宗湛日記』の著者神谷宗湛没する（86）。<br>㊐京都鹿苑寺の住職、鳳林承章の日記『隔蓂記』書き始められる。茶湯の記事が多い。<br>㊐敦賀（福井県）に伊勢、美濃、近江などの茶商が集まり茶問屋の集合地として茶町が設立されたという。（『封建時代後期の産業経済』） |

## 江戸

(西) この年フランスへ茶がオランダを通じてはじめて導入されたという。また一六三六年ともいう。(『茶業通史』)

(西) ドイツの医師シモン・パウリ(Simon Pauli)、茶と煙草の過度の飲、喫の害を説く。(『茶業通史』)

### 一六三六 寛永一三

(日) 奈良興福寺摩尼珠院実範『高山茶筅伝記』を著わす。高山茶筅の由来を記す。

(日) 日向の国安永(今の庄内町)の百姓の生葉を東陽軒で製茶したという。(『宮崎県茶業史』)

### 一六三七 寛永一四

(日) 本阿弥光悦没する(80)。相剣、茶道家として知られる。

(日) 三河国宮崎村(今の愛知県額田郡額田町)の『天恩寺古文書』に「茶年貢金子壱両右の外、他藪年貢四斗七升」と記す。

(西) イギリスのウエイト(Wayght)という船長が船団を率いて東行し、はじめて中国から直接イギリスに茶を伝える。(『飲茶漫話』)

(西) イギリス東インド会社、広州から約五〇キロの茶を積んだ。(『茶業通史』)

(西) この年一月二日付の、オランダ東インド会社の総督からバタビアの商館長宛ての手紙の中に「茶が人びとのあいだで飲まれはじめているので、すべての船にその積荷には日本茶のほかに中国の茶びんを手配して欲しい」と記す。(『日本茶輸出百年史』)

### 一六三八 寛永一五

(西) ペルシャ王へ派遣されたオランダ大使の秘書官であったアダム・オレアリウス等(Adam Olearius と Albert von Mandello)、「ペルシャ人のあいだでは良質の茶が親しまれている。彼らは茶を苦味がして色が黒くなるまで煮出し、それにういきょうの実、あるいは丁字(香料)と砂糖を入れて飲む」また、「茶館で茶を売っている」などと記す。(『茶の世界史』)

(西) ロシアへ茶がはじめて伝わるという。("Mercurius Politicus", 1656)

(西) この年、蒙古駐在のロシア大使ワシリイ・スタルコフ(Vassily Starkoff)が、ロシア皇帝ミハイル・ロマーノフ(Michael Romanov)に対する茶の贈呈を謝絶したと伝える。(『茶樹の自然史』)

江　戸

一六三九 寛永一六

㊥（明、崇禎一二）陳継儒没する。夏茂卿甫輯の『茶董』二巻を補集した。（一六〇八年の項参照）また『茶話』一巻を著わす。

㊐茶書『長闇堂記』の著者、長闇堂没する（70）。

㊐松花堂昭乗没する（58）。遠州門下の茶人、『松花堂茶会記』をのこす。

㊐大和国（奈良）の『御帳』に茶年貢、茶役を課せられた村、添上、添下、山辺、平群、式上、式下、葛下、宇智、吉野の各郡におよぶという。

一六四〇 寛永一七

㊐三河国北設楽郡東栄町の原田惣七郎氏所蔵の『奈良習字所本』に「飯田町ゑ茶売に参度候間、貴店の御茶等買申すべく候」との記載がある。

㊐僧、沢庵、品川の東海寺に徳川家光を招き茶会を催す。（『茶道史年表』）

一六四一 寛永一八

㊥（明、崇禎一四）方以智『通雅』を著わす。「茶は即ち茶、皐芦、苦荸也」などとの記載がある。

㊐細川三斎『数寄聞書』なる。

㊃オランダの医師ニコラス・ディルクス（Nicolus Dirx―1593～1674）が『医学論』（Observationes Medicae）を出版。その中に「何ものもこの茶に比すべきものはない。茶を用いるものは、その作用によってすべての病気から脱がれ、とても長生きができる。茶は肉体に偉大な活力をもたらすばかりでなく、茶を飲めば結砂、胆石、頭痛、風邪、眼炎、カタル（粘膜の疾患）、ぜんそく、胃腸病にもかからない。その上睡眠を防ぎ、不眠を可能にする効用があるので、徹夜で執筆・思索をしたいと思うものには大いに役立つ」と記す。（角山栄の訳文）

一六四二 寛永一九

㊐小堀遠州、これより四年江戸詰となり、徳川家光の茶の指導にあたる。（『大猷院殿御実紀』）

㊃この年に刊行されたポルトガル耶蘇会教師セメド（Semedo）の著書に、中国北部諸省のうち陝西省のことを書いてある中で「茶は一種の木の葉で火の上で乾かす。この乾いた茶を熱湯中に投ずると一種の色、香気、味を生じ、慣れるにしたがって段々よくなる。日本、中国に於ては水の代りに通

江戸

常の飲物として用いられている」と記す。(『中国大帝国記』―Relatione della Grande Monarchia della China)

(西) オランダの博物学者ヤコブ・ボントゥ (Dr. Jacob Bontuo) が、その著 "Historia Naturalis" に茶に関することを記す。

**一六四三 寛永二〇**

㊥ (明、崇禎一六) このころ徐彦登『歴朝茶馬奏議』四巻を著わす。

㊥ このころ、鄧志謨『茶酒争奇』二巻を著わす。茶と酒の優劣論争の戯文。

㊐ 『料理物語』刊行される。第十九茶之部に「まつちやを少いりてふくろに入て、あづきと茶ばかりせんじ候。拗大豆と米入候を半分づついり候てよく候。……山椒のこ塩かげん有」などと、茶粥の調理法の記載がある。(『続群書類従』)

**一六四四 正保一**

㊥ (清、順治一) 茶馬交易の基準を上馬は茶一二篦、中馬は茶九篦、下馬は茶七篦と定む。一篦は一〇斤とする。(『大清会典』) なおこの年の茶馬司は甘粛省の洮州、河州、甘州、庄浪と青海省の西寧におかれていた。

㊐ 薩摩藩では寛永年間(一六二四～一六四四)茶の貢租を茶一斤につき籾三升五合としたという。(『島津藩政時代の茶の歴史』)(一六一四年の項参照)

㊐ 津軽藩(青森県)で防風林として唐竹、茶の木、椿……などの植物を植えることを始める。なお茶の木の栽培面積が拡大していく。(『弘前市史』)(一七〇三年の項参照)

(西) イギリス、厦門(アモイ)に商務機構を設立し茶の取扱いを始める。アモイ人が茶を"Te"と発音していたので、以来茶を英文で"Tea"と呼ぶようになった。(『飲茶漫話』)

**一六四五 正保二**

㊥ (清、順治二) 西方蕃族に接する関所で私販茶を帯びて国境を出ようとする者を巡守が発見した場合、私茶を保持する者は罪に問い、茶は官に没収するよう命令する。(『大清会典』)

㊥ この年茶馬御史一員で陝西の五茶馬司を統轄させる。(『大清会典』戸部課程茶課)

## 江戸

| | |
|---|---|
| 一六四六 正保三 | (日) 千利休の七哲の一人、細川三斎忠興没する（82）。『細川茶湯之書』の著がある。<br>(日) 沢庵宗彭（ソウホウ）没する（73）。品川東海寺の開山。『沢庵和尚茶器詠歌集』の著がある。<br>(日) 津和野藩、島根県日原地方に櫨実、楮などと共に茶の栽培をも勧奨している。（『日原町史』）<br>(西) イギリス東インド会社、茶の輸入を開始する。 |
| 一六四七 正保四 | (日) 小堀遠州没する（69）。三代将軍家光の茶道師範をつとめ、遠州流の祖とされる。また作庭家としても知られる。<br>(日) 正保年間（一六四四～一六四七）薩摩国宮之城主久通は、宇治の茶種を取り寄せて茶園を仕立てさせる。（『島津藩政時代の茶の歴史』） |
| 一六四八 慶安一 | (日) 千利休の孫千宗旦、七十一歳にして家督を表千家江岑宗左にゆずり、隠居する。この春、裏千家今日庵ができたといわれる。このころ武者小路千家、表千家、裏千家の家系がつくられる。<br>(西) パリの医師ガイ・パタン（Guy Patin）、茶のことを「この国に新しく入ってきた好ましくないものである」と記す。 |
| 一六四九 慶安二 | (日) 京都鹿苑寺の住持鳳林承章の日記『隔蓂記』にはじめて焼物師清右衛門の名が見られる。のちの仁清とおもわれる。<br>(日) いわゆる慶安御触書という『諸国郷村江御触』に「大茶を飲み、物まいり遊山ずきする女房を離別すべし」との、また「酒茶買いのみ申すまじく候」との記載がある。<br>(西) オランダ人、ベルナルドゥス・ヴァレニウス（Bernardus Varenius）、アムステルダムで『日本伝聞記』を出版。その中で「彼らは中国人と同様に茶と呼ばれる粉末を沸とうした湯でたてた飲物を好む」と記す。 |
| 一六五〇 慶安三 | (中) （清、順治七）採茶九三〇〇斤、之を買い上げ茶馬司に交付し、一半は官により馬に易え、一半は商 |

## 江戸

| | |
|---|---|
| | 人に販売することにしたという。（『大清会典』）<br>(西) オランダにて船荷証券中に、Thia と称して日本茶がアムステルダムに仕向けられたという記録がある。（オランダ、ライデン大学中国語教授 Schlegel の『通報第二編』） |
| 一六五一<br>慶安四 | ㊐ 慶安の年（一六四八～一六五一）肥前（佐賀県）嬉野町に吉村新兵衛の播いたと伝える大茶樹が今にのこる。<br>㊐ 慶安の年、美濃国上石津町多良にて旗本の高木氏が茶の栽培を奨励したという。（『美濃茶の栽培と加工』） |
| 一六五二<br>承応一 | ㊥（清、順治九）覆淮地方（安徽省）で営兵や旗人に委託して私茶を販売するのを許さずという。（『大清会典』） |
| 一六五三<br>承応二 | ㊥（清、順治一〇）各蕃地に茶馬交易促進のため煙草や酒を与えて以て撫綏するという。（『大清会典』）<br>㊐ 徳川家綱、千宗左（江岑）に命じて、利休の功績を提出させる。（『千利休由緒書』）<br>㊐ 三河国（愛知県）上下津貝村の茶が信州へ出ており、その受け渡し所を出合小屋といったという。 |
| 一六五四<br>承応三 | ㊐ 隠元禅師、中国より渡来して黄檗宗を開く。「檗山（隠元）来朝して唐茶の鍋煎を製す。世以て隠元茶と号す。これは是れ出し茶也。それより首の長き薬鑵を作って給仕の小坊主をたすけ、几下状頭にすべて手づからくむ。……」。（『雲華園銘』） |
| 一六五五<br>明暦一 | ㊥（清、順治一二）覆淮（安徽方面）新芽茶を薦む。（『大清会典』茶課）<br>㊐ 美濃国樫原村（現在の久瀬村）御物成金納帳に「御茶金」とある。（『岐阜県資料』） |
| 一六五六<br>明暦二 | ㊥（清、順治一三）覆淮の新茶で馬との交易用は充足できたので、古茶は価格を下げて飼料用としたという。（『大清会典』） |

江戸

⽇ 宗和流茶道の開祖、金森宗和没する（81）。
⽇ 御室窯跡から「明暦二年野々村播磨……」刻銘の陶片が出土する。野々村播磨とは仁清のこと。

一六五七 明暦三

⽇ 佐賀藩の吉村新兵衛没する（一六〇三～一六五七）。佐賀嬉野において本格的に茶の栽培に着手した人物とされる。
⽇ 明暦の年（一六五五～一六五七）讃岐の茶商がすでに土佐に入り、茶を集めて大いに利益を得たという。（松下智説）
㊃ イギリス、ロンドンのタバコ商トーマス・ギャラウェイ（Thomas Garraway）、茶の葉を売り出し、店で茶を飲ませる。その値段は一ポンド（重量）で六～一〇ポンドという高値であったという。イギリスで市販の最初といわれる。（"All about Tea"）
㊃ ジョンネット博士（Dr. Jonqnet）、茶の飲用が習慣性になることを認めて「神秘な薬草」と述べる。
㊃ イギリス東インド会社、オランダ東インド会社に代り、イギリス市場に茶を販売する。その価格は一ポンド、六～一〇英ポンドであるという。（『茶業通史』）

一六五八 万治一

⽇ 千宗旦没する（81）。『茶之湯之書』の著があり、また茶室今日庵の建築をなす。
⽇ 加賀藩（石川県）、問屋を定めて茶、煙草の売買を規定したという。（『日本経済史概説』）
㊃ ロンドンで茶が始めて新聞に広告される（Mercurius Politicus 一一月四日）。それには「茶、コーヒー、チョコレートが街のどこででも売られている」と記された。

一六六〇 万治三

⽇ 古田織部の『古織伝』版行。茶事指南書。
㊃ ロンドンの「ギャラウェイ」（コーヒー・ハウス）で茶の効用を記した宣伝ポスターを発行。このポスターは近世イギリス広告史の草分けとされ、又、茶に関する最初のポスターともいわれる。その中で茶の適応症として精力増進、頭痛、不眠、胆石、倦怠、胃弱、食欲不振、健忘症、壊血病、肺炎、下痢、風邪などをあげている。（"All about Tea"）

江戸

(西) イギリスの富豪、サミュエル・ピープス（Samuel Pepys）の『日記』に「まだ一度も飲んだことのない支那人の飲み物、茶というものを一杯注文した」とある。

(西) イギリスに於て、コーヒー店販売の茶に対し、毎ガロン八片（ペンス）の税を課する国会法令が出る。（“Martin” Tea Trade）イギリスにおいて茶の価は一英斤三ギニーであったという。（“Martin” China）

一六六一 寛文一
(日) 片桐石州貞昌が『侘びの文』を著わす。
(日) 品川東海寺の第一世住持清巌宗渭没する（74）。『清巌禅師茶事十六ケ条』の著をのこす。

一六六二 寛文二
(日) 土佐藩の野中兼山の発した『布告』に「御国中在々所々に漆の木、桑の木、楮、茶の木、植ゑ申すべく候」とある。

(西) ロンドンでジョン・デービス（John Davis）訳の『大使の旅行記』（Travels of the Ambassadors）が出版される。これは一六三三年ホルステン（Holsten）公爵のペルシャ旅行記で、ペルシャ人の喫茶について記す部分がある。

(西) ロンドンでオレアリウス（Adam Olearius）の『公使旅行記』が出版される。ペルシャ人の喫茶についてふれている。

(西) イギリス、チャールズ二世（一六六〇〜一六八五）のもとへ嫁いできたポルトガル王の娘ブラガンサのキャサリン（Catherine of Braganca）は、その手みやげに東洋の飲茶の風習を宮廷にもたらしたという。これよりイギリス上流階級の女性のあいだにワインなどに代って茶が人気を集めた。

一六六三 寛文三
(日) 表千家・千宗左（江岑）の『江岑夏書』なる。
(日) 片桐石州、大和小泉に慈光院を建てる。（『茶道史年表』）
(西) 詩人、E・ウォーラー（Edmund Waller）がはじめて英文で茶を称讃する。前年にチャールズ二世と結婚したキャサリン王妃の結婚一年を祝福したもので、ヨーロッパにおける茶の詩のはじめとさ

## 江戸

れる。(『茶業通史』)

**一六六四 寛文四**

㊐ 修学院離宮焼が開窯される。(『隔蓂記』)

(西) イギリス国王チャールズ二世に、東インド会社より銀のケースに入った肉桂油(シナモン)と良質茶二ポンド二オンスを献上。これ以後、大量の茶が献上品リストに載るようになったといわれる。

(西) イギリス東インド会社の記録によればこの年茶の綴りを"Thea"としたという。

**一六六五 寛文五**

㊥ (清、康熙四) 雲南の北勝州に茶馬市を開く。商人の茶を買いて馬に易える者は一両ごとに税三分を徴する。(『大清会典』)

㊐ 片桐石州、幕府の茶道師範となり、「石州三百箇条」をすすめる。

(西) アムステルダムでニェンレコー(Jean Nienlekoe)の『中国王朝参府紀行』が出版される。清王朝の招待宴で茶が出され、それに牛乳と塩を加えて飲んだことなどの記事がある。

**一六六六 寛文六**

㊐ 千宗室(仙叟)、加賀前田家茶道奉行となる。

(西) アーリントン(Lorb Arlington)とオソリイ(Ossory)の二貴族が茶をオランダのヘーグから持ってきて、イギリスで宣伝する。("Martin")

(西) イギリス東インド会社の記録によれば、会社の書記が英国王に献納のため準備した珍貴な品物の目録中に一英斤五〇シリングの茶(thea)という項がある。陳椽(チンテン)の『茶業通史』では四〇シリング。

**一六六七 寛文七**

㊥ (清、康熙六) 余懐『茶史補』一巻を著わす。

(西) ロンドンの薬剤師、当時イギリスに於て茶が上流階級の女性のあいだに人気を集めていることをみて茶を薬品リストに載せる。(『茶の世界史』)

(西) イギリス人サミュエル・ピープスの日記に「帰宅したとき、妻が医師ペリング氏の勧めで、風邪ぐすりとして茶をつくっているのをみた」と記している。(『茶の世界史』)

## 江戸

| | |
|---|---|
| | (西) イギリス東インド会社、バンタム経由で中国茶およそ五〇キロを購入する。(『茶業通史』) |
| 一六六八 寛文八 | (日)『細川三斎茶湯之書』三巻が開板される。加賀藩(石川県)の安宅港より移出した品目の中に茶があったという。<br>(西) イギリス東インド会社、この年より茶の綴りを"Thea"より"Tey"に変える。(一六六四年の項参照) |
| 一六六九 寛文九 | (中)(清、康熙八)陳鑑『虎丘茶経注補』を著わす。浙江省虎丘の茶産について実際に観察したことを記す。<br>(中) 周高起の『陽羨茗壺系』が出版される。茶壺の製造、製作者について記す。また同人の『洞山岕茶系』も出版される。浙江省長興県に産する岕茶について論じる。著者は明の人。<br>(西) イギリス、東インド会社の記録によれば、イギリスに於て一四三ポンド(重量)の茶がバンタムから輸入されたという。(『日本茶輸出百年史』)<br>(西) イギリス、オランダから茶を輸入することを法律で禁止する。<br>(西) フィリップ・S・デューフォー(Philippe S. Dufour)、リヨンで、コーヒー、茶、チョコレートに関する著書を刊行する。 |
| 一六七〇 寛文一〇 | (日) このころより越後村上では「黒蒸茶」を製造し、村上茶として各地に移出したという。(『日本茶業発達史』) |
| 一六七二 寛文一二 | (日) 寛文年間(一六六一～一六七二)下総の関宿城主(千葉県東葛飾郡)牧野家、茶の栽培を奨励し、当時の茶は信濃、上野、奥州、会津方面に出されたという。(『日本茶業発達史』)<br>(日) 千宗左没する(54)。<br>(日) 石川丈山没する(90)。文人、京都一乗寺に詩仙堂を建立。 |

| 江戸 | |
|---|---|
| | ㊐山城国の上林三平、始めて茶乾燥機を使用したという。(『茶業通史』)<br>㊐楽水居主人編『茶器弁玉集』五巻板行。<br>(西)ゼノアでシモン・ド・モリナリス(Simon de Molinaris)が"Asian Ambrosia or the Virtues & Use of the Herb Tea"を発行。 |
| 一六七三<br>延宝一 | ㊐石川流の茶祖、片桐石見守貞昌(サダマサ)没する(69)。『石州三百箇条』『侘びの文』などをのこす。<br>㊐琉球国王尚貞王よりの詔を奉じ、西銘村(現在の具志川村)東に松や唐竹を植え、その中に茶園をつくったという。(『全国銘茶総覧』—日本茶のすべて特集号)<br>㊐遠州、太田川流域の『周智郡誌』によれば、『検地帖』に上、中、下茶園の記載があるという。 |
| 一六七四<br>延宝二 | ㊐世に「下流」と称された京都の茶匠藪内家第三世藪内紹智没する(75)。<br>㊐越後の領主榊原氏、茶畑役銀を課すという。(『日本茶業発達史』) |
| 一六七五<br>延宝三 | ㊥(清、康熙一四)劉源長『茶史』を著わす。「茶に種生あり、野生あり。種生は種を用う。二月に下種す、百顆の内僅かに一株を生ず、……移植する時は復た生ぜず……」等の記載がある。上巻は茶品、下巻は飲茶について論じる。<br>㊐第一世、千宗守没する(83)。<br>㊐上柳甫斎没する(85)。茶道書『遠宗拾遺』を編する。 |
| 一六七六<br>延宝四 | (西)イギリス東インド会社の重役、バンタムの代理人に鄭成功の子の鄭経から厦門通商の特許を得た機会に乗じ、清国との貿易をすすめる。この命令書によってイギリスの茶貿易が盛んになったという。("The English in China") |
| 一六七七<br>延宝五 | ㊐天竜川流域の『大滝村検地帳』に「下茶畑五畝弐歩太郎左衛門、下茶四畝廿歩同人」との記載がある。 |

## 江戸

| | | |
|---|---|---|
| 一六七八 | 延宝六 | （日）安芸（広島県）の加計地方は宇治から茶師を招いて宇治茶の製法をとり入れたという。<br>（西）イギリス東インド会社、バンタムから四七一四ポンドの茶を買付けて、ロンドン市場に持ち込む。<br>（西）ドイツの植物学者 Tacodu Breynius がその著 "Exticarum Plantarum" に茶の栽培のことを記す。<br>（西）イギリス、エリザベス女王の侍講であり学者でもあるヘンリ・セイビル (Henry Saville) はその叔父にあてた書簡の中で「飲茶は不潔なインディアンの悪風」と述べている。("The Book of Tea") |
| 一六七九 | 延宝七 | （西）オランダの医師コルネリス・ボンテコ (Dr. Cornelis Bontekoe)、『コーヒー・茶・ココア』を出版する。また『茶礼讃』を著わしその中で茶の発達を讃える。「茶は胃を害することはない、一日二百杯位の茶を喫しても全く害はない」と述べている。ヨーロッパ人の医者で茶についての最初の著述といわれる。 |
| 一六八〇 | 延宝八 | （中）（清、康熙一九）蔡方炳『歴代茶権志』一巻を著わす。<br>（日）藤林宗源『石州流茶書』を著わす。<br>（日）『利休茶湯書』六巻板行。<br>（日）山田宗徧（ソウヘン）の『茶道便蒙抄』五巻なる。（一説に一六八六年とある。同年の項参照）<br>（日）延宝年間（一六七三～一六八〇）吉野郡（奈良）『大塔村篠原の検地帳』に「在所は茶ばっかり」との記載があるという。<br>（西）ロンドンでガゼッタ (Gazette) 誌に茶が、一ポンド三〇志と広告される。<br>（西）イギリスのサブリエール夫人が紅茶にはじめてミルクを使用する。以後次第にミルクティーは同国の正統派の飲み方となる。後年詩人バイロン (G. G. Byron) が流行させたとの説もある。 |
| 一六八一 | 天和一 | （日）駿州安倍鷲久保の内七ケ村に対し、江戸城への御用茶を仰せ付けられたという。<br>（日）松尾芭蕉「侘びてすめ月侘斎が奈良茶歌」の句を詠む。<br>（西）イギリス東インド会社、バンタム駐在のエイジェントに年間一〇〇〇ドルの茶を買付けることを指 |

江戸

令する。

一六八二 天和二
㊥（清、康熙二一）儒者顧炎武没する(69)。その著『日知録』に「是れ知る秦人蜀（四川省）を取りて後、始めて茗飲の事有り」と記す。
㊐井原西鶴の『好色一代男』なる。その巻七に「大角豆食（ささげめし）の茶漬」が「仏壇の前」に出たとの記載がある。小豆飯に茶をかけた茶漬が習俗化していたと見られる。

一六八三 天和三
㊥（清、康熙二二）冒襄『岕茶彙鈔』を著わす。
㊥清国に於ける茶の課税歳入額、各省合計、銀三万二六四二両という。浙江、陝西、四川の各省多く、広東、広西、雲南は茶を産せずとの記録がある。（『大清会典』）
㊐天和年間（一六八一〜一六八三）に著わされた『百姓伝記』に「茶は上下万民の用いるものなり。畠の境、或は山畑などの、あしくて作毛の出来かねる処に植べし……」と記す。（『日本茶業発達史』）
㊎イギリスの詩人、ウォーラー（Waller）はその誕生日の歌で、茶を賞讃し、その輸入はチャールズ二世の王妃キャサリンの功績だとうたった。（"Martin" Tea Trade）

一六八四 貞享一
㊐松尾芭蕉「馬に寝て残夢月遠し茶のけぶり」の句を詠む。
㊎オランダ商館医師として日本に来たドイツ人、クライアー（Andreas Cleyer）が日本茶のことを初めてジャワに知らせる。（橋本実『茶の伝播史』）
㊍インドネシア、日本から茶種子を導入してはじめて茶を栽培したが成功せずという。（荘晩芳説）

一六八五 貞享二
㊐駿河国「芦久保村ヨリ御煎茶三貫五百匁入レ五箱宛近年指上申候……」と奉行より御用茶につき足久保村へ送った書状がある。（『安倍郡茶業組合資料』）
㊎オランダ東インド会社、茶の輸入貿易を重要視する。（四月十六日附取締役の印度総督宛書面）

江戸

| | |
|---|---|
| 一六八六 貞享三 | ㊐千宗旦の四天王の一人山田宗徧の著、『茶道便蒙抄』なる。宗徧流の点法を記す。(一六八〇年の項参照) |
| | ㊐津和野藩(島根県)では日原地方の茶検地を行ない、茶畑の反別はもとより、畑畔に散在する茶樹の株数まで検地帳に登載しているという。(『日原町史』)茶の専売制と産業化の進行が知られる。 |
| 一六八七 貞享四 | ㊐藤林宗源の『和泉草』なる。石川流の茶湯伝書。 |
| | ㊐日向の国五ヶ瀬町で茶が税として物納された。(『宮崎県茶業史』) |
| 一六八八 元禄一 | ㊐この年井原西鶴の『色里三所世帯』が刊行される。その中に安倍茶をかついで売り歩く駿河出身の商人が四、五人で組を作り浅草の裏長屋を借りて自炊しながら商売をしている様子の描写がある。 |
| 一六八九 元禄二 | ㊥(清、康熙二八)ロシアとネルチンスク条約を締結。茶は張家口より蒙古を経て、シベリヤに輸送開始される。(『飲茶漫話』) |
| | ㊐一尾流の祖一尾伊織没する(87)。『一庵茶湯書』『一尾流秘書』などの著がある。 |
| | ㊄イギリス東インド会社が中国より直接茶の購入を始める。この年にマドラス経由のものを含めて約一一トン購入。(『茶の伝播史』) |
| 一六九〇 元禄三 | ㊐立花実山、『南方録』の書写なる。 |
| | ㊄ドイツ人医師ケンペル(Engelbert Kämpfer)来日する。彼の著『江戸参府旅行日記』に「……旅行者は茶以外のものを飲むことは少ないので、街道沿いのすべての旅館、宿屋、料理屋や、野原や森の中にたくさんある茶店で茶を飲むことができる。しかし人々は若葉(これは大抵高貴な人びとの食卓に出される)を二度摘んだ後の、あるいは前年から残っているこわい葉を使う。これら古い葉は摘みとるとすぐ葉を捲くことをしないで、平らな鍋の中でたえずかき混ぜながら強く炒り、藁で作った大きな袋に入れて、屋根の下の煙の当る所に貯えておく……」との記載がある。 |

# 江　戸

(西) ケンペルはまた茶の栽培、摘採、茶の各種、ひき茶、唐茶についても記す。「唐茶は普通の緑茶だが、中国風に飲むので唐茶という」と。また番茶や高級な宇治茶についても述べ、製法、茶道具などについても詳述している。『廻国奇観』『日本誌』等の著がある。

## 一六九一　元禄四

(日) 山田宗徧『茶道要録』二巻を開板。

(日) 松尾芭蕉『笈の小文』のなかで、「つねに無為無能にして只此一筋に繋る。西行の和歌における、宗祇の連歌における、雪舟の絵における、利休が茶における、其貫道する物は一なり」と記す。

(日)『賑草』の著者灰屋紹益没する(82)。

(日) 広島藩儈医、黒川道祐没する。その著『雍州府志』に「中世建仁寺開祖千光国師栄西宋に入って茶を得て帰る」とある。

(日)『江戸参府旅行日記』でケンペルは佐賀県嬉野を通ったとき、「田圃のふちの所に二、三歩の距りで二臂を越えない高さの茶の木が植えてあった。茶樹はすべて葉を摘みとった後で見にくく淋しげに裸となって立てり」、また宇治を通ったとき「宇治の村は開放的の小さな市で、日本で最も佳い茶を産するので名高い。茶の風味世の常でなく美味で且つ多量に生産するので、毎年将軍の城に献上される」などと観察している。

## 一六九二　元禄五

(日) 人見必大の『本朝食鑑』板行される。(また元禄八年の刊行ともいう)この中に江戸では朝食の前に婦女の間で煎茶を数碗飲む風習があったと伝え、江戸の町で販売する煎茶には駿州(静岡)信州(長野)甲州(山梨)総州(千葉)野州(栃木)奥州産があったと記す。また茶の名産地として抹茶は宇治、煎茶も宇治を第一とし、さらに江州(滋賀)の政所、紀州(和歌山)の熊野、駿州の安倍、予州(愛媛)の不動坊をあげている。また同書に「古者は茶を煮て飲む。中古より以来は碾茶末を以て賞美すると為す」との記載もある。

(西) ケンペルの『日本外国貿易史』の中に、長崎の出島蘭館で買い入るるものとして「漆細工……刻み烟、茶、糖菓……」などと記す。

## 江戸

| | |
|---|---|
| 一六九三<br>元禄六 | ㊥（清、康熙三二）冒襄没する。『岕茶彙鈔』の著者。この著書は、浙江省、洞山岕茶の記述をなす。「茶は平地に産し、土気を受くること多し、故に其の質濁る。岕茗は高山に産し、風露清虚の気あり」とある。<br>㊐『伊達綱村茶会記』書き始められる。宝永二年（一七〇五）にいたる。（『茶道史年表』『茶道年表』）<br>㊐『古今茶道全書』板行される。（『茶道年表』） |
| 一六九四<br>元禄七 | ㊐松尾芭蕉「駿河路や花たちばなも茶のにほひ」の句を詠む。この年芭蕉没する（51）。<br>㊐加賀藩の『農隙所作村々寄帳』（元禄四～七・一六九一～一六九四）によれば百姓達が煎茶を作っている村々として能美郡（石川）に符津村、矢崎村、今江村、八幡村、若杉村などをあげている。<br>㊐菊木嘉保編『万宝全書』なる。当時の百科辞書で、巻六、七、八に茶器の記録がある。<br>(西)フランス、パリのある薬剤師は中国茶を一ポンド七〇フラン、日本茶を一五〇～二〇〇フランで売っていたという。日常の飲料としてあまりに高いため、この頃入ってきたコーヒーとココアとの競争に敗れたとみられる。（『茶の世界史』）<br>(西)ケンペル、『日本誌』を著わす。その中で茶、とくに中国茶の製造法について詳述する。 |
| 一六九五<br>元禄八 | ㊐遠藤元閑『茶之湯三伝集』を開板。珠光、紹鷗、利休に三伝した由来を記す。<br>㊐『和泉草』の著者、藤林宗源没する（88）。石州の高弟。他に『藻塩草』『品川物語』などの著がある。<br>㊐『本朝食鑑』この年に刊行されたともいう。（一六九二年の項参照）<br>㊐遠州（静岡県）相良の『西尾家文書』に「茶荷物大分出で申し候」で始まる船積訴訟状がある。 |
| 一六九六<br>元禄九 | ㊐宮崎安貞『農業全書』を板行。五穀以外に茶を四木（茶・楮・漆・桑）の筆頭にあげ、その栽培・製造について詳述する。また「都鄙、市中、田家、山中ともに少も園地となる所あらば、必多少によらず茶を種べし、左なくして妄りに茶に銭を費すは愚なる事なり。一度うゑ置ては幾年をへても |

## 江戸

| 年 | 記事 |
|---|---|
| | (日)枯失る物にあらず、富る人は慰となり、貧者は財を助る事多し」と記す。<br>(日)埼玉県三芳町の多福寺境内に同寺の開祖洞天和尚が茶の培養を始めたという。(『三富開発誌』―三富茶の起源)<br>(西)イギリス東インド会社がバンタムから二箱の茶一四三英斤の輸送を受けたという記事がある。この茶註文状には茶を"tey"と書いてあるという。 |
| 一六九七<br>元禄一〇 | (日)大阪の豪商、鴻池道億が『鴻池道具帳』をつくる。<br>(日)遠藤元閑『茶湯詳林大成』を板行。茶入、茶碗について記録する。<br>(日)一説に『本朝食鑑』板行されるという。(一六九二、一六九五年の項参照) |
| 一六九八<br>元禄一一 | (日)『茶湯故実奥儀鈔』五巻刊行される。茶事に関する故実を記す。 |
| 一六九九<br>元禄一二 | (日)裏千家の一世千宗室(仙叟)没する(76)。<br>(日)千宗旦の四天王の一人、藤村庸軒没する(87)。『茶話指月集』の著がある。<br>(日)貝原益軒『茶礼口訣』を板行。食礼、茶礼、書礼の秘事を口伝したもの。<br>(西)イギリス人牧師、ジョン・オビントン(John Ovington)がロンドンで"Essay upon the Nature & Qualities of Tea"を出版。 |
| 一七〇〇<br>元禄一三 | (日)久須美疎安の『茶話指月集』が開板される。<br>(日)立花実山の『壺中爐談』なる。茶湯の概論書。<br>(日)津軽藩(青森県)では、宮田村、紙漉町などの弘前城下に茶を植え付けさせたという。(大石貞男説) |
| 一七〇一<br>元禄一四 | (日)山田宗徧『利休茶道具図絵』なる。翌年刊行。 |

江戸

一七〇二 元禄一五

㊐遠藤元閑『古今茶湯大全』を板行。

㊐赤穂浪士大石良雄ら、吉良義央を討つ。山田宗徧は赤穂浪士に吉良邸茶会の事を暗に知らしめたといわれる。(『茶話百題』)

㊀イギリス東インド会社の買付注文によれば、「シングロ緑茶三分の二、インペリアル緑茶六分の一、ボヘア紅茶六分の一の割合で送るべし」とある。このころイギリスに於ては、緑茶の需要の多いことがわかる。陳椽の『茶業通史』にはボヘア紅茶は「七分の一」と記録している。

一七〇三 元禄一六

㊐津軽藩(青森県)に茶畑奉行を設ける。現在同県黒石市(北緯四〇度、東経一四〇度)の法眼寺に茶樹三株があるという。(『全国銘茶総覧』)

㊐元禄年間(一六八八～一七〇三)紀伊(和歌山)伊都郡学文路(カムロ)の大畑才蔵、農書『地方の聞書』を著わす。その中で「村は山畑や荒地、谷川のふち、山の端に空地が多くあり、そこにみかん、茶……などを植えるとよい」と記す。

㊐元禄年間、江戸への御用茶のうち御召上り茶は陸路、御次茶は清水港より海路江戸へ送られたという。

㊐元禄年間、肥後と日向の国境の番所役人が矢部(熊本県)および馬見原附近の茶を精製し、「青柳」と命名して藩主細川侯に献じたとの伝えがある。(『日本茶業発達史』)

一七〇四 宝永一

㊐俳人芭蕉の門下生、内藤丈草没する(43)。「鶯や茶の木畑の朝月夜」の句がある。

㊐井上茶全軒新七『当世茶之湯独瀆』六巻を版行。

一七〇五 宝永二

㊐千宗旦の四天王の一人で女流俳人の杉木普斎没する(78)。「茶の湯には客といふものなし、却って客は茶の湯のワヅラヒと古人も申され候……」と記す。(『普公茶書』)

一七〇七 宝永四

㊐加賀の人、土屋又三郎『耕稼春秋』を著わす。その中で「石川郡、河北郡には茶園多く持て仕立商

## 江戸

売する者はなし。江沼郡、能美郡悪茶多く作りて売買有」と記す。悪茶とは黒茶のこととする説がある。

㊐山城国湯船、奥山新田を開く時、煎茶栽培の記録がある。「……煎茶なる者下植に御座候ゆえ……」など。(『大智寺文書』)

**一七〇八　宝永五**

㊥(清、康熙四七)汪灝等『広群芳譜』を撰する。その中の「茶譜」に茶に関する諸家の説および詩文を集録する。

㊐南坊流の祖、立花実山没する(54)。『南方録』『壺中爐談』『岐路弁疑』の著がある。

㊐山田宗徧没する(82)。宗旦流の祖。

㊐貝原益軒『大和本草』を著わす。その中で茶の和名を「目サマシ草」と記す。その他中国と日本の茶の製法、品質の差を述べる。(益軒については一六九九、一七一三、一七一四年の項参照)

**一七〇九　宝永六**

㊐加賀の人、鹿野小四郎『農事遺書』を著わす。その中に「茗の木修理并に蒸様茶実植之事」の項がある。修理とは栽培管理のこと。

**一七一〇　宝永七**

㊐矢野了安、『茶道秘伝書』を著わす。

㊐伊勢茶が、元禄、宝永のころ(一六八八〜一七一〇年)「農間に香茶を製し、旺んに敦賀、羽後その他各地に販売された」。(『茶説集成』)(一八七四年の項参照)

(西)イギリスの文学雑誌『タトラー』に多くの茶の広告が載る。その中で「フワリ店の武夷茶」などという句がある。武夷茶をボヘアと称する。

**一七一一　正徳一**

㊐俳人芭蕉の門下、森川許六没する。「茶の花の香や冬枯の興聖寺」の句がある。

(西)イギリスの詩人アレクサンダー・ポープ(Alexander Pope)茶を讃える詩を詠む。当時イギリスでは茶のクラブが組織され、茶話会が流行した。のちの詩人J・アーディソン(Joseph Ardison)や

## 江戸

S・ジョンソン (Samuel Johnson) が茶を讃美する詩をうたっている。

### 一七一二 宝永二

㊐ 寺島良安『和漢三才図会』一〇五巻を著わす。その中に「茶野生あり、種生あり、種は子を用う」、「茶を採り候、太(ハナハ)だしく早ければ則ち味全からず、遅ければ、則ち神散ず、穀雨前五日を以て上となす。後の五日之に次ぐ、再五日又之に次ぐ」と記す。

(西) 三月、イギリス『スペクテイター (Spectator)』誌に「ある貴婦人の日記」として「あさ八時から十時まで。ベッドの中でチョコレートを二杯飲み、再び睡眠をとる。十時から十一時。バターをつけて一切れのパンを食べ、ボヘア茶を一杯 (a dish of Bohea tea)……」との記載がある。

(西) アメリカ、ボストンの薬種商ボイラートン (Zabdied Boylaton) が、紅茶と緑茶の広告をする。

(西) ケンペル『廻国奇観』(Amoenitatum Exoticarum) を出版。この中に写実的な茶の図がある。(一六九〇年の項参照)

### 一七一三 正徳三

㊐ 福岡藩の学者、貝原益軒の著『養生訓』完成。総論、飲食、飲酒、飲茶、慎色欲などの諸章がある。飲茶の章中に「抹茶は用ゐる時にのぞんでは、炒らず煮ず。故につよし。煎茶は用ゐる時に炒て煮る故やはらかなり」また「茶を煎ずる法は、よはき火にて炒り、つよき火にて煎す」と記す。

㊐ 隠岐宗沕没する。『茶祖珠光伝』をのこす。

(西) フランスのルノード (Eusèbe Renaudot)、『インドと中国の古代記事』を訳してパリで出版する。九世紀にアラビア人が中国を旅行したとき茶の飲み方を見聞した内容をふくんでいる。(一七三三年にロンドンでも出版されている)

### 一七一四 正徳四

㊐ 貝原益軒没する (85)。その著『筑前風土記』に「建仁寺の開山千光(栄西)入宋し帰朝のとき大宋国の茶実を持ち来りて、筑前国背振山に是をうふ、岩上茶と号する由、ふるき雑抄に見えたり」と記す。

㊐ 臨済宗大徳寺の僧怡渓宗悦没する (70)。『怡渓和尚茶談』の著がある。

| 江戸 | |
|---|---|
| 一七一五<br>正徳五 | ㊐ 丹波篠山（ササヤマ）藩の大沢組では村高の三五％が茶によって占められていたという。（『日本茶業発達史』）<br>㊐ 京都の儒者、藤井懶斎の『閑際筆記』刊行。その中に「茶は、本邦近世家々之を飲む。幼より壮に至り、壮より老に至るまで一日も欠くことなし……」と記す。<br>(西) この年オランダ東インド会社に対する本国からの茶の買付け注文は約六〜七万ポンド。うち、ボヘア（紅茶）は一万二〇〇〇〜一万四〇〇〇ポンドで、あとはすべて緑茶であった。 |
| 一七一六<br>享保一 | (西) オランダ東インド会社に対する本国からの茶の買付は一〇万ポンド。そのうちボヘアは約一万ポンドであとは緑茶という記録がある。（『茶の世界史』）<br>(西) ドイツ人医師ケンペル没する（65）。 |
| 一七一七<br>享保二 | (西) ロンドンのトムの（Tom's）コーヒー店を、ゴールデンライオン（Golden Lion）茶室と改名、当地第一の茶室を誇る。コーヒー店は主として男性が利用したが、茶室は婦人も歓迎されたので、多くの貴婦人達は盛んに茶室を利用した。（"All about Coffee"） |
| 一七一八<br>享保三 | ㊐ 大徳寺古渓和尚の『蒲庵稿』上梓される。巻末に古渓と利休の関係を記す。<br>㊐ 関竹泉『茶話真向翁』一巻を刊行。茶人の逸話などを集録する。<br>㊐ 薩摩国薩摩郡下東御村、桐原与市は茶園を作り製茶したという。 |
| 一七二〇<br>享保五 | ㊐ 駿府(静岡市)に徳右衛門、権右衛門、宗右衛門、勘右衛門、清助の五軒の茶問屋があったという。<br>(西) イギリス、ウォルポールが茶の関税を約二〇パーセント引き下げ、同国における茶の急速な普及に貢献したという。一説（『茶の世界史』）によれば一九二三年という。 |
| 一七二一<br>享保六 | (西) イギリスの茶の輸入量が一〇〇万ポンドを超える。イギリス東インド会社が茶輸入の権利をにぎり独占企業となる。 |

江戸

| 年 | 事項 |
|---|---|
| 一七二二 享保七 | ㊄スコットランドのラムジ（Allan Ramsay）、武夷茶をたたえる詩を詠む。 |
| | ㊥（清、康熙六一）古茶を売って兵餉に充当する。（『大清会典』） |
| 一七二三 享保八 | ㊐久保風後庵の『茶道望月集』四三巻刊行される。庸軒流の茶道を詳述する。 |
| 一七二四 享保九 | ㊐山科道安の『槐記』書き始められる。近衛家熙卿の茶事、茶会等を述べたもの。 |
| 一七二五 享保一〇 | ㊐大坂で結成された茶仲買仲間が取り扱った商品は、宇治田原茶、下市茶、丹波蔓茶、西丹波高仙寺茶、摂津茶、日向茶、土佐茶、伊勢茶、肥後茶、熊野茶、美濃茶などという。（『大阪市史』） |
| | ㊄イギリスで粗悪茶取締りに対する最初の法律ができる。 |
| 一七二六 享保一一 | ㊐茶道、久田家の四代宗全、近衛家熙の召しに応じて参候献茶する。（『槐記』） |
| 一七二七 享保一二 | ㊥（清、雍正五）ネルチンスク条約（一六八九年）による清国からロシアへ向けての製茶輸出が旺盛となり、この年一頭当り六〇〇斤（三〇〇キロ）の茶をのせたラクダ三〇〇頭におよぶキャラバンがシベリヤを通ったとされる。（後年敷設されたシベリヤ鉄道はこのルートを基幹としたという。） |
| | ㊐一樹庵道玄『茶教写実方鑑』を著わす。中国の喫茶資料。 |
| | ㊐三谷宗鎮『和漢茶誌』三巻刊行。漢文で書かれ、茶陶を儒者の目から見た精細な記録。（一七四一年の項参照） |
| | ㊄ケンペル著『日本誌』（"The history of Japan"）がロンドンで出版される。その中に日本における茶の状況を述べている。 |
| 一七二八 享保一三 | ㊥（清、雍正六）『紅楼夢』の作者曹雪芹（ソウセッキン）は少年時代、この年に父に伴われて北京に帰り以後不遇の時をおくったという。（『紅楼夢』第四一回中に宝玉、黛玉、宝釵の三主人公が櫳翠庵で茶を飲む情況が描写されている。「古い梅花雪水で君山の老君眉という名茶をいれた」など。） |

江戸

一七三〇 享保一五
㊐秋田藩の多賀谷峰経、京都宇治より茶種子をもたらし、能代市近くの檜山に茶園を開くという。北緯約四〇度、茶園としては北限の記録とされる。
㊄イギリス、スコットランドの医師トーマス・ショート（Thomas Short）博士は『ティに関する論攷』（Dissertation on Tea）中で、「茶は人を憂うつ症、その他多くの不快症にさせる有害飲料である」と述べている。

一七三一 享保一六
㊐近松茂矩『茶湯古事談』なる。（『茶道年表』）
㊖インドネシア、オランダ東インド会社の手で中国より大量の茶種子を導入し、ジャワ及び、スマトラに分別して試植する。陳椽の説によれば、この試植は失敗したが後年成功したという。

一七三二 享保一七
㊐このころ京都の人とされる三宅也来『万金産業袋（バンキンスギワイブクロ）』を著わす。その中に「挽茶並煎茶」の項があり、諸国の名茶、茶の製法、その商品価値等について詳述する。

一七三三 享保一八
㊐『茶道旧聞抄』の著者、藤村正員没する（84）。

一七三四 享保一九
㊄オランダの茶輸入量約四〇二トンという。

一七三五 享保二〇
㊥（清、雍正一三）陸延燦『続茶経』を撰する。『茶経』の項にならい、各項につき先人諸家の説を集録したもの。
㊐売茶翁こと柴山元昭、六十一歳の時、京の東山に通仙亭という茶店を設ける。（『売茶翁年譜』）（売茶翁については一七六三年の項参照）
㊄ロシアが支那から陸路茶の輸入を始める。（『茶業通史』）

一七三六 元文一
㊥（清、乾隆一）乾隆皇帝即位する。治世中江南の茶産地を訪れること多く、浙江省の竜井（ロンジン）の茶を見て『釆茶を観て作る歌』などの詩をのこす。これ以後竜井茶が清朝の上流社会に流行するという。（『茶

江戸

| | |
|---|---|
| | 経評釈』）<br>㊐表千家六世千宗左（原叟）没する（53）。大阪の豪商鴻池道億没する（82）。<br>㊐近衛予楽院家熙没する（70）。茶会記『槐記』で知られる。<br>㊐吉野郡（奈良）北山荘では青茶を作っていた。（『大和志』） |
| 一七三七 元文二 | ㊐妙心寺第二十五世住持大林宗休の語録『見桃録』版行。茶禅一味を説く。 |
| 一七三八 元文三 | ㊐山城国湯屋ヶ谷村の永谷宗七郎（宗円）精良の煎茶を創製する。湯蒸し茶であろうとされる。（一説によれば一七四二年ともいう。）また、一説によればこの茶を「宇治玉露」「宇治製煎茶」「永谷式煎茶」「湯屋谷製煎茶」「田原郷製」と称したという。 |
| 一七三九 元文四 | ㊐泉州堺の茶人、谷忍斎『谷忍斎茶書』二一巻を編する。 |
| 一七四〇 元文五 | ㊐渡辺立庵『石州流鎮信派茶湯見聞書』を著わす。<br>㊐元文年間（一七三六〜一七四〇年）「此の時代は鍋焙、唐製茶のみにて急須、土瓶に煎じて用ゆる品は挽茶の真葉、茎等なり。町家に服すること稀なり」。（『永谷家旧記』） |
| 一七四一 寛保一 | ㊐表千家千宗左（如心斎・天然）裏千家千宗室（一燈）川上不白ら七事式を制定。（『茶道年表』）<br>㊐『和漢茶誌』の著者、三谷宗鎮（良朴）没する（77）。（一七二七年の項参照） |
| 一七四二 寛保二 | ㊐遠藤元閑『茶湯六宗匠伝記』を刊行。珠光、引拙、紹鷗、利休、織部、遠州の六宗匠の伝を記す。<br>㊐売茶翁高遊外、山城国湯屋ヶ谷に永谷宗円をたずね、自園の新茶を賞味し、「美麗清香の極品、何ぞ天下に比するものあらんや」と激賞したという。（『京都府茶業史』）（一七三八年の項参照）<br>㊐美濃国白川の茶が新潟へ売られたとの記録がある。（『岐阜県資料』） |

## 江戸

| 年 | 事項 |
|---|---|
| 一七四三 寛保三 | ㊐陶工、尾形乾山没する(81)。<br>㊐清水柳渓編著『茶道五度之書』なる。<br>㊐『阿波国那賀郡請ノ谷村上毛帖』に阿波番茶の記述がある。阿波番茶最古の記録という。(『阿波の茶』『相生町誌』)<br>㊐山城国の『白栖村明細帳』に「煎茶第一仕り、但し一ケ年に三百本程売出し候。一本に付六十七匁にて値段仕り候」などとの記載がある。 |
| 一七四四 延享一 | (西)イギリス、スコットランドのフォーブス(Forbes)卿、「茶は食事にはとりわけ不必要なものであり、高価で時間の浪費になるばかりか、人びとを柔弱にする」と非難。(『茶の世界史』) |
| 一七四五 延享二 | ㊐藪内流五世竹心紹智没する(68)。『源流茶話』『茶道露の海』などを著わす。<br>(西)イギリス下院に於て、茶の密輸入の弊害を研究する委員会が設けられる。<br>(西)この年イギリスで出版されたツェドレイ(Zedlei)の辞典に茶の綴りを"Tea"或は"Tee"とし、発音は"Tiy"としている。なお十七世紀の中葉以前の出版物に"Tea"の字はバイブルをはじめ、シェイクスピアの文章などにも見当らないという。(『栽茶与製茶』) |
| 一七四六 延享三 | ㊐松平乗邑没する(61)。『名物記』(三巻)を著わす。 |
| 一七四七 延享四 | ㊐儒者、経済学者、太宰春台没する(68)。その著『独語』に「今の茶人は旧(フル)き茶碗の汚穢不浄なるを用ふ。けがらわしさ云ふばかりなし。……次に茶碗の袋をこひ見、次に茶入を見、次に茶杓をみる。みるべき程の珍器にあらざれども請い見るを礼とす。……諂(ヘツライ)の至りというべし。……」などと「人のもてあそぶ茶の道」を批判する。 |
| 一七四八 寛延一 | ㊐堀内仙鶴没する(74)。『忘草』『寄南篇』の著がある。<br>㊐高遊外『梅山種茶譜略』を板行。その中で茶の伝来について「第一背振山、第二栂尾、第三聖福寺 |

## 江戸

ならん」と記す。（一七六三年の項参照）

（西）イングランドでメソジスト教会を創設したジョン・ウェズレー（John Wesley）、十二月十日付の「ティに関する友への手紙」の中で、「中風の症状が起って、とくに朝食のあとでは手が震えて困ったことがある。そのとき朝食にとっていたティをやめてみたところ、不思議なことに震えが起らなくなった」と書く。（"A letter to a friend concerning Tea"）

（西）この年ニューヨークを訪れた一旅行者の日記に「この町には良い水がない。けれども少し離れた所に良い水の出る非常に大きな泉があって、住民は茶に使うために、この水を汲みに行く」との記載がある。（雑誌『茶』通巻第四五号）

**一七四九 寛延二**

（日）坂本周斎没する（84）。『茶道惑解』『閑事庵宗信日記』の著がある。

（日）『盛岡砂子』（南部叢書巻一）の「茶畑」という項に「此地（岩手県）往古信直公茶を植えさせられし所や、寛延二年（一七四九）公之御遠忌の時大工丁浄林という者願書に云」と記す。

（西）ロンドンをアイルランドとアメリカに茶を再輸出するためのフリーポート（自由港）とする。

**一七五〇 寛延三**

（西）ロンドンでショート（Thomas Short）『茶・砂糖・牛乳・酒と煙草』を出版。

**一七五一 宝暦一**

（中）（清、乾隆一六）帝、浙江省の竜井に巡幸する。その折竜井の茶を見て『採茶を観て作る歌』を詠む。（『中国的名茶』）（一七三六年の項参照）

（日）表千家中興の祖とよばれる千宗左（如心斎・天然）没する（46）。

**一七五二 宝暦二**

（日）土佐藩、国産方役所を設置し、茶の生産を藩の統制下におく。（『土佐藩茶業史』）

（日）駿府の的場源七郎、江戸に茶を上納し、御用煎茶師と呼ばれたという。

**一七五三 宝暦三**

（西）スウェーデンの植物学者リンネ（Carl von Linné）が彼の著"Species Plantarum"で茶をティーシネンシス（Thea sinensis）とカメリヤ（Camellia）の二つに分類する。（一七六二年の項参照）

江戸

なおリンネは一七六二年にこの分類を訂正したが、現在では多くの学者は最初にあたえたこの学名“Thea sinensis (L) Sims”を採用している。

一七五五 宝暦五

㊐川上宗雪（不白）江戸に下り、江戸千家不白流を開く。（『茶道史年表』）

一七五六 宝暦六

㊐大森杖信没する（88）。『茶道葎集』の著がある。

㊐大枝流芳『青湾茶話（煎茶仕用集）』を著わす。

㊐一六八一年より江戸城への御用茶を請けていた駿州鷲久保の内七ケ村の煎茶上納が差し止めとなる。（『青湾茶話』）

㊒イギリス、ロンドンの商人で慈善家であるジョナス・ハンウェイ（Jonas Hanway）は『八日間の旅行記』の中で「茶は健康に有害で、工業の発展を妨げ、国民を貧困におとしいれる」と記す。また『茶論』という論文中でも飲茶の習慣に反対している。

一七五七 宝暦七

㊥（清、乾隆二二）清朝は広東を外国貿易の唯一の窓口とし、以後茶の貿易は広東港を通じて行なうこととする。（『広東実業調査概略』）

㊐池田貞記、都城（現在の宮崎県）に茶園を作り、宇治の茶にならって製茶し、桃園天皇に献上したと伝える。（『宮崎県茶業史』）

㊒イギリスのジョナス・ハンウェイの旅行記や、論文に対してサミュエル・ジョンソン博士（Dr. Samuel Johnson）は『リテラリー・マガジン』誌で、痛烈な反駁文を書く。彼は「自分の茶釜は殆んど冷える暇はなく、晩も茶で楽しみ、真夜中も茶で慰み、朝も茶で醒める」という程で、学者茶人として著名である。

㊒ニューヨークで茶に使う泉の水の行商人がふえたので同市会は「ニューヨーク市茶水販売人取締規則」を制定する。（一七四八年の項参照）

## 江戸

**一七五八 宝暦八**

㊐京の書肆、佐々木惣四郎、辻本仁兵衛『茶経』二冊を上梓し、之に茶具図賛、茶経伝、茶経外集、水弁、茶譜、茶譜外集を附刻する。

**一七五九 宝暦九**

㊐美濃国、牛洞（現在の大野町）役所代官が深根村（谷汲村）名主伊右衛門に江戸幕府御用番茶を申し付け、御茶様として江戸に送られる。（『岐阜県資料』）

**一七六〇 宝暦一〇**

㊐南秀女の『茶事談』二冊刊行される。茶史、茶人伝、茶道家系図。

(西)イギリスの中国からの茶の輸入増大する。総輸入額（東インド会社を通じ）の約四〇％、数量約六二〇万ポンドに達し、輸入額首位をしめる。（K. N. Chaudhuri, The Trading World of Asia and the English East India Company, 1660-1760; 1978, Appendix 5)

**一七六二 宝暦一二**

㊥（清、乾隆二七）汪孟鋗『竜井見聞録』を著わす。竜井茶について詳述している。

(西)スウェーデンのリンネが一七五三年に発表した茶の分類中、ティーシネンシスの名称を取消し、紅茶をティーボヘア（Thea bohea）、緑茶をティービリディス（Thea viridis）と訂正する。

(西)リンネ、スウェーデン、ストックホルムの北約八〇キロのウプサラ（Uppsala）に欧州で最初の茶園を造る。

**一七六三 宝暦一三**

㊐高遊外（売茶翁と号す）没する。本邦煎茶道の始祖といわれる。もと黄檗派の禅僧で、京摂の間に遊び、葛巾野服、自ら茶具を荷い、席を設けて客を待つ、洛下の雅士、その風俗を悦び……などと云われている。また彼は筑前国背振の茶を述べて「今に至って茶を多く産するが、京から遠いため製茶の方がうまく行なわれず茶の仕上りが良くない」などと記している。『梅山種茶譜略』の著がある。

㊐平賀源内『物類品隲』を著わす。その中で「茗一名茶、漢土より種を伝るの説、大和本草に詳なり。按ずるに伊豆深山中自然生のもの多し、最古より本邦此の種あれど人是を知ず、故に漢土より種を

江戸

| | |
|---|---|
| | 西 伝ると見えたり」と記す。<br>西 イギリスのアレキサンダー・カーライル（Alexander Carlyle）博士、ハロウゲイトにおける最新流行の生活様式を叙述した『自叙伝』の中で「御婦人たちはアフタヌーン・ティとコーヒーを飲んでいた」と記している。 |
| 一七六四 明和一 | 日 清隠斎常通『茶席墨宝祖伝考』刊行。茶席の墨蹟に用いられる和漢諸禅師の略伝を記したもの。<br>日 木村蒹葭堂が中心となり『煎茶訣』刊行される。<br>日 美濃国、揖斐郡の西山筋村の明細帳に茶用の炭がまのことを記す。（『美濃茶の栽培と加工』） |
| 一七六五 明和二 | 中 （清、乾隆三〇）趙学敏『本草綱目拾遺』を著わし、名茶の医薬的効果についてふれる。<br>日 大阪の青木宗鳳没する(75)。『古今茶語』『服紗考』『伏見鑑』註釈書『喫茶南坊録』などの著がある。 |
| 一七六六 明和三 | 中 （清、乾隆三一）船主から漕運米を倉庫に納める料金を茶果の名目で徴することを議准する。これを茶果銀という。（『清会典』事例、戸部、漕運、庁倉茶課） |
| | 西 イギリス船による、イギリスの茶輸入数量が約六〇〇万ポンドとなり、他に密輸が約五〇〇万ポンド見込まれるので、このころイギリスに於ては一人当り年平均一・五ポンドの消費量と推計される。（ただし約一〇％はアメリカ等へ再輸出されているので、その分差し引く必要がある。） |
| 一七六七 明和四 | 西 イギリス、中国茶輸入量の増大による決済資金銀の不足により、財政危機に陥り、茶輸入の見返り品としてアヘンを使用。この年中国のアヘン輸入一〇〇〇箱（チェスト）とされる。 |
| 一七六八 明和五 | 中 （清、乾隆三三）「夏大いに旱す。民、荷地を掘って巨石を得たり。……（文学）の文字あり」。（『天門県志』）「陸子泉、湖北天門県城の西北隅にあり、一名陸羽茶泉。一名文学泉。……唐の陸羽、此の泉を得て以て茶を試む。故に名づく」。（『清一統志』）<br>日 堀兼村（現在の埼玉県狭山市堀兼）の『明細帳』に「茶・桑少し御座候共御年貢者納不申候」との |

## 江戸

| | |
|---|---|
| | 記載がある。 |
| 一七七〇 明和七 | ㊐出雲藩主松平不昧『贅言』を著わす。茶道論。<br>㊐永井堂亀友『風流茶人気質』五巻を著わす。 |
| 一七七一 明和八 | ㊐裏千家千宗室（一燈）没する（53）。<br>㊐華洛北山隠士珍阿の著『茶道早合点』上板される。茶道入門書。<br>㊐俳人、太祇没する。「屋根低き声のこもるや茶摘唄」の句をのこす。<br>(西)イギリス、エディンバラで発刊された百科辞典『ブリタニカ』の初版、「茶」（ティ）の項目に、「茶を扱う商人は、茶の色、香味、葉の大きさのちがいによって、夥しい茶の種類を区別している。一般的には、普通の緑茶、良質の緑茶およびボヘアの三種類で、他の種類もすべてこの三種に分類することができるであろう」とある。（角山栄訳文） |
| 一七七二 安永一 | ㊐小倉藩の求菩提山（クボテサン）の絵図が刊行される。その図によると八合目大日窟などの下から山麓にかけ広範囲に茶畑がある。（一五六三、一六〇一年の項参照）<br>(西)イギリスのレットソン博士（J. C. Lettsom）、『茶の博物学』（The natural history of the tea-tree）を著わす。イギリスの医者で最初の茶研究者である。その中で「茶は砂漠的原野を旅する者にとって想像以上に旅の疲労を癒やしてくれる」などと述べる。 |
| 一七七三 安永二 | (西)イギリス本国、アメリカ植民地の自主的な動きに対し弾圧的諸法令を公布。その中で東インド会社に茶の専売と課税取立てを定める。これに対しボストンの反英急進派は港内に停泊中の東インド会社の船を襲い課税反対を叫んで積荷の茶箱を海中に投棄する。（アメリカ独立革命の導火線となる） |
| 一七七四 安永三 | ㊐大典禅師『茶経詳説』上下二冊を著わす。<br>㊐石川流茶人荒井一掌『名物釜記』を著わす。 |

## 江戸

(西) イギリスのジョン・ワダーム（John Wadham）、製茶機の考案につき特許を得る。

**一七七五 安永四**

(中)（清、乾隆四〇）このころ、嵇璜等『清朝通典』を撰する。茶法について記す。

(日) 越谷吾山（コシガヤゴザン）、『物類称呼』を刊行する。方言の辞書で、その巻之四に茶釜を説明して「関西にては、はがまの小なるものにて茶を煎じて、茶がまといふ」との記載がある。

(西) リンネ（一七五三年の項参照）の弟子、スウェーデン人のツンベルグ（Carl Peter Thunberg）がオランダ東インド会社から日本に派遣される。滞日一年で帰国したが、のち『日本植物誌』を出版する。（一七八四年の項参照）

**一七七六 安永五**

(中)（清、乾隆四一）四川省の茶禁を弛める。（『模範最新世界年表』）

(日) 和訓栞の著者、谷川士清（コトスガ）没する（68）。その著『鋸屑譚』に「上古大内に挽茶の節会あり、其の儀麗也。葉上僧正入唐のとき重ねて茶礼を得たり。栂尾明恵上人これを翫ぶ。ゆゑに茶は栂尾を本とすといふ。宋人の茶詩に曰ふ。幸に梅山の信を得て、初めて日本茶を嘗む……」と記す。

(西) スウェーデンの植物学者ツンベルグ、その『日本紀行』の中で「サケは贅沢の飲料である。ただ渇を癒すためには茶を飲むだけである。従って個人の家又は旅宿にいつも釜一杯の湯が沸かしてある」また「茶の樹は日本では自然に生える。特に耕作地の境や、耕作された山の上、丘の上に沢山見ることができる。この樹の植えられる山や丘は他の有益な植物の栽培には適しない土地である」などと述べている。また『日本植物誌』『日本植物図譜』の著がある。日本の近代植物学はこの両書に始まるとされる。

**一七七八 安永七**

(日) 近松茂矩没する（84）。『茶湯古事談』『茶窓閒話』の著がある。（一七三一、一八〇四年の項参照）

(西) イギリス東インド会社、中国から茶種子を購入、カルカッタへ運ぶ。

(西) イギリスのジョゼフ・バンクス卿、東インド会社に「インドに於ける茶樹栽培」について提言する。その中で茶樹の栽培にインドではブータンに近い北方の山岳地方が適していると述べる。

## 江戸

| 年 | 事項 |
|---|---|
| 一七八〇<br>安永九 | (日) 山岡俊明没する。『類聚名物考』を編する。その中で「茶は洛東の建仁寺の開山千光国師宋朝に渡りて、好茶の種を携え来たり、後に栂尾の明恵上人にあたえられしを栂尾に始めて植えたり」と記す。<br>(日) 秋里湘夕選の『都名所図会』上梓される。その中に「都の巽、宇治の里は茶の名産にして高貴の調進来毎の例ありて……」とし、茶摘の鮮明な絵図を載せる。<br>(西) イギリス東インド会社、インドに大規模のエステート茶園の設立を計画。 |
| 一七八一<br>天明一 | (中) (清、乾隆四六) このころ袁枚『随園食卓』を著わす。「好茶を治めんと欲すれば先ず好水を蔵すべし」などと記す。 |
| 一七八四<br>天明四 | (日) 遠州(静岡県)小笠郡の須久茂田原の吉岡村だけで茶の産出量一〇〇〇貫、二四両にのぼるという。(『風土記書上帳』)<br>(西) イギリスに於て、茶の輸入税、消費税の税率が百磅につき従価税二七磅一〇志に低下する。(Commutation Act 帰正法) これにより輸入を増加し、需給も増加したという。("Staunton" 及び "Martin" China)<br>(西) ツンベルグ(一七七五年の項参照)『日本植物誌』を刊行。この中で茶樹についてはリンネに従って Thea bohea と分類した。<br>(西) オランダの茶輸入量一五九〇トンという。 |
| 一七八五<br>天明五 | (西) エンプレス・オブ・チャイナ(Empress of China)号が、支那から茶を積んでニューヨークに入港する。支那茶がアメリカに直接入荷した最初である。 |
| 一七八六<br>天明六 | (日) このころ橋本経亮の『橘窓自語』なる。その中に「ある人、三、四人あつまり賀茂川のほとりにて、茶を煮てあそぶとて、ここかしこの名水を瓶にたくはへ、おのおのもちて茶を煎てこころみたりし |

## 江戸

| 年 | 事項 |
|---|---|
| | に、第一賀茂川水よろしと。もつともさるべき事なるうへほかの水どもは、瓶にたくはへてもちきたりしなれば死水なり」と記す。<br>(日) 河田直道『茶道論』を著わす。 |
| 一七八七 天明七 | (日) 松平不昧『茶事覚書』板行。 |
| 一七八八 天明八 | (日) 蘭画家司馬江漢、長崎に向う途中嬉野茶（現在の佐賀県嬉野町地方一帯に産する茶）を喫してその味「甚だよし」と賞する。<br>(日) 筑後国八女に江戸、大阪より御用茶として新茶の納入依頼がある。（『福岡の八女茶』）<br>(日) 「越中（富山県）沼保村善六、泊町小沢屋甚蔵の名代として茶売買のため若狭国（福井県）小浜中西町樽屋徳右ヱ門方に六月二十八日参着」との記載がある。（富山県朝日町長願寺の『文書』）<br>(東) インド、中国より茶種子を輸入し、茶を試植したが成功しなかった。（『茶作学』） |
| 一七八九 寛政一 | (日) 越中の宮本正運『私家農業談』を著わす。その中で「当国の富山近郊に安養坊というところあり、この地帯に茶が適するというので、富山藩主前田正甫（マサトモ）様の命によって茶が植えられた。現在その地の禅寺で製茶が行なわれ〈人丸〉と名づけられ、人々に賞味され、当地方の銘茶とされている」と記す。 |
| 一七九二 寛政四 | (日) 三河国、春日井郡篠木庄内津村（今の愛知県春日井市坂下町）の古文書（見性寺蔵）に「当村之物産ト申候而ハ煎茶仕出シ申候」との記載がある。（『愛知県の茶業』）<br>(西) イギリス政府、茶の使節として清国にマカートニ（Macartney）卿を特派するが、これは茶の輸入を確実にしたいという希望および中国の茶の栽培製造の情報を集める目的から行なわれたという。（“Staunton” のマカートニ卿支那奉使記） |

江戸

| | |
|---|---|
| 一七九三 寛政五 | ㊥（清、乾隆五八）帝より、イギリス国王ジョージ三世の貿易港増大の要請にたいし「中国は産物が豊富で、国内にないものはない。ただ中国に産する、茶、陶磁器、絹などは、西洋各国の必需品であるから、広東に於て貿易をゆるし、必需品を与えているわけである」と返書している。<br>㊐松平不昧、京都の孤篷庵を再建する。（『茶の美術』）<br>㊐美濃国六の井（現在の池田町）の五十川次郎が山城国宇治の里より佐助という茶師をたのみ釜炒りの秘法、仕上の焙じ方を習い、宇治茶に劣らぬ香気の高い、甘味ある茶（煎茶）を製造したという。（『岐阜県資料』） |
| 一七九四 寛政六 | ㊐上田秋成の『清風瑣言』二巻刊行される。煎茶書としては代表的なものとされる。その中に茶の製法などを記すほか「丹波の草山、香泉寺、播磨の鹿谷、日向茶の類は常食の品にて、文雅の友にあらず」などと記す。また「今も辺土の風俗に茶葉を舂（ウス）に搗、或は揉砕きなどし烹て茶筅を用て点服す。是を泡茶ともふり茶とも呼は、上世の遺風なるべし」との記載もある。 |
| 一七九五 寛政七 | ㊄イギリスのエニーズ・アンダーソン（Aeneas Anderson）、ロンドンで『一七九二〜九四年に於ける駐支使節の物語』（A Narrative of the British Embassy to China in the years 1792, 1793 and 1794）を刊行。茶の若干の記録がある。支那の特殊な用語として、Tchau＝Tea などの記載がある。 |
| 一七九六 寛政八 | ㊐鈴木政通『茶人系譜』を板行。茶人の系譜について記す、完備されたものとされる。<br>㊐菅江真澄の『遊覧記』に、青森県の館岡で「老婆が山茶（ここではトリアシショウマ）を炒って茶かごに入れそれを茶なべに入れてよくふり出し、はじめの茶をくみとって、天目茶碗に布をしき、茶せんに塩をつけて点てて『もくだ』をどうぞといって朝茶をすすめた」との記載がある。<br>㊄この年に没したポルトガルの植物学者ロウレイロ（Joao Loureiro）は茶樹に広東変種があると発表した。これは皐芦（コウロ）種の順化した一変種とされている。（"var. Cantonesis Lour"） |

| | 江戸 |
|---|---|
| 一七九七 寛政九 | ㊥ (清、嘉慶二) 文人袁枚(エンバイ)没する (80)。『随園食卓』の著がある。その中で茶の飲み方について「茶碗は小さいこと胡桃の大きさ、急須はレモンの実ほどの大きさがよい。良い茶は一ぺんに飲むのではなく、先ずその香りをかぎ、次いでその味をなめ、徐々にかみくだくようにして啜るがよい」などと記す。<br>㊐ 松平不昧『古今名物類聚』を板行。茶入茶碗等、茶器名物についての記録がある。 |
| 一七九八 寛政一〇 | (西) オランダ東インド会社経営不振のため解散。松井透(『世界大百科辞典』)の説では一七九九年。 |
| 一八〇〇 寛政一二 | ㊥ (清、嘉慶五) 葉雋永之『煎茶訣』を著わす。<br>㊥ このころ、陳元輔『枕山楼茶略』一巻を著わす。<br>㊐ 寛政年間(一七八九～一八〇〇)、武蔵の国入間地方に於て村野盛政、吉川温恭(ヨシズミ)の両名が工夫して本格的な製茶に取り組み、江戸の問屋とも手を結び狭山茶をひろめたという。(『重闢茶場碑記』『狭山茶業史』) なお吉川温恭の製茶業の創業は享和二年(一八〇二)という。 |
| 一八〇一 享和一 | ㊐ 一両庵主人『茶湯独稽古』板行。 |
| 一八〇二 享和二 | ㊐ 江戸料亭「八百善」創業。創業者、『料理通大全』を著わす。その中に「茶事会席料理心得」として「茶事の会席は曽て料理にあらず、依って庖丁の華美を好まず、食するものの味いを本意とする。……」と唱う。<br>(西) イギリスで創刊された『エディンバラ・レヴュー』の最初の編集者シドニー・スミス、「ティを与え賜うた神に感謝を捧げる。ティのない世界なんて考えたくもない」と記す。(『茶の世界史』) |
| 一八〇三 享和三 | ㊐ 関竹泉『茶話真向翁』を刊行。茶人の逸話等を記す。八之上に「貰ふてきよったさとう漬けじゃ。茶の子(茶うけ)にひとつやらっしゃれ」との記載がある。 |

| 江戸 | |
|---|---|
| 一八〇四 文化一 | ㊐荒井一掌没する（78）。（一七七四年の項参照）<br>㊐近松茂矩の『茶窓閒話』三巻刊行される。<br>㊇ロシア人、クルゼンシュテルン（Ivan Eyodorovich Kruzenshtern）の『日本紀行』の中に「支那の寧波（Ningpo）より毎年長崎に来て交易を許されている十二隻の船の、積荷の主なものは、砂糖、象牙、錫、鉛、絹織物および茶である。……我等が長崎を発つとき日本人は支那茶と日本茶とを撰びとらせたが、日本茶は支那の茶よりも遙かに劣っていた」と記す。 |
| 一八〇五 文化二 | ㊐三河国八幡（今の知立市八幡町）の無住の在原寺に方厳売茶翁が入り、寺の再興につくす。方厳は煎茶道の高遊外売茶翁の流れをつぎ売茶二世、三河売茶翁と称された。（『愛知県の茶業』） |
| 一八〇六 文化三 | ㊐『筑紫紀行』に「不動山（現在の佐賀県嬉野町）を四、五丁登れば、唐茶を売る家立ち並べり」また「此の地の名産とて煎茶の葉を売る店多し」と記す。<br>㊇ロシア人、クルゼンシュテルン（一八〇四年の項参照）は広東で、「支那の緑茶をロシアに輸入することはロシア帝国の貧困な国民にとって一つの恩恵になるであろう。ロシア人がいかに茶に親しみうるか、この目で確かめた」などと記す。（『日本紀行』） |
| 一八〇七 文化四 | ㊐このころ土佐（高知県）で『南路志』刊行される。この中で碁石茶を土佐の三大銘茶としてあげている。<br>㊇中国茶の研究家シムズ（J. Sims）、茶樹を Thea sinensis Sims と命名する。 |
| 一八〇八 文化五 | ㊐上田秋成『茶神物語』を著わす。<br>㊐月斎峨眉山人『茶湯早指南』板行。 |
| 一八〇九 文化六 | ㊐速水宗達没する（或は文化四年没ともいう）（70）。『茶理譚』『茶則』『点茶諸説』『茶の湯口訣』『茶露堂』『茶道記』等の著者。 |

## 江戸

㊐上田秋成没する（76）。

**一八一〇 文化七**

㊐川上不白の覚書、稲垣休叟傍註の『茶道筌蹄』五巻が編集される。茶事の起源、茶湯一般などを記す。（一八一四年に刊行）

㊐オランダ人、ズーフ（Hendrik Doeff）の『江戸参府紀行』に「将軍に拝謁に行くとき、二人の従僕が茶弁当、すなわち茶道具を入れた櫃をもって従い、その中にはいつも沸いた湯がある。朝、甚だ粗悪な茶を一握り大鉄鍋に入れ、終日煮るために、清涼飲料というよりむしろ薬用に近く、飲むに堪えない」と記す。なおこの茶弁当は諸侯以外一般人にはその携行を許されなかったという。

**一八一一 文化八**

㊐松平不昧『瀬戸陶器濫觴』を板行する。

㊐太田真三次、その著『唐流煎茶手前』に「煎茶の起源は、元文戊午の年（一七三八）永谷宗円初めて製出し、当時是を青茶と称した。しかし是を世の中に弘めた人は、肥前の国、柴山元昭という人で、此の人は有名な売茶翁のことである」と記す。

㊐速水宗達『茶旨略』を板行。茶史、茶説書。

**一八一二 文化九**

㊐桑原藤泰『大井河源紀行』を著わす。その中に「小楢安という所の焼畠（静岡県志太郡本川根村）「焼畠へ行く娘が茶を煎じて飲ませてくれた」との記述がある。

㊐狭山（埼玉県）の茶戸五四に至り、焙炉の数二〇〇を超えたという。（『狭山茶業史』）

**一八一三 文化一〇**

㊐江戸に茶の流通を統制するための二〇軒からなる茶株仲間（消費地茶問屋組合）が成立する。これに対し駿州遠州の茶集散地にも商人による茶仲問（生産地茶問屋）が成立する。

㊐木崎得玄『茶話それぞれ草』を板行。茶道の弊風を批判する。

**一八一四 文化一一**

㊐修験者、野田泉光院の『日本九峰修行日記』三月十三日の条に「或家に御免と云ひ立寄り、茶一服と望む。外に商人も立寄る。主人と見へて寝ながら言ふ様、狼藉者、茶は沢山くらい不届きなるや

## 江戸

つと云ふ。三人共、耳に入らぬ体にて出る。……一礼述べて立つ所へ娘立出で、茶代遣はしと云ふて銘々より三文宛取る。在方にて茶呑むこと今迄三年の間に一軒も茶代を取りたることなし。……」と記す。通りすがりの旅人がふつうの場合は「御免」といって茶一服を飲み得た様子が知られる。また四月十一日の条に「石州雲州両国は煎茶を筌にて泡を立て呑む」と記す。

(西) ロシア、クリミヤ半島において茶の栽培を試みるが失敗するという。("Tea-Trends Prospects")

**一八一五 文化一二**

(日) 小田与清の文化一二年頃より弘化二、三年にかけての筆録『松尾筆記』に「茶の和名は目さまし草といひて日重上人聞書に目さましくさといふは茶の事なり」と記す。

(西) イギリス、レーター(Latter)陸軍大佐、アッサムのシングロ(Singlo)で野生茶樹を発見したという。ただしその報告には若干疑義ありとされた。("All about Tea")

(西) イギリス、ウェズレー(Wesley)『茶に関する友への手紙』(A letter to a friend concerning Tea)を著わす。

**一八一六 文化一三**

(日) この年の跋ある、黙々斎主人の『茶道筌蹄』刊行される。

(西) イギリス人ガードナー(Hon Edward Gardner)がネパール(Nepal)のカトマンズ(Katmandu)で野生茶樹を発見したという。これもその報告には若干の疑義をもたれた。("All about Tea")

**一八一七 文化一四**

(日)『日本九峰修行日記』四月三日の条に「当国(下総)にては食前に茶請とて、栗などの交りたる赤飯の類を銘々盆に入れて出し、茶を呑み直ちに朝飯」と記す。

(日) 加賀藩では文化年間(一八〇四～一八一七)に毎年国外に売出したものは、米、絹、木綿など一万五千貫、国外から買入れたもの(移入)は綿、呉服、茶、材木など一万二千貫という。(『日本経済史概説』)

**一八一八 文政一**

(日) 松平不昧治郷没する(68)。名物茶器の収蔵多く、また『古今名物類聚』(一七九七年の項参照)

江戸

『瀬戸陶器濫觴』（一八一一年の項参照）の著がある。晩年の述作になる『茶礎』の中に「茶の湯は稲葉に置ける朝露のごとく、枯野に咲けるなでしこのやうにありたく候。……客の心になりて亭主せよ、亭主の心になりて客いたせ。……諸流皆我が流にて、……」と記す。また不昧、出雲の大原郡の庄屋をたずねた折「ボテボテ茶」を飲み「この茶おもしろし……」といい、飢饉（キキン）の折に、米を食いのばすには適当であると、その生産を奨励したと伝える。

(西) イギリスの植物学者スウィート（Robert Sweet）、チャとツバキは同一属にすべきだと提唱する。その後この説を支持するものは多い。

## 一八一九　文政二

㊥（清、嘉慶二四）厦門洋船の茶葉販運を禁じる。

㊐ 表千家の茶人、稲垣休叟没する（49）。『茶祖的伝』『松風雑話』『竹浪庵茶会記』などの著がある。

㊐ 阿波藩主蜂須賀侯の時、重税に耐えかねて百姓一揆が起こり、現在の阿波町伊沢主馬之助がその窮状をみて、茶の栽培を奨励した記録があるという。（『相生町における茶業』）

㊐ 狭山（埼玉県）の吉川忠八（温恭）より村野盛政にあてた『文書』に江戸諸国問屋連名で「狭山土産之宇治製茶之儀云々」「近年共御地において煎茶出来仕追々御当地差出云々」とある。

## 一八二〇　文政三

㊥（清、嘉慶二五）イギリスよりのアヘン輸入量四〇〇〇箱に達する。

㊐ 楽水庵高章天の『茶道独言』刊行される。

㊐ 四月に書かれた『狭山本場茶製連名帳』に、狭山地方全域で焙炉の数一〇二枚、製茶業者三四名を記録する。

## 一八二一　文政四

㊥（清、道光一）知県王希琮、天門県志を修め、始めて『茶経』を県志中に収める。

㊥ 広州に従業員五〇〇におよぶ製茶手工場が出現する。（『中国歴史綱要』）

(西) ナポレオン（Napoléon Bonaparte）没する（52）。ワーテルローの戦に敗れ、セント・ヘレナ島に流刑中、毎日非常に濃くいれた紅茶を飲んで過したと伝えられる。「かの胸のカーテンに、いつもか

江戸

かる強い茶の香り」とフランスの詩人は詠む。（雑誌『茶』通巻第五〇号）

一八二二 文政五

㊐現在の静岡県川根地方の二十ヶ村の連名で江戸茶問屋の横暴を役所に訴えた記録がある。（『中川根町史資料編』）
㊄この年に没したイギリスの詩人シェリー（P. B. Shelley）は茶を讃える詩を詠んでいる。
㊄リンク（H. F. Link）は茶樹を Camellia thea Links と命名する。

一八二三 文政六

㊄イギリス人ロバート・ブルース（Robert Bruce）兄弟がインド、アッサムの奥地サディヤ（Sadiya）山中で野生の茶を発見。（"An account of the manufacture of the Black Tea"）
㊄ドイツ人、シーボルト来日する。（一八二六、一八五二、一八六六年の項参照）

一八二四 文政七

㊐刊行された『江戸買物独案内』に「料理屋六十軒、茶漬屋二十余軒、茶が八十軒、酒が四十軒、煙草が四十余軒」とある。

㊐駿州、遠州の茶生産地の一一三ヶ村、約三八〇〇戸余の農民が産地茶仲間の搾取に対し幕府に訴訟をおこす。文政の茶一揆と伝えられる。

㊐速水宗達の『喫茶指掌編』板行される。

㊄ロンドン美術協会はイギリス領で最初の茶の試培に成功した人に金メダルを贈呈すると発表。

一八二五 文政八

㊥（清、道光五）このころ阮福『普洱茶記』を著わす。
㊐渋谷意斎没する（50）。『古今茶道論弁』をのこす。
㊄イギリス人ブルース兄弟が発見した野生の茶を弟のブルースが東インド会社の植物係官N・ウォーリッチ博士に送る。しかし茶樹を見たことのなかったウォーリッチ博士はこれを信用せず、そのまま放置された。（『茶の世界史』）
㊡ジャワに、始めてオランダ人医師シーボルト（Philipp Franz von Siebold）の斡旋で、日本茶種子

江戸

が蒔かれる。しかし良好な成績は得られなかった。

(東) ベトナムのラオカイに英仏資本により茶園が設立される。(『茶作学』)

**一八二六 文政九**

(日) 佐藤中陵の『中陵漫録』なる。この中に宇治茶の製法を詳述する。また煎茶について「煎茶は駿州府中の曲里(今の静岡市曲金か)の方に作る良し。安倍に水窪(磐田郡水窪町)という所あり、此所に作るは至極なり」などと記す。

(日) 俳人、田上菊舎尼没する(74)。「山門を出ずれば日本ぞ茶摘唄」「天目に小春の雲の動きかな」などの句をのこす。

(西) 医師シーボルト、江戸から長崎へ向う途中、東海道日坂峠の茶屋で休憩し、「茶を飲み飴を食べて元気をとりもどした」という。(『江戸参府紀行』)また、諫早附近で「小さい村の間にたくさんの茶が植えてある」、「嬉野の茶栽培は優れた緑茶を出すので日本国で名高い」などと記す。(『ニッポン』)

**一八二七 文政一〇**

(日) 草間直方の『茶器名物図彙』九五巻なる。

(西) イギリスの科学者で著述家のロイル博士(Dr. J. F. Royle)、ヒマラヤ山脈の西北部(英領インド)に茶の栽培をするよう政府にすすめる。

(西) イギリス人ウードリイ(Oudry)、茶の成分中より茶素(ティン)を発見。これは一八二〇年にスイスの生理学者ルンゲ(Runge)の発見したカフェインと同一の有機化合物であることが翌年ドイツのムルダー(Mulder)及びヨブスト(C. Jobst)によって証明された。

(西) イギリス人、カービン(F. Carbyn)博士がアッサムのサンドウディ(Sandowdy)で野生茶樹を発見したという。("All about Tea")

(東) インドネシア、ガロート(Garoat)に茶業試験場を設立する。(『茶業通史』)

**一八二八 文政一一**

(中) (清、道光八)奸商の茶葉私販を厳禁する。(『清史稿』)

| 江戸 | |
|---|---|
| | 一八二九<br>文政一二 |

㊐越後の商人鈴木牧之の『秋山紀行』に信越国境地帯の秋山郷で農家を訪れた時のこととして「その嫁らしきが籠に栃を拾ふて帰り合せ、懇切に貯えの茶と見へて少さの袋より出し、三升鍋位の欠たる三角形りの底らしきにて茶を炒る」と記す。

㊐画家であり、俳人でもあった酒井抱一上人没する(68)。「茶の水に花の影汲め渡し守」の句をのこす。陸羽の故事を引用しているとされる。

㊃イギリス、ウィリアム・ベンティンク(William Cauendish Bentinck)、インド総督に任命された直後、ウォーカーなる人物から「覚書」を受けとる。それには「東インド会社は、ネパール高原その他の地域で茶の栽培にのり出すべきだ。その地域には茶樹に似たつばき(カメリア)その他の植物が自生している……」と述べている。(『紅茶百年史』)

㊃ロシア人、チンコフスキー(Chinkovskii)は最初のロシア大使が北京に赴任する時に同伴したが、その時途中で磚茶の隊商に出逢ったことを記録している。

㊐深田正韶の『喫茶余録』二巻刊行。茶人の逸話などを記す。

㊐水野逸斎の『草木錦葉集』刊行、茶を唐茶とし、中国より渡来せるものとして紹介している。

㊐前田夏蔭『木芽説』板行。茶史。

㊐文政年間(一八一八〜一八二九)の作とされる武藤政和の『南路志』に、「中国筋其外島々あるいは九州路にいたるまで、土佐茶を用いざる所なし。誠に無量の名産なり」との記載がある。

㊐文政年間、寺小屋で使用されていた『阿波往来』に阿波(徳島県)の名産として鳴門の若和布、郡里の煙草、麻植の藍とともに木頭茶をあげている。

㊐文政年間、丹波篠山藩は製茶一〇万貫を生産し、同藩耕地の六七%は茶畑だったという。

㊐文化文政の頃(一八〇四〜一八二九)伊勢国、常願寺住職中川宏教は山城宇治の産業を見て帰村し、山林三反歩を開き、茶園を造成した。(『水沢郷土史稿』)

## 江戸

**一八三〇 天保一**

(日) 喜多村信節(ノブヨ)編『嬉遊笑覧』なる。その中に「近江の信楽、茶品殊に多し」との記載がある。

(西) イギリスの茶年間消費量が三〇〇〇万ポンドとなる。そのころ他の文明国の消費量は年間二二〇〇万ポンド程度。

(西) シーボルト、日本産茶樹について『日本帝国経済植物概要』にはじめて論説を発表する。（シーボルトについては、一八二三、一八二六、一八五二、一八六六年参照）

(西) イギリスの文芸批評家ハズリット（William Hazlitt）没する（52）。茶の愛好家としても知られ「茶は知の水である」との言をのこす。

**一八三一 天保二**

(日) 『茶器名物図彙』の著者、草間直方没する（79）。

(日) 『荘茶説』板行される。「其の風炉、魚尾焼を用いて、烹点飲啜するに至ては遊外高翁（売茶翁）によって始められ」との記載がある。急須の普及を語る。

(西) イギリス、アッサム州地方長官チャールトン（A. Charlton）、アッサムで茶樹を見、現地人はその乾燥した葉を煮出して飲用に供しているという手紙をそえて、茶樹の見本をカルカッタの農業園芸協会に送る。この茶樹はやがて枯死した。（"All about Tea"）

**一八三二 天保三**

(日) このころ本邦で刊行された著者不詳の『淩雨漫録』に「樵夫が僧に問うて、茶を好み給ふに何の益やあると。僧答へていふ、一には食を消し、二には眠りを除き、三には淫慾をすくなくすと。樵夫は貴僧のたもう三徳はみな我が益にあらず、さればこれよりことわり申さんと、後はたちよらざりしと」と記す。

(日) 埼玉県入間市宮寺に『重闢茶場碑』造立される。これはこのあと建てられた狭山茶場碑六基の先駆をなした。

(日) 鈴木政通『古今茶人系譜』を編集する。

(日) 頼山陽没する（53）。『栂尾山歌』に「霜楓渓を圧して水無きかと疑わる。……渓辺の茗園猶指す可

## 江戸

| 西暦 | 年号 | 事項 |
|---|---|---|
| | | し。……」と詩作する。 |
| 一八三三 | 天保四 | (日)田宮橘庵の『愚雑俎』刊行される。その中に「江戸にて茶という色は藍みる茶なり。京摂にて煤竹焦茶の類いをいうは、煎じ茶の煮からしのいろなればなり」と記す。<br>(西)イギリスにおいて中国茶を取扱う商社が、ロンドンはじめ地方都市に続々開業。英連邦の登録茶業者は一〇万一六八七に達した。<br>(西)イギリス議会、東インド会社の中国茶貿易の独占権を停止する。<br>(西)ロシア、中国より茶苗を導入してクリミヤ地方で栽培を始めるが、土壌の選定に当を得ず成功しなかった。 |
| 一八三四 | 天保五 | (日)三河出身の国学者、羽田敏雄『喫茶権輿』を著わす。その中で茶については伝来説をとる。<br>(日)宇治の茶商、上坂清一（清右衛門）、碾茶園（覆下園）の新芽を摘んで製茶したところ香気非凡で非常に好評を博したという。（『京都府茶業史』）（玉露については一八三五年の項参照）<br>(西)イギリスの茶輸入量一万四五〇〇トンに達する。<br>(西)イギリスのエッセイスト、チャールズ・ラム（Charles Lamb）没する（59）。茶の愛好者としても知られる。「こっそり善行を施して、それが偶然に露見するというのが、最大の愉快」といった言葉は、茶道のひびきをもったものと岡倉天心が評している。（"The Book of Tea"）<br>(西)インド総督ベンティンク「茶業委員会」を設置。アッサム地方の茶の調査をブルース（C. A. Bruce）に命じる。<br>(西)インド茶業委員会、中国の茶種子を購入し、同時に栽培製造の調査の為中国に調査員を派遣する。 |
| 一八三五 | 天保六 | (日)宇治の茶師山本嘉兵衛（徳翁）玉露の製法を発明。<br>(西)インド、中国より茶樹を取り寄せクモンに植える。（『茶業通史』） |

江戸

一八三六 天保七

㊐ 茶説書『あこねの浦』なる。山田宗閑の弟子山本宗朴が師説を綴った聞き書きで、千家免許状の謝礼金や、江戸と上方との茶の湯の相違などを記した写本。

㊐ 鈴木牧之の『北越雪譜』初編刊行される。その巻之中に、信越国境秋山郷に行った際に「くみ出したる茶をみれば、煤を煮だしたるやうなれば……」との記載がある。

㊐『茶人つれづれ草』板行。表千家如心斎宗左の門下悟庵主人の序がある。

㊡ アッサムのブルースのところに清国より茶製造技術者が来て、インドの茶葉で見本茶を造り、カルカッタに送る。(『茶業通史』)

一八三七 天保八

㊥ (清、道光一七) 政府は中国茶の見返りとしてのイギリスよりのアヘン輸入を取締り、強権を発動、関係中国人を逮捕する一方、アヘンの没収を開始。

㊐ 一楽斎蔵版『茶式花月集』なる。茶具の図解等について記す。

㊐ 駿州、島田伊久美の坂本藤吉、宇治風の蒸製煎茶の製法を導入したという。(『静岡県志太郡誌』)

㊐ 宇治茶師、上林清泉の『嘉木誌』なる。和漢茶伝来などについて記す。

㊖ ロバート・ブルース(一八二三年の項参照)の弟C・A・ブルース、アッサム種の茶で紅茶をつくり初めてカルカッタへ送る。

㊡ セイロン(スリランカ)、中国より茶種子を導入して試植を始める。(一八四一年ともいわれる)

一八三八 天保九

㊥ (清、道光一八) 茶の見返りとしてのイギリスからのアヘン輸入量四万箱に達する。

㊖ アッサム茶(緑茶)の見本がロンドンに到着。これは野生のアッサム種の葉を原料として、中国人の手によって中国式製造法でつくられた緑茶であった。(『茶業通史』)

㊖ C・A・ブルース『紅茶製造法』(An account of the manufacture of the Black Tea) をカルカッタより刊行。この本には詳細な紅茶製造法の図解が載っている。

一八三九 天保一〇

㊖ イギリス、中国のアヘン没収に報復のため清朝に攻撃を開始する。アヘン戦争と呼ばれる。

## 江戸

西 イギリス人、カルカッタにベンガル茶業会社を、ロンドンにアッサム会社を設立。いずれもアッサムに於て新しく発見された茶樹栽培を目的とした。("All about Tea")

東 インド、カルカッタ植物園のアッサム茶樹の種子をセイロン島（スリランカ）のペラデニア植物園に播種する。（『茶業通史』）

**一八四〇 天保一一**

日 小倉藩の『御用茶控帳』に豊前の求菩提山より「二の丸家中、三の丸家中……坊主町などそれぞれ茶を納めている」ことを記す。修験者山伏の茶の生産活動の活発なることがしられる。（一五六三、一六〇一、一七七二年の項参照）

西 イギリスのアッサム会社、この年の茶園二六三八エーカーの造成、一万二〇二重量ポンドの茶の生産に成功したと記録する。

西 このころイギリスで「あずまやの茶」(Tea in Arbour) という喜劇の歌曲が大流行したという。

**一八四一 天保一二**

日 京都平安の三五園主人『和漢両泉睡覚風雅 酒茶問答』を板行。蘭叔玄秀の『酒茶論』の類本。

日 能登国羽咋郡町居村の村松標左衛門没する(79)。農書『村松家訓』をのこす。その中に茶のいれ方などを記述する項がある。

日 幕府より江戸の茶株仲間の解散令が出される。（『日本経済史概説』）

日 松浦静山の文政四年―天保十二年の随筆『甲子夜話』に「宇治茶の名品、初昔、後昔は世の知るところなり。然るに上林六郎の献品二種のうえに、ばば昔というを献ず。神君の御時六郎の祖の祖母の摘むところのもの、その製よかりければ神君戯れに、ばば昔と仰せありしと」と記す。

東 セイロン（スリランカ）、中国の茶種子を導入。（一八三七年ともいわれる）

**一八四二 天保一三**

中 (清、道光二二) イギリスに屈した清朝、南京条約を締結。その結果、香港をイギリスに割譲、軍費、アヘン賠償金など二一〇〇万ドルの支払い、広東、厦門、福州、寧波、上海の五港を開き、イギリス商人の居住と商業の自由を認めることになる。これは中国の半植民地化のもととなる。

| 江戸 | |
|---|---|
| 一八四三 天保一四 | ㊐阿部正信『駿国雑誌』を編纂。駿河安倍郡の茶の製法を述べる。「それ茶は二名にして早く採るを茶といひ、晩く採るを茗といひ、安倍茶は茗なり、宇治にその採る事一月遅し」などと記し、また湯煮製の「青茶」炒蒸し釜製の「いびり茶」「日干番茶」の三種の製法を述べている。<br>㊐このころ薩摩（鹿児島）藩制時代の茶の名品は吉松、都城、阿久根を上品としていたが、その中でも吉松の産は特に名品なりという。（『三国名勝図会』）<br>㊃ロンドン美術協会が一八二四年に発表した金メダルをアッサム茶の発見者としてブルースに贈呈する。<br>㊃ヤコブソン（J. J. L. L. Jacobson）『茶樹栽培法と製茶法』を著わす。その中で中国の茶と日本の茶の相違について論述する。ヤコブソンはジャワで最初に茶栽培を試みた学者。 |
| 一八四四 弘化一 | ㊐大蔵永常『広益国産考』を板行。この中に茶の栽培、製造について述べる。また「茶は国々其住所にて用ふる丈は出来るもの也。……茶は日々用ひざる家なし。然るを我内にて作らずして、他より妄りに求め銭を費すは愚なる事也」或は「日向国より番茶を多く作り出して大坂へ出すなり。伊勢国にても同様の茶を多く作り江戸へ積廻す事おびただし」と述べている。 |
| 一八四五 弘化二 | ㊥（清、道光二五）梁章鉅『帰田瑣記』を著わす。品茶などについての記述がある。<br>㊐湖月翁編『茶家酔古襍』五巻が刊行される。<br>㊃フランス、パリのアラビア語学者レノー（Joseph Toussain Reinaud）、アラビア人の記録より、『九世紀に於てアラビア人、ペルシャ人、インド及び支那に到る航海物語』を訳す。ヨーロッパに支那茶の詳細を最初に紹介した書物ともいわれる。（原著については八五一年の項参照） |
| 一八四六 弘化三 | ㊐近世河越茶再興の功労者とされる吉川温恭没する（80）。<br>㊐柳涯逸史曽漸『茶経煮茶法解』を著わす。<br>㊃イギリスの茶輸入量二万五六〇〇トンに増す。 |

江　戸

一八四七 弘化四

㊄ドイツのロチェルダー（F. Rochelder）茶中にタンニンの存在を発見し、また武夷茶中から武夷酸（Bohele acid）、緑茶中から没食子酸の抽出にそれぞれ成功する。（『茶業通史』）

㊄ロシア、再び中国より茶種子を導入しトランスコーカサスに最初の茶園をつくる。中国からの技術者が協力し栽培に成功した。

㊄イギリスのロバート・フォーチュン（Robert Fortune）『支那茶とインド茶の相違』（The tea districts of China and India）をロンドンで刊行。

一八四八 嘉永一

㊄フォーチュン、東インド会社の指示をうけ、中国内地に深く入り、優良茶苗と茶種子の入手に成功する。（"A residence among the Chinese"）

㊄イギリスの月刊雑誌『ファミリ・エコノミスト』（Family Economist）の創刊号に紅茶の良い入れ方として「水がもっとも大切で、硬水は風味を損うから注意して下さい」などとの記載がある。

㊄イギリス東インド会社の在清国茶検査官サミュエル・ボール（Samuel Ball）、『チャイナにおける茶』（An account of the cultivation and manufacture of tea in China）をロンドンで出版。その中で「インドの土民は茶に対して著しい嗜好がある。若し茶が充分廉価で供給される場合は、この広大な半島にも忽ち需要がひろがるであろう」などと述べる。

一八四九 嘉永二

㊐小枝略翁編『茶事集覧』刊行される。茶道に関する文献を集めたもの。

㊐深田精一（尾張藩の儒官）『木石居煎茶訣』二巻を著わす。その中で「煎茶家に二あり、一は文人茶、一は俗人茶……」と記す。

㊄イギリス航海条令を撤廃する。これによりイギリスと植民地の貿易が外国船に開放され、中国茶の取引にアメリカが参加する。このためロンドンのセリ市で高値を呼ぶ一番茶を運ぶ船の競争が激化する。ティー・レースと称された。

一八五〇 嘉永三

㊐駿州六合村（現在の静岡県島田市）の江沢長作、手揉みの青透流をあみ出す。（一八九五年の項参照）

江戸

(西)アメリカのクリッパー船（快速荷物船）オリエンタル号が、中国茶一五〇〇トンを積んで香港、ロンドン間を九十五日で帆走し、記録的な速さとされた。インドから中国へアヘンを運んだ船は復航に中国茶をヨーロッパに運びこれをティー・クリッパー（Tea-Clipper）と称し、イギリス、アメリカ間で速力を競う争いは激烈をきわめた。木鉄交造の二千トン級の大型船もあったが一八六九年スエズ運河の開通とともに次第に衰えた。

一八五一 嘉永四

(日)湖月老隠著『茶式湖月抄』板行。千家の茶道、点茶諸式について述べる。

(日)幕府、株仲間再興令を出す。これにより駿州の茶商、茶仲間を再興する。（『日本経済史概説』）

(日)このころより越後村上地方では宇治地方の製法をとり入れ煎茶、玉露の産地となる。（『日本茶業発達史』）

(日)下総関宿藩、江戸藩邸内に猿島茶売捌会所を設けたという。（『日本茶業発達史』）

(日)『東都遊覧年中行事』刊行される。その中に「谷中明和のころ、社地の入口左のかたにかぎ屋という水茶屋あり、おせんといへる娘絶世の美人にて、これがため参詣殊におびただしく……」と記す。

(日)松月庵橘実山『茶事集覧』を著わす。

(西)フォーチュン、中国より茶苗一二〇〇株を購入し、ヒマラヤ山中の茶園に植えたという。（『茶業通史』）

一八五二 嘉永五

(日)釜師大西家十代浄雪没する（76）。『名物釜記』などの著がある。

(日)因州八頭郡用瀬の亀谷四郎三郎、鳥取の茶を始めるという。（『全国銘茶総覧』）

(西)ポルトガルの宣教師ヒュック（Hück）『ダッタン、チベット及び支那の旅行記』を著わす。その中で「蒙古流の塩と乾酪で煮た磚茶を美味とは思わぬが、体温と活力がでてきたことは感謝して」いるなどと述べ、その他チベットの茶の飲み方を詳細に紹介している。チベットの茶の最初の記録とされる。

(西)イギリスのロバート・フォーチュン『茶の国支那への旅行記』（A journey to the countries of

## 江戸

China）をロンドンで刊行。茶苗入手の困難、また紅茶と緑茶とは同一の葉から造られることなどを発表し、従来の植物学の考え方を訂正した。

(西) 医師シーボルトは茶に var. macrophylla の学名を命名し、ほかに、トウチャ（too tsja）、ニガチャ（niga tsja）と記し、九州島の肥後国で園芸植物として栽培されていると記す。

**一八五三 嘉永六**

(日) 駿州の茶仲間、安倍郡有度郡等六ケ郡一三〇村呼応して再度生産の立場より茶株仲間の非行を上訴したが成功しなかった。

(日) 嘉永年間（一八四八～一八五三）初代広重、武州熊谷の中村屋利兵衛自園茶摘の図を描き好評を博する。

(西) アメリカ東インド艦隊司令長官ペリー（Perry）浦賀に来航、国書を呈する。この時日米間に茶貿易の交渉ありという。

(西) 園芸家ロバート・フォーチュンはロンドンで『茶の国支那とヒマラヤにおけるイギリスの茶栽培の両視察』（Two visits to the countries of China and the British tea plantation in the Himalaya）を刊行。

**一八五四 安政一**

(日) 村野盛政没する（62）。河越茶再興の功労者として吉川温恭とともに名を連ねる。

(日) このころの落首に「日本を茶にして来たか蒸気船たった四はいで夜中寝られず」「太平のねむりをさます蒸気船（当時上喜撰という茶あり）たった四はいで夜も寝られず」などが見られる。

(日) 大槻盤渓の撰する『近古史談』なる。その中に「旁に好んで花枝を挿し、毎に茶儀あり、自ら之を床に安んず」と、茶湯の儀式についての記載がある。

(西) イギリスのオリヴィエ（C. H. Olivier）、茶乾燥機を発明する。

(東) セイロンで茶栽培者協会成立する。（『茶業通史』）

**一八五五 安政二**

(日) 小川可進没する（70）。『後楽堂喫茶弁』をのこす。（一八五七年板行）

## 江戸

(西) イギリスのアルフレッド・セヤージ（Alfred Sayage）が茶の摘採機、分離器、混合機の特許を取得。

**一八五六 安政三**

(日) 下田に入港したアメリカ総領事ハリス、紅茶を幕府に献上する。

(日) 駿府（静岡）では、この年米以外の国産品の売出先は茶、市中売出一二一三両余、他地向売出九四三七両余とあり、他地向（移出）は市中向の七・八倍に及んでいる。（『日本経済史概説』）

(西) イギリスのディクソン（B. Dickson）茶乾燥機を発明。

(西) イギリス商人オルト（Ault）が日本に来て一三三三ポンドの茶を買付けて輸出したという。

(東) インド各地に茶栽培熱高まる。この年にタクバー（Tukver）ダージリンのキャニング（Canning）ホープタウン（Hopetown）その他に茶園開設される。

**一八五七 安政四**

(日) 杉山彦三郎生れる。茶樹品種改良の功労者で、とくに「藪北種」の育成者として著名。

(日) 勢多章甫（ノリスケ）、禁裡の明法博士大判事に任じられる。その著『思いの儘の記』に「御茶は宇治郡小田原の農民より調進す。蒸の御茶と名付く。下等の品にて、俗に晩茶といふ物に似たり。古の煎茶はかかるものにや」と、宮中で飲む茶の品質などの記録がある。

**一八五八 安政五**

(日) 井伊直弼（ナオスケ）、大老となる。その著『茶湯一会集』の清書本完成する。その中に左のような記述がある。
「茶湯の交会は、一期一会といひて、幾度おなじ主客交客するとも、今日の会（え）にふたたびかへらざる事を思へば、実に我一世一度の会也。……」。

(日) 徳川幕府、アメリカとの間に日米修好通商条約を締結。

(日) 相模国津久井の奉行より鎌倉郡弥勒寺村に出された「蠟・漆・茶などオランダ等へ輸出につき植付奨励の申渡」の記録がある。その中に「茶は御高内之畑地へ多く仕立候品に候へ共、素より五穀に換畑地へ仕立は好しからざる筋に付成るべく空地へ仕立させ申す可く候」などと記す。

(日) 武州田無村、砂川村、所沢村、扇町谷村の各名主に対して江川太郎左衛門より「オランダ其他へ御

江戸

渡のため、臘・漆・茶の類多く作出候様……」などとの文書が出される。

㊐武州多摩郡上布田宿の二十三ケ村より、八王子千人頭に「自主的に相応の地を見つけて茶を仕立て製茶を上納するから廻村のことは見合わせてほしい、植付けは高百石について百株位」などと上申している。

㊟ジャワ、バタビアに製茶工場をつくる。本格的に茶製造にのり出す。

一八五九 安政六

㊐紀伊国（和歌山県）西牟婁郡西谷村の大熊弐平、蒸煎茶製法を宇治より伝え、村中から役夫四〇人を集め、製茶をして巨利を博したという。（『南紀徳川史』）

㊐神奈川（横浜）開港と同時に製茶三九万六八一〇ポンド（一八〇トン）が輸出される。日本茶輸出はここに始まる。（『日本茶輸出百年史』）

㊐大浦慶女史、貿易商オルトより製茶一万斤の注文を受け、輸出したという。（『日本茶輸出百年史』）

㊍フランシス（Edward Francis）茶篩分機を考案する。

一八六〇 万延一

㊐駿州（静岡）安倍郡富厚里村の農民、柳の葉を原料とした偽茶が大量に市場に出廻っていると駿府町奉行所に訴える。

㊐井伊直弼害死する（46）。『茶湯一会集』（一八五八年の項参照）のほか『閑夜茶話』『入門記』などの著がある。

㊐三重県飯南郡川上地方の茶について「近年川上茶相開け……」との記述がある。（竹川竹斎の『日誌』）

㊍アメリカ、中国茶を一万二八〇〇トン買い付ける。（『茶業通史』）

㊍イギリスの記録によれば、この年のイギリスが日本から輸入した額は三万四六三六ポンド。このうち最大の商品は緑茶で五〇〇万重量ポンド、ついで、生糸、銅と記録する。（ロンドン『エコノミスト』一八六三年三月一日号）なお同年の茶輸出額は六万七四七四ポンド、総輸出額の七・八パーセント。

| 江戸 | | |
|---|---|---|
| 一八六一 文久一 | | ㊃ロバート・フォーチュン、日本を訪れる。（一八四七、一八五二年の項参照） |
| | | ㊐総輸出貿易額中に占める茶の割合は三・八六パーセント、なお生糸は一〇・五七パーセントとされる。（『近世海産物貿易史の研究』）尚このころの貿易の代金の決済は、メキシコ洋銀を原貨とし、その一ドル銀を当時のわが一分銀三個に交換し、その一分銀四個を以てわが金貨一両小判一枚、又は金貨二分判二枚、同二朱判八枚等に引き換え計算されたという。 |
| | | ㊃ロシア漢口に最初の磚茶工場を造る。（『茶業通史』） |
| | | ㊃スペンサー『茶・その生産と製造―六年間のアッサム駐在によって得たもの―』（Tea; its culture and manufacture—acquired by a residence of six years in Assam）を刊行する。 |
| 一八六二 文久二 | | ㊐この年の輸出貿易額中に占める割合、生糸は約六三パーセント、茶は約一二パーセント、その他二五パーセントとされる。（『近世海産物貿易史の研究』） |
| | | ㊐大谷嘉兵衛、横浜に赴き、伊勢屋小倉藤兵衛の店で製茶貿易に従事する。（『大谷嘉兵衛翁伝』） |
| | | ㊐「お茶場」（再製加工場）がはじめて横浜に造られる。（『日本茶貿易概観』） |
| | | ㊐中国の人工着色法日本に伝わる。（『日本茶輸出百年史』） |
| | | ㊐志賀忍、原義胤共著の『三省録』（天保一四年〜文久三年刊）に「江州坂本の茶園の跡ここに植え給ふと申し伝ふ」とある。 |
| | | ㊐飯能市（埼玉県）笠縫の島埼忠太の所蔵する『青葉買入帳』に「村内阿須、光沢、中神、山谷田等から買入れ、その総額二二〇貫三〇匁、代金四六貫九三四文なり」とある。 |
| | | ㊐伊勢（三重県）の『水沢村郷土史稿』に「大谷松兵衛という者、文久二年（一八六二）藩主土方公の許を得て、茶園を作り……茶師増田長左衛門を山城宇治より雇入れ云々」とある。 |
| | | ㊃イギリス初代日本総領事のオールコックは「日本からこの年に約一万五〇〇〇箱の茶が輸出されたが、江戸では現在もなお多数の茶箱が輸出にそなえてつくられつつある」と述べる。 |

## 江戸

| 年 | 事項 |
|---|---|
| | (東)インド茶輸出量二二〇余万ポンドに上昇する。 |
| 一八六三<br>文久三 | (日)日本茶が直接ニューヨークに到着する。（『狭山茶史考』）<br>(日)日本茶の輸出額は四〇万二七三ドル、総輸出額の七・九パーセントとされる。（『日本茶輸出百年史』）<br>(日)都城に薩摩藩直轄の製茶所を設置したという。（『宮崎県茶業史』）<br>(西)ロバート・フォーチュン『江戸と北京』（Yedo and Peking）を著わす。当時日本では「絹と茶とが主な欧米向けの輸出品」と記す。（フォーチュンについては一八四七、一八五二、一八五三年の項参照）かれはまた、『茶の園の旅』を出版した。この中で「茶は九州各地に限らず、日本中いたる所で栽培され、また自生している」と観察している。<br>(西)イギリス、サムナー（Sumner）、『茶についての通俗的な論説』（Popular treatise on tea）を著わす。 |
| 一八六四<br>元治一 | (日)安政開港後、近江の膳所（ぜぜ）藩、貿易による利益に着目して、茶の栽培製造を奨励し藩営の専売を試みる。（『膳所藩の茶専売仕方』） |
| 一八六五<br>慶応一 | (日)『古今茶話』の著者、金森得水没する（80）。<br>(日)武州比企郡の平村、雲瓦村（現在の幾川村）の名主に宛てられた幕府の触書に「近年炭薪高値、品少而相上難儀之趣……近年生糸茶之類専ラ相仕立、炭焼伐出シ稼グモノ相減ジ……」などとある。<br>(日)このころ武州（埼玉）の庄屋篠原氏、自宅屋敷内に「茶製造奨精館」を建て、狭山地方から招いた茶師の指導の下に附近の農民、日傭人を動員して製茶に当らせ、巨富を得た。（『近世三百年史』）<br>(西)イギリス人、ジョン・ドッド（John Dodd）、台湾を踏査して茶栽培の有望性に着目する。<br>(西)イギリスの茶輸入量四万五三六〇トンに増す。 |

| | 江戸 |
|---|---|
| 一八六六<br>慶応二 | ㊥（清、同治五）禅師、草衣意恂没する（81）。『東茶頌』を著わす。茶に関する詩文を多くのこす。<br>㊐阿久根村（現在の宮崎県）の白浜治右衛門、宇治へ赴き、玉露その他の製法を伝習して帰り郡内に伝えたという。<br>㊇医師シーボルト没する（70）。その著『ニッポン』（Nippon）『日本植物誌』（Flora Japonica）などに茶に関する記載がある。（一八二六年の項参照）例えば茶の製法について「日本では二通りの方法がある。つまり、乾燥法と湿潤法である」などと記す。ここでいう乾燥法とは炒製、湿潤法とは蒸製のことであろう。<br>㊍セイロン、茶の試植をはじめる。同時にテイラー（G. Taylor）が中国の製法にならって試製。 |
| 一八六七<br>慶応三 | ㊐総輸出額における割合、生糸約四四パーセント、茶約一七パーセントといわれる。（『近世海産物貿易史の研究』）<br>㊐また、総輸出額七〇八万九〇三両中、茶の輸出額は一四四万六六七四両（二〇・四パーセント）ともいわれる。（『日本茶輸出百年史』）<br>㊐大谷嘉兵衛、製茶商として独立。日本茶貿易に従事。（『大谷嘉兵衛翁伝』）<br>㊐神戸開港して同港よりも茶の輸出が開始される。（『日本茶輸出百年史』）<br>㊐安政開港（一八五九）より九年間に、江戸諸品の物価は米三・七倍、煎茶一・三倍になったという。（『緑茶の文化と経済』）<br>㊇アメリカ、新関税法を公布する。これによれば他国経由で輸出される茶には一〇パーセントの輸入関税が賦課されるが、産地からの直接輸入茶はすべて無税となる。<br>㊇イギリスのキンモンド（J. C. Kinmond）茶揉捻機を考案する。<br>㊍台湾のウーロン茶、はじめて商品として中国人バイヤーによりアモイに送られる。<br>㊍セイロン、茶園八ヘクタールを造成。（『茶業通史』） |

近代

一八六八 明治一

㊐茶の輸出額七〇六万六四九〇ポンドと記録する。輸出総額一五五五万三〇〇〇円に対し茶の輸出額三五八万一〇〇〇円で二三パーセントを占める。(『日本茶輸出百年史』)

㊐静岡県で茶の栽培を積極化する。

一八六九 明治二

㊐旧徳川藩士、静岡県下牧之原に土地の払下げをうけて帰農し、茶園を開く。中条景昭、大草高重等約三〇〇名といわれる。(『牧之原開拓史考』)

㊐このころの著作という山高信雄編の『茶誌』刊行される。その中に「美々津県高千穂椎葉山(宮崎県)のあたりに一面自然茶を製す。何れの時代より始まるや知らず」と記す。

㊍台湾、烏竜茶二一三一ピクル(ピクル=担=一〇〇斤=五〇キログラム)をはじめてニューヨーク市場に出荷、好評を博する。

㊍セイロン、コーヒー樹の病害が蔓延したため大々的に茶樹に改植をはかる。

一八七〇 明治三

㊥(清、同治九)福建省でロシヤ人が紅磚茶の生産を開始。

㊦アメリカ、中国茶を一万六〇〇〇トン輸入し、またサンフランシスコ工業博に茶を出品。

㊦ホール(A. Halle)ジャワで茶揉捻機を考案。(Ukers "Java and Sumatra")

㊦このころロシア帝国、南コーカサスのグルジア地方に皇室茶園を開設する。

㊦イギリスのイベットソン(A. Ibbetson)とベイルドン(Samuel Baildon)、その著書"Tea"中で茶の原産地はインドであると主張する。(一八七七年の項参照)

一八七一 明治四

㊐日本茶の輸出額一八〇〇万ポンドと激増。これはアメリカ合衆国の大陸横断鉄道完成により太平洋航路が開け、米国向の日本茶は従来の大西洋廻りを捨て、横浜より桑港に直送されるようになったことも原因とされる。(『狭山茶史考』)

㊐彦根藩(滋賀県)『製茶図解』を刊行する。このころの栽培、製造法、製茶具について詳細な図解をする。

近代

(日)京都府の南三郡茶商社設立。（一八七六年に解散する）

(東)アッサムに於ける紅茶種栽培が急速に発展し、この年の茶園数二九五、栽培面積三万一三〇三エーカー、生産高六二五万一一四三ポンドと記録される。（D. H. Buchanan, The Development of Capitalistic Enterprise in India, 1966）

**一八七二 明治五**

(日)横浜茶会社設立。

(日)裏千家、千宗室（玄々斎）が『茶道の原意』を書き三千家連署して知事に提出。玄々斎が立礼式を考案する。

(日)輸出額増加し一九四八万九〇〇七ポンド（四二二万六〇〇〇円）、主産地は山城、大和、伊勢、伊賀、近江、駿河、遠江、下総、武蔵の諸国と記録される。（横浜駐在イギリス領事の報告）

(日)武蔵国入間郡小谷田村の増田三平「三平せいろ」を発明する。数段の引出式のせいろでこれは製茶の量産に役立ったという。（『狭山茶業史』）

(西)ロシア帝国、磚茶製造所を中国の福州、漢口及び九江等の各地に建設する。

(西)アメリカ、茶輸入税を廃する。

(西)イギリスのバートレット（John Bartlett）茶の混合機の特許を取得。

(西)イギリスのジャクソン（William Jackson）茶揉捻機を発明する。（"All about Tea"）

**一八七三 明治六**

(日)大倉喜八郎、ロンドンに大倉組出張所を設け、茶の輸出に力を注ぐ。

(日)オーストリアのウイーン博覧会に日本茶を出品。（『日本茶輸出百年史』）

(日)増田充績『製茶新説』を東京、三省書屋から刊行。著者の実地経験を基にして栽培、製造について詳述する。

(日)竹内信英『茶園閑話』を著わす。その中で「四州の地を以て云うならば石槌山を中央にして四睡（グルリ）の山谷往々茶樹を産す。豈に是れ一々播種せる者ならんや」と記す。

一八七四
明治七

㊐『高知新聞』八月二日付に、土佐茶の産額を掲載。
茶　　一二七三万九三四八斤、四一二万四四六三円余
番茶　一五〇万七三六〇斤、九万二一二三円余
粉茶　四八万七五五一斤、九五二〇円余

㊐宮崎県に帰農の士族、飫肥士族茶会社を設立する。

㊇イギリスの駐日領事ワトソン（Watson）『日本の茶生産に関する報告』をイギリス議会に送る。その中で「日本茶の生産合計は約三八〇〇重量ポンド」と推測する。

㊊ジャワにインドからアッサム茶種子を導入して成功する。（Ukers "Java and Sumatra"）

㊊セイロンから茶の最初の荷口二三ポンドがロンドンに送られる。

㊥（清）穆宗の同治年間（一八六二〜一八七四）広州に高級茶楼のほかに大衆的な「二厘館」茶楼が多く出現、流行する。このころ上海にも「一洞天」「麗水台」など大茶楼が開店している。

㊐内務省勧業寮農政課に製茶掛を設ける。

㊐政府は『紅茶製法布達案並製法書』を府県に配付して、その製造を奨励する。同時に内務卿名にて紅茶伝習規則を公布する。

㊐加藤景孝『茶説集成』を擁万堂より刊行。

㊐神戸に輸出向け再製工場として「お茶場」ができる。

㊐この年の日本国内の茶生産高は一七六〇万斤とされている。（『府県物産表』）なお推定であるがこのうち静岡県二二五万斤以上、京都府一〇六万斤以上とされる。

㊐京都、上狛村円成寺檀家の茶業者、本願寺へ毎年新茶と番茶を献納するため「番茶講」を結成する。（『山城茶業史』）

㊇英領インドでエドワード・マネー（Edward Money）中佐が茶乾燥機を発明。（"Tea cultivation"）

㊇イギリス議会文書におさめられている『ベンゴールの茶栽培についての報告』に、インドの茶栽培

近代

（続き）地における労働力の確保にいかに苛酷な労働管理が行なわれていたかがしめされている。

一八七五 明治八

㊥（清、光緒一）余干臣が福建省より来て安徽省至徳県（今の東至県）に紅茶工場を設立し多大の利益を収めたといわれる。（『中国的名茶』）

㊥銭椿年の『製茶新譜』一巻刊行される。著者は明の人。通俗的な茶の解説本。

㊐政府、多田元吉を茶業調査のため清国に派遣。

㊐内務省、清国人を雇い、大分県の木浦と白川県（熊本県）の人吉に製造所を建て紅茶の伝習をする。

㊐日本茶が外国商館の手を経ずに、はじめて直輸出される。内務省勧業寮におかれた本色茶製造場で再製輸出されたという。

㊐埼玉県の入間に狭山茶会社設立。（『狭山茶業史』）

㊐『日本産物誌』刊行される。全国の茶産地を詳述する。ただし南の薩摩大隅や北の陸前（宮城・岩手）などは挙げていない。

㊐この年、日本で発行された『輿地誌略』に「支那の産物、茶を以て第一とす。英船の輸出する所、毎歳一億一千三、四百万斤、その価平均五千五百六十万ドルに過ぐ。茶量の大なる国益を為す甚だ多しと雖も大略之をアヘンに失ふ、歎ずべし。……」と記す。

㊍インドネシア、茶業試験場を設立、中国種とアッサム種の導入を積極化する。

㊍セイロンの茶園面積四三二ヘクタールに増す。

一八七六 明治九

㊥（清、光緒二）祁門の胡元竜は日順茶廠を開設し、紅茶の改造に成功したといわれる。（『中国的名茶』）

㊐政府、勧業寮員である多田元吉、石河正竜、梅浦精一をインドに派遣し、インド風紅茶製造法を研究させる。

㊐メルボルンで開かれたヴィクトリア植民地博覧会に政府から派遣された橋本正人はその報告書『メ

一八七七
明治一〇

㊐ ルボルン博覧会紀行』のなかで「濠州市場はわが茶、鮭、漆器等の輸出は有望」と述べる。
㊐ アメリカ、フィラデルフィア万国博に宇治の上林茶など日本茶を出品。
㊐ 籠茶の製法が、赤堀玉三郎と漢人恵助によって発明される。
㊐ 狭山（埼玉県）に中村正直撰文の「重建狭山茶場碑」建つ。
㊐ 奥蘭田『茗壺図説』二巻を著わす。中国泥壺（急須）の写生図を載せる。
㊐ 茶の再製、直輸出をはかるため静岡に積信社、埼玉に武蔵狭山会社、新潟に村松製茶会社設立。
㊐ 静岡県小笠郡南山村の赤堀玉三郎、手揉み製茶法により「天下一」の製法を編み出し、外観の優美さで賞讃を博する。
㊫ ホーリングワース（H. G. Hollingworth）『支那の主要な茶産地のリスト』（List of the principal tea districts in China）という小冊子を上海で刊行する。

㊐ 多田元吉らインドより帰朝し、インドで伝習をうけた製法を高知県下で試み、紅茶五〇〇〇斤を輸出し好評を博する。
㊐ 政府の『全国農産表』で、はじめてわが国内の製茶状況が公表される。これによると、茶の生産県は四一県に達し、宮城県の生産は五七五トンで全国第四位の主産県であった。なお宮城県の現在の生産量は約三〇トンで茶生産県とはいわれない。
㊐ 茶の輸出額二七四〇万三九一八ポンドと記録する。
㊐ 静岡県、日干茶禁止の諭告を出す。
㊐ 清国の胡秉枢、『茶務僉載（チャムセンサイ）』を内務省勧農局より出版、中国における茶の栽培、製造を記す。中国人による烏竜茶、紅茶の製法を最初に日本に紹介した書物。
㊐ 上林熊次郎、江口高廉編著『茶業必要』刊行される。釜炒茶製法等について記す。
㊐ 第一回内国勧業博覧会が東京上野で開かれる。茶部門の最高賞は東京府、京都府、埼玉、愛知、滋賀、石川、宮城の諸県の出品茶が占めた。（『日本茶業発達史』）

㊐静岡県に緑磚茶工場が設立される。外蒙古方面への輸出をはかる。

㊇カルカッタでベイルドン（S. Baildon）、『アッサムの茶樹』を出版する。茶はインドが原産地であるとする。（一八七〇年の項参照）

㊇イギリス、ダビッドソン（Samuel C. Davidson）茶の乾燥機を発明。

㊫ナタール（Natal）で茶の栽培を開始。

一八七八　明治一一

㊥（清、光緒四）直隷省に対して広く桑、茶を植えさせる諭告を出す。（『清史稿』）

㊥日本緑茶の輸出は中国緑茶の倍以上になったと中国の『海関貿易報告』は伝える。

㊐政府は『紅茶製法伝習規則』を発布し、ついで、東京、静岡、福岡、鹿児島の一府三県に伝習所を設置。三井物産がその輸出にあたった。

㊐インドのコロネルモニイ著、多田元吉評注『紅茶説』を勧農局より出版。

㊐多田元吉『紅茶製法纂要』（上・下）を著わす。

㊐上林熊次郎、ロシアからの注文により磚茶五〇〇〇斤を製し、外商を通じて売った。わが国の磚茶製造のはじめとされる。

㊐このころの茶摘み賃金は八銭くらい、茶師は二〇〜三〇銭くらいという。（明治一一年米一升六銭）

㊐静岡県で製茶品評会を開く。（『静岡県茶業史』）

㊇イギリス人、インドのアッサムより種子を導入し、ジャワで茶の栽培を始める。

一八七九　明治一二

㊐濠州シドニーの万国博へ紅茶伝習所製造の紅茶を出品し、優等賞を得る。横浜において茶共進会（品評会）はじめて開かれる。八四八人が出品したという。また第一回茶業集談会が開かれる。

㊐三重県、多田元吉がインドより持参の紅茶用種子を安濃郡吉川村と南牟婁郡に播く。「生育の速やかなること本邦の茶の比に非ず」といわれた。

㊐福岡県星野村に帰農士族が紅茶会社星光社を設立する。

㊇アメリカの女流画家、メアリー・キャサット（Mary Cassatt）、女性の喫茶図（The cup of tea）を

近代

描き好評を得る。（現在、アメリカ、メトロポリタン美術館蔵）
㊄インド茶産地協会がロンドンで結成される。
㊄イギリスのブリス（A. W. Blyth）、『茶中に含む化学物質』をロンドンで出版する。茶の成分として「茶素、タンニン、没食子酸、草酸、武夷酸、精油、木質（woody）、葉緑素、ペクチン、茶脂、ワックス、蛋白質、灰分、色素、黄質酸（Quercitrinons）」などをあげる。

一八八〇 明治一三

㊥（清、光緒六）福州より輸出される烏竜茶と、工夫茶は八〇万担（四万トン）に達する。

㊐静岡県令は前年度に引続きこの年も「粗悪茶取締通達」を出す。

㊐政府は紅茶伝習所を、岐阜、堺、熊本の三県に増設。分製所を鹿児島、大分両県におく。

㊐この年に再刻の『日本地誌物産弁』に江戸末期の全国物産のうち、茶は西は日向（宮崎）から東は越後（新潟）常陸（茨城）に及ぶ三十一ケ国に産すると記す。

㊄イギリスのジャクソン（W. Jackson）棚式乾燥機を発明する。（"All about Tea"）

㊌セイロンの茶園面積、五七〇〇ヘクタールに伸びる。

㊧ナタール茶三〇ポンド、はじめてロンドン市場に出荷。

一八八一 明治一四

㊐高知、熊本、福岡の紅茶会社を合併し、新たに横浜紅茶商会をつくる。そこで紅茶一五万斤（九万キログラム）を濠州メルボルンに輸出したが失敗する。
㊐狭山茶会社解散。（『狭山茶の将来』）
㊌インド茶協会がカルカッタで結成される。（"Indian tea Association"）

一八八二 明治一五

㊐国学者、羽田野敬雄没する（82）。『喫茶権輿考』の著がある。

㊐横浜紅茶商会解散。

㊐ニューヨーク駐在領事高橋新吉、外務大輔吉田清成に『日本弁支那ヨリ当国へ輸入ノ緑茶紅茶比較及景況報告書』を送る。その中で「日本緑茶の進出は支那茶にまさる景況」と述べる。

近代

一八八三
明治一六

㊄ 濠州で日本から輸入した緑茶に、他の物質を混ぜた不良品が発見される。
㊄ アメリカ議会、不正茶輸入禁止条令を可決。
㊆ インド、はじめて濠州へ、紅茶二七五万重量ポンドを輸出する。同時にアメリカ市場に進出。
㊐ 第二回製茶共進会を神戸で開催。二七五二点の出品。『日本茶輸出百年史』では四三九七点。
㊐ 茶業組合準則なる。同業準則第三条に、「他物若クハ悪品ヲ混淆シ或ハ着色スル等総テ不正ノ茶ハ製造販売セサル事」とある。
㊐ ロシア向に磚茶をはじめて輸出する。
㊐ 静岡県の積信社解散。
㊐ 静岡県勧業課長大塚義一郎『茶樹培養法』を著わす。
㊄ ロシア、中国より茶種子を導入、試植したが失敗する。
㊄ ニューヨークの茶の審査員デーヴィス(Davis)博士、日本茶中に石膏、滑石、着色用に有害な群青の混入が認められたと新聞に発表する。
㊄ ド・キャンドル(Alphonse L. de Candolle)『栽培植物の起源』(Origin of cultivated plants)を著わす。その中で「茶はインドの平原と中国の平原から分離する山国地方で自然発生しているにちがいない。しかしその葉の利用はインドでは知られていなかった」と述べている。

一八八四
明治一七

㊐ 中央茶業組合本部を設立。
㊐ ニューヨーク駐在領事高橋新吉、『明治十六年中紐育府茶商況報告』を本国に提出、その中で「ニューヨークに於ける日本茶の値崩れは、現地の情報にうとく、少し価格が下落したとか、日本茶不景気の噂をきくと、周章狼狽、国内で売り急ぐため」と指摘する。
㊐ 茶輸出量三五五一万九〇八六ポンドと下降する。(『日本茶輸出百年史』)
㊐ 静岡県清水の『北村家文書』によると、「茶摘女の日当、弁当持で上等金十銭、中等金九銭、下等金

近代

八銭也」とある。

㊐三重県の精農家酒井甚四郎『茶業須要』を著わす。特に茶の栽培について詳述する。

㊐東京内藤新宿植物御苑の杉田晋『栽茶説』五巻を著わす。主に輸出用煎茶の栽培法を記す。

㊐茶の直輸出を事業とする三重県製茶会社設立。

㊆インドの製茶機械発明の先覚者ジャクソン（W. Jackson）、揉捻機についで、最初の乾燥機を製造する。（"All about Tea"）

㊆バーカー（G. M. Barker）『アッサムの一茶栽培家の生活』（A tea planter's life in Assam）を著わし、カルカッタで刊行。

㊆ドレイク（F. S. Drake）、『茶』をボストンで出版。

㊆ロシア、茶の試製に成功する。

一八八五 明治一八

㊐第一回茶業中央本部会議開かれる。当年度の経費予算額は七三〇〇円と決定。

㊐茶の荷票制度なる。横浜、神戸、長崎に送られる茶荷一個につき二銭の賦課とする。

㊐埼玉県の高林謙三、生葉蒸器（専売特許条例第二号）焙茶器械（同第三号）製茶摩擦器械（同第四号）を発明する。

㊐農商務省は中央茶業組合にロシアの茶業取調べ費用として二〇〇〇円の補助金を交附。

㊆ブライアンス（A. Bryans）、茶の萎凋機を考案する。

一八八六 明治一九

㊥（清、光緒一二）中国の茶輸出量一三万四〇〇〇トンに達する。これは清国輸出量の最高記録。（『飲茶漫話』）

㊐政府、平尾喜寿を茶業調査のため台湾、中国、インド、セイロンに派遣する。（「台湾支那錫蘭印度茶業実況調査報告」『茶業組合本部報告』第二八号）

㊐大倉組ロンドン駐在員、横山孫一郎、ロシア及びシベリア地方の喫茶状況と市場動向を政府に報告。「露人ノ茶ヲ愛嗜スルノ盛ナル実ニ予想ノ外ニアリテ将来此国ニ向テ我茶ノ販路ヲ開クノ必要ナル」

旨を述べる。

㊐東京銀座で国産紅茶が始めて売られる。これは三重県産の紅茶であったという。(『英国紅茶の話』)

㊐農商務省の多田元吉、静岡県金谷原で茶のレイシムシを発見するという。

㊐静岡県勧業諮問員今井信郎は榛原郡宛『報告書』に「茶揉、茶摘は三尾地方より続々入る」と記す。

㊐茶業組合準則に基き不正茶検査所を横浜と神戸に開設。(『日本茶業史』)

一八八七
明治二〇

㊐茨城県の野村左平治『製茶指針論』を発表する。機械製茶に対して香気を重視する手揉みの伝統の大切なことを強調する。

㊐上海領事館報告『清国産茶実況』にはじめて中国茶の本格的調査結果が公表される。その中で次のように述べる。「清国ノ産物ニ於ケルヤ固ヨリ枚挙ニ遑アラズト雖モ、先ヅ製茶ヲ以テ巨擘トス。故ニ其業盛大ヲ極メ其産出又タ巨額ニシテ万国皆ナ其供給ヲ仰ガザルハナシ……」。また磚茶の製法、生産と需要などにも言及する。

㊐茶の輸出額は総輸出額の一四・五パーセント、生糸について第二位を保持する。

㊐この年紅茶はじめて輸入される。

㊐茶業組合規則発令(農商務省令)、中央本部を茶業組合中央会議所と改称、横浜に本所を置く。

㊐茶樹斑点病(白星病)が静岡県富士郡下に発見される。

㊐多田元吉『茶業改良法』を著わす。

㊐このころ新潟県村上地方の黒蒸茶の生産量は約六〇〇〇キログラムを超えていたという。(『越後村上の茶業』)

㊐このころ静岡県下で茶の剪枝鋏が普及する。

㊐この年、お茶場(輸出向け再製工場)で働く者の賃銀、一日十〜十二時間労働で男十二銭、女九銭という。(米一升八銭のころ)、牛馬の如き取扱いと評する。(『朝野新聞』)

㊃ホワイト(J. B. White)、『インド茶業五十年史』をロンドンで出版。

| | |
|---|---|
| | ㊃ ジャクソン、茶揉捻、玉解き機を発明。また茶切断機を考案した。("All about Tea")<br>㊐ インドネシア (Nyasaland) に最初の茶園ができる。(一九〇一年の項参照、二説あり) |
| 一八八八<br>明治二一 | ㊥ (清、光緒一四) 茶税を減免する。<br>㊐ 政府はロシアの茶市場調査のため、平尾喜寿、および市川文吉をロシアに派遣する。政府の通商報告第五二号『支那製茶貿易衰退ニ関スル調査委員ノ意見書』に、中国茶貿易衰退の原因としてその粗製濫造をあげる。<br>㊐ 星田茂幹『茶業全書』を静岡市擁万堂より刊行。<br>㊃ この年イギリスに於ける紅茶輸入量は、インド茶が、はじめて中国茶を上廻る。すなわちインド茶の輸入量八六二一万重量ポンド、中国茶八〇六五万三〇〇〇重量ポンドと記録される。(P. Griffiths, op. cit.)<br>㊃ ロシア、グルジアに正式の茶園を建設する。<br>㊃ ジャクソン、茶棒取り機を発明。<br>㊃ リンカン (Lincoln) とリチャードソン (J. Richardson)、ガラス揉捻盤の揉捻機を考案する。<br>㊃ コッセル (A. Cossel)、茶葉中からテオフィリン (Theophylline) を抽出する。 |
| 一八八九<br>明治二二 | ㊐ 全国茶業有志大会を大阪に開く。<br>㊐ 表千家碌々斎宗左により、利休の三百年忌茶会が催される。 |
| 一八九〇<br>明治二三 | ㊐ ロシア向日本茶直輸出を目的に日本製茶会社が設立される。資本総額五〇万円、社長大谷嘉兵衛。<br>㊐ フランス、パリで万国博開催。茶業組合中央会議所は日本茶宣伝のため、喫茶店を開設。その報告(明治三五年、農商務省)に「幾多来客中偶〻特ニ緑茶ヲ命ズルモノアルモ、必ズ砂糖ヲ請ウテ之ニ和シ、決シテ単純ニ其ノ本味ヲ賞セントスルモノナシ、……日本庭園ノ隣区ニ設ケラレタルセイロン茶店ハ顧客常ニ充満シタルニモ拘ハラズ、本邦茶店ハ概ネ寂寥ノ感アリ」と述べる。 |

近代

一八九一 明治二四

㊐東京、西ケ原農事試験場に茶園を設け試験を開始する。

㊮マラウィ、茶の試植に失敗する。

㊮ベトナムの茶園、回復に向うという。

㊎ブラジルにアッサム茶の種子が蒔かれる。

㊐茶の輸出額五二八〇万七四七三ポンドと従来の最高額を示す。

㊐日本製茶会社解散。

㊐この年関東地方の中級一〇〇グラム当りの標準小売価格は煎茶六銭六厘、番茶三銭三厘。（東京都茶商工業協同組合資料による）なお白米は一〇キログラム当り約六十七銭。

㊐大林雄也『大日本産業事蹟』を著わす。この中で茶業史について詳細な考証を行なう。

㊍ロシア、輸入品目中、茶をもっとも重要視する。この年輸入額三二〇〇万ルーブルといわれる。

一八九二 明治二五

㊥（清、光緒一八）九江で磚茶の製造に成功。

㊐『二十五年中加拿陀（カナダ）貿易景況』（バンクーバー帝国領事館報告）に「日本茶ハ、寒国ニ於テ最モ人望ヲ博スルモノノ如シ、是レ畢竟日本茶ハ神経ヲ刺衝スルコト強キガタメナリト云フ、是故ニ北米合衆国及カナダノ伐木者ハ日本茶ヲ消費スル巨擘タリ」と記す。

㊐茶業組合中央会議所を横浜より東京市に移す。

㊐日本茶樹栽培面積約六万ヘクタール、生産数量約五九六一万三〇〇〇ポンドという。（『農林省統計』）これによれば、静岡県が一万一二一四ヘクタールで第一位、愛媛県が七四〇八ヘクタールで第二位であった。

㊍この年カナダに於ける緑茶輸入量総数一三六五万五〇二六重量ポンド中、日本よりの輸入量は一一七〇万六七五四重量ポンドで八五パーセント強を占めた。（『茶業ニ関スル調査』農務彙報）

一八九三 明治二六

㊐アメリカ、シカゴに万国博を開催、日本茶は庭園などを設置し、大々的宣伝をする。この博覧会以

近代

| 年 | 事項 |
|---|---|
| | 降、インド、セイロン紅茶、アメリカ市場に流入を増す。<br>㊐柴謙吉編『茶業論纂』を水戸市で刊行。前田正名の談話筆記、世界平均茶価比較表などを載せる。<br>㊄ロシア、トランスコーカサスに茶の試培をなす。 |
| 一八九四 明治二七 | ㊥（清、光緒二〇）日清戦争の軍費調達のため茶税を増す。<br>㊐全国茶業会結成。茶の販路拡張を事業目的とする。<br>㊍コロンボ茶協会成立。<br>㊍最初のスマトラ茶がロンドンに到着。<br>㊍インドで宣伝基金の確保をはかるため、茶に課税することとする。<br>㊍インド、ボンベイに領事館を設置。インド茶などの組織的情報活動を開始する。 |
| 一八九五 明治二八 | ㊐ボンベイ領事呉大五郎、ダージリン紅茶の実情を紹介する。（『通商彙報』二五、二六、二七、二八号「印度内地巡回復命書」）その中で「製茶場ハ皆茶園内便宜ノ位地ニ設ケアリ多クハ機械製ニシテ手製ハ少シ、大日林（ダージリン）会社モ亦全ク機械製ニシテ……」「此地方ノ工夫賃金ハ甚安クシテ一ケ月平均五ルピー即我二円五〇銭ニ過ギザルモ尚機械揉ハ手揉ニ比シ節省ナリト云フ」等述べる。<br>㊐横浜に日本製茶株式会社設立される。社長大谷嘉兵衛。全国茶業会が母体となる。<br>㊐静岡県の江沢長作『製茶改良全書』を刊行。維新前後の静岡の製茶技術の発達、宇治製法の導入の経過等について述べる。<br>㊍セイロンの茶園面積一二万二〇〇〇ヘクタールに増す。 |
| 一八九六 明治二九 | ㊐神戸に日本製茶輸出会社設立。全国茶業会を母体とする。<br>㊐全国茶業者大会を津市で開催。日本茶の海外販路拡張に対する国庫補助を政府に請願することを決議。このころインド、セイロン茶のアメリカ市場進出は日本茶に脅威をあたえていた。 |

## 近代

(日) 東京、西ケ原に農商務省製茶試験所を設置。

(日) 清水港、四日市港、輸出港に指定される。

(日) 静岡県の望月発太郎、茶揉捻機を発明。

(西) ダッジソン（J. Dudgson）"The Beverages of the Chinese"（中国の飲料）を著わす。この中で「茶」は「荼」と別のものであると説く。

(西) セイロンでイギリス人ボウステッド（T. M. Boustead）ら電熱式茶乾燥機を発明する。

(西) イギリスのウォルシュ"Tea blending"（茶の合組）を刊行。

(西) スミス（A. V. Smith）、ロンドンでティーバッグ（Tea bag）の特許を取得。

(西) ロシアの茶の輸入額は四二〇〇万ルーブルと飛躍する。

### 一八九七 明治三〇

(日) 日本茶の海外販路拡張に対する国庫補助の請願に対し、農商務省はこの年より七年間、毎年七万円を茶業組合中央会議所に交付することを決定する。（『日本茶輸出百年史』）

(西) イギリスのクロール（David Crole）『茶の栽培と製造』（A text book of tea planting and manufacture）をロンドンで刊行。

(西) カナダ、バンクーバーの目抜き通りに「エムプレス屋」という日本茶の売店が開店する。店頭の大きなガラス戸に金文字で「茶一ポンド御買下され候御方へは極上ザラメ砂糖二ポンドを呈上致します」と宣伝した。景品のザラメは卸売価格一ポンド五セントの上等のもので、人を驚かせたが、むしろ下品な商法として評判は良くなかったという。

(西) 北アメリカ、製茶取締りに関する法を制定。日本茶については釜製日本茶（Panfired）、籠製日本茶（Basket tea）、日本粉茶（Dust tea）と規定した。

### 一八九八 明治三一

(日) 原崎源作、日本緑茶の再火入機を発明。

(日) 埼玉県の高林謙三、茶の粗揉機を発明。「茶葉粗撚（あらねり）機械」として第三三〇一号の特許を受ける。

(日)石上園主人茶岳『石山茶話』を著わす。「九州背振の地元では明治二十七年頃茶の再興を期して紅茶の製造を試みた」などと記す。

(日)田中仙樵、大日本茶道学会を創立。(『茶道年表』)

(西)ワット (G. Watt)『茶樹の病虫害』をロンドンで出版。

(西)ジャクソン、茶箱詰機を考案。

(西)北アメリカ、輸入茶に対して関税を賦課。コーヒーは無税。日本朝野をあげての茶税廃止の運動起る。(『日本茶輸出百年史』)

(西)この年北アメリカ政府は米西戦争税として輸入茶に封度当り一〇セントの課税をきめる。

(東)セイロン、ヌワラエリヤ (Nuwara Eliya) に茶業試験場を設立。("Golden Tips Ceylon")

一八九九
明治三二

(日)日本茶の直輸出は総輸出量の一三・七パーセント、金額において七・八パーセントと上昇。輸出量四五九三万九五四六ポンド。

(日)清水港の開港に伴って茶貿易の主体が横浜、神戸から清水に移る。(『日本茶輸出百年史』)

(日)静岡県茶業組合連合会議所、日干茶の製造を禁止する。(『静岡県茶業史』)

(日)臼井喜市郎、茶葉精機（のちの精揉機にあたる）を発明。

(西)ロシアのクラスノウ (A. Krassnow)、『茶樹及び喫茶習慣の地理的分布』という講演（ベルリンで開かれた第七回万国地理学会）で「茶樹の原産地はアッサムだけでなく、東部アジアのモンスーン地帯の各所に原産しているようで、その北限は日本の南部に及ぶ……」と発表する。

一九〇〇
明治三三

(日)茶業組合中央会議所、パリの万国博に喫茶店を開設。日本茶の宣伝につとめる。

(日)村山鎮『茶業通鑑』を著わす。その中で明治中期の日本におけるヤマチャの植生と利用の概況などの注目される記載がある。

(西)カナダの紅茶輸入高

インド・セイロン茶　一〇〇〇万斤以上

一九〇一
明治三四

中国茶　二八〇万斤
同カナダの緑茶輸入高
日本茶　八四八万斤
（輸入緑茶中、日本茶が八七パーセントを占める）

(西) イギリス、テイラー（A. J. Wallis Tayler）、『製茶機械と工場』（Tea machinery and tea factories）をロンドンで刊行。図解二二三葉を含み好著とされる。

(他) イラン、茶の栽培を開始する。

(他) ウガンダ、エンテベ（Entebbe）の植物園に茶を試植する。

(日) カナダ『バンクーバー帝国領事館報告』に、「製茶原価ニ大関係アルハ労力ヲ省クベキ器械ヲ適用スルト否ノ一事ニアリトス」とし「世人ノ知ル如ク印錫（インド・セイロン）ニ於ケル製茶方法ハ先ヅ茶園広大ニシテ生葉生産費ヲ省キ、其製焙ハ巧妙ナル器械ノ力ニ依リ……」と記す。カナダに、この年に於る同じ品質の緑茶製造費、インド・セイロン茶が一斤一六〜一七セントに対し、日本茶は二三〜二四セントとの記録がある。

(日) 高林謙三、静岡で没する（69）。製茶粗揉機の発明のほか、多くの製茶機械を発明して、機械製茶の先駆者として知られる。（一八八五、一八九八年の項参照）

(日) 麻生慶次郎、茶葉中に一種の酵素を含むことを証明する。

(西) イギリスのニュートン（C. R. Newton）、茶の発酵は酵素の作用によることを証明する。

(西) アメリカ、ニューヨークで「ティーアンドコーヒー　トレードジャーナル」"Tea & Coffee Trade Journal" 発刊。

(西) パリー博覧会に日本茶と台湾茶が出品される。

(西) ニューヨークで「茶税撤回協会」（The Tea Duty Repeal Association）が結成され、「米西戦争茶税」の廃止を要望する。

近代

西 イギリスの茶の輸入量二億五八八五万重量ポンドに達する。
東 インドネシア（Nyasaland）で茶園創設される。（一八八七年の項参照）

一九〇二 明治三五

日 日本の輸出品は、輸出額において、生糸、絹織物、マッチ、綿糸、石炭、銅、茶、綿織物の順となる。茶輸出量約四三三三万一〇〇〇ポンド。ロシヤ向けの磚茶の一二七万斤で、これをピークとして日本磚茶の輸出は不成功におわる。（『日本茶輸出百年史』）
日 松村錬太郎、茶の中採機を発明。
日 関西の有力な茶人が集まり「十八会」成立。
西 アメリカ、輸入茶一〇セントの関税を廃止。
東 蘭領インド茶業試験場を創設。現在のジャワ西部試験場の前身となる。
東 コロンボのウィッタル（Whittal）、会社茶釜炒機を発明。
東 セイロンのバトラー（W. Butler）、茶磨光機（つや出し機）を発明。

一九〇三 明治三六

日 日本茶の直輸出は総輸出量の二八パーセント。金額の二六パーセントに達する。
日 全国茶業者大会、大阪に開催。海外販路拡張のための国庫補助の継続方を決議、陳情する。
日 関東地方での中級一〇〇グラム当りの標準小売価格煎茶八銭三厘、番茶四銭二厘。
西 ニューヨークで国際茶協会結成。
西 ブレイク（John H. Blake）、『茶の小売人のヒント』（Tea hints of retailers）を著わす。
西 セイロンでターラー（H. Tarrer）ら製茶の連動機を考案する。
東 インドの茶商によって組織されている二十人委員会は、茶宣伝事業を開始。
東 インドのワーゲル（H. Wahgel）、茶葉中から細菌を分離抽出し、茶葉の発酵はこの細菌の作用と発表する。
東 インド政府、インドやその他の地域で茶の販売と消費の拡大をはかる運動の資金源として、茶の輸出税ポンド当り1/4ピー（pie）を課す。

(他) ナタールの茶生産伸張し、年産二六八万一〇〇〇ポンドとなる。

**一九〇四 明治三七**

(日) 海外販路拡張のための国庫補助を、この年のみとし三万五〇〇〇円と決定される。

(日) 西ケ原製茶試験所で第一回製茶研究会を開く。この会において手揉製茶の標準をまとめる。

(日) 静岡県に社団法人茶業研究会設立。県立茶業試験場の前身となる。

(西) イギリスのハチンソン（J. Hutchinson）『中国台湾のウーロン茶の栽培と製造報告』を著わす。

(他) マラウィの茶園面積、一〇四ヘクタールになる。

**一九〇五 明治三八**

(中) （清、光緒三一）鄭世璜、周復の命を奉じて外国技術師及び委員、茶工を率いて英領印度、セイロンに赴き茶業を調査する。

(日) 岡崎淵中没する（65）。『点茶話法』を著わす。

(西) ポルトガル人ヴェンセスラオ・モラエス（V. Moraes）『茶の湯』の著を神戸で自費出版する。

(西) ロンドンで「茶税反対組合」（The Anti-Tea-Duty Association）が結成される。

(西) ロシアの茶園面積四五〇ヘクタールという。

(東) ジャワに茶評審局が設けられる。これはバタビアの茶仲買人、コチアス（F. D. Cochius）の発案にかかるもので、各茶場から見本茶を取り寄せ、世界茶市場の騰落に基いて優劣を判断し、市価を予告して、茶商が発売しようとする機能をもつもので、ジャワ茶の海外における声価の維持に役立つこととなる。

**一九〇六 明治三九**

(中) （清、光緒三二）前年の鄭世璜の、インド、セイロンの調査に基き、その新製法にならって茶樹を植え、製茶機械を購入し中国茶の改良を期す。その試験地として南京近くの紫金山（鐘山）霊谷寺附近をえらぶ。（『中国的名茶』）

(日) 岡倉天心、ニューヨークのフォックス・ダフィールド社より『茶の本』（The Book of Tea）を出版。「茶は薬用としてはじまり後飲料となる。シナにおいては八世紀に高雅な遊びの一つとして詩歌の域に達した。十五世紀にいたり日本はこれを高めて一種の審美的宗教、すなわち茶道にまで進めた」として東洋の心を茶に求め、茶の哲学を記述する。

㊐ リプトン紅茶、初めて日本に輸入。

㊐ 大林雄也、手島岩雄編『茶業講義録』を東京、日進舎より刊行。

㊐ 静岡県茶業連合会議所、日干茶の製造禁止を会員に通達する。

**一九〇七 明治四〇**

㊐ 日本のロシア向磚茶不評。「品質極メテ劣等ニシテ香味ニ乏シク……一回以上ノ使用ニ堪ヘズ、又原料粗悪、圧搾不十分」という。(『通商彙報』二五号「露国輸入本邦製紅磚茶貿易ニ関スル意見」)

㊐ 人類学者、鳥居竜蔵は中国の貴州省安順、青岩などの苗族を調査し、茶のことを Ma, Mu, Lon, Tsua, Ta と呼んでいると記録する。

㊐ 静岡県森町の藤江亀太郎、茶鋏を考案する。

㊐ 水野幸吉『漢口』を東京冨山房より刊行。漢口の磚茶について詳述する。

㊐ 東京の鈴木藤三郎と静岡県の原崎源作は熱風火炉を考案した。

(西) バーナード (Dr. C. Bernard)、スマトラの土壌は茶の栽培に適していると指摘する。

(西) ロシアの茶輸入額、七六五七万ルーブルと著増する。

(西) イギリスの植物学者ワット (Sir George Watt)、茶を四つの変種にまとめて報告する。(一九一九年の項参照) この中でワットは茶樹の学名を "Camellia thea (Link) Brandis" と定める。

**一九〇八 明治四一**

㊐ 杉山彦三郎、静岡県において茶品種「やぶきた」を選抜する。

㊐ 野崎兎園没する (73)。『茶道原理考』などの著がある。

(東) セイロンで茶税廃止。

**一九〇九 明治四二**

㊐ 静岡県聯合会議所で標準茶を設定する。輸出に標準茶制度を施行。

近代

| | |
|---|---|
| | ㊐三重県に茶業試験場設立。<br>㊐東京に茶道協会設立。<br>㊐沢村真『製茶論』を東京、西ケ原叢書刊行会より刊行。 |
| 一九一〇<br>明治四三 | ㊥（清、宣統二）伊犁（新疆省）とヤルカンドに官民合同の伊塔茶務公司を設立。ロシアに奪われた市場を恢復するため茶の専売を始めたが失敗に終る。<br>㊐大林雄也、田辺貢共著『茶樹栽培法』を明嵩山堂より刊行。<br>㊎スマトラに大規模な茶のエステート開設。（Ukers "Java and Sumatra"）<br>㊤アフリカ、ウガンダ（英領）に茶園開設。 |
| 一九一一<br>明治四四 | ㊥（清、宣統三）安徽省祁門茶葉改良場設立される（のちの祁門茶葉研究所）。<br>㊐農商務省、製茶鑑定員を養成。<br>㊒アメリカ、着色茶の輸入を厳禁。中国茶は着色を慣習としてきたため打撃を蒙る。<br>㊒スウェーデンの貿易商夫人イーダ・トロチッヒ（E. Trozig）、ストックホルムで『茶の湯』（Cha-no-yu, Japanernas Te Ceremoni）を刊行。茶道史から始まり基本的な点前の説明をした実用書。<br>㊒イギリスの植物学者ウォード（F. Kingdon Ward）『青いケシの国』を著わす。サルウィン―イラワジ分水嶺などを越えて揚子江上流地帯などの植物調査を行なった報告書で、その中で「メコン上流地帯でシャン族、リマ族等と接し、各地で茶を飲んだとし、チベット人はチベット風の茶の飲み方（バター茶）をしている」などと記す。また「四川省上流のエルゴンへ泊って宿賃を払うには磚茶を用いた」とも記している。<br>㊎スマトラの茶園面積、三四五ヘクタールという。（"Java and Sumatra"） |
| 一九一二<br>大正一 | ㊐日本茶の輸出額は三九五三万三五八五重量ポンドに達したが、総輸出額の二・六パーセントに過ぎなくなった。 |

近　　代

㊐藤田伝三郎（香雪）没する（70）。彼の蒐集になる茶道具を中心にして、のち（一九五一）、大阪市に藤田美術館が設立される。

㊐農商務省農務局『茶葉ニ関スル調査』を刊行。世界の茶の生産、主要国の消費、需要、供給について全般的に把握する最初の資料とされる。

㊐山本麻渓、木全宗儀共著の『茶事年鑑』刊行。

㊄アメリカ市場における紅茶の輸入量が緑茶を上廻る。

㊄ブラウン（E. A. Browne）、『茶』を著わす。その中では中国の茶の原産地説を否定している。

一九一三
大正二

㊐アメリカ在留の農商務省海外実業練習生神谷政司、『アメリカ人の茶に対する嗜好』を報告する。その中で「日本茶ヲ試ミタル米人ハ其香気ノ美妙ナル点ヲ愛ス、然レドモ米人ノ常トシテ牛乳及砂糖ヲ混用スルガ故ニ余リ美妙ニ過ギタル日本茶ハ特有ノ香味水色ヲ失シ遂ニ茶ナルカ牛乳湯ナルカ区別スルニ苦シムニ至ル」と述べる。

㊐歌人、小説家伊藤左千夫没する（50）。晩年に茶室「唯真閣」を設け、茶湯の和歌を多くのこす。

㊐『茶の本』の著者、岡倉天心没する（52）。

㊉ロシアの茶園面積、九〇六ヘクタールという。

㊄チャンドラー（S. E. Chandler）、茶の学名を“Camellia thea”と発表する。

㊉このころタンザニアの茶の栽培始まる。（『世界の茶の動向と展望』）

一九一四
大正三

㊐第一次世界大戦おこり、日本茶の輸出好調を持続。この年輸出三九一六万ポンド。

㊐茶業組合中央会議所『日本茶業史』刊行。

㊐淡々斎宗室、堀川高等女学校に茶室を開く。以後高等女学校の「作法」の時間に茶の湯が入る。

㊐浅田宗恭没する（81）。『妙々茶話集』をのこす。

㊐三重県の秋葉安吉、茶葉の「送帯式蒸機」を発明。

(西) フランシスコ（Francisco A. Loayza）、『カメリヤティ』（Camellia théa）を著わす。

(西) ロシア、コーカサスに茶栽培の模範園を二十三ケ所設置する。

(東) マラヤ連邦、華僑の手により茶の栽植を始める。後にイギリス人の手に移りさらに発展をみる。

## 一九一五　大正四

(日) 内田三平、摘採機（茶摘み鋏）の実用新案特許を取得。

(西) ロシアの軍隊が中国茶を大量に買付け、中国茶復興のいとぐちとなるという。

(西) パリで万国博覧会開かれ、安徽省産の「太平猴魁茶」が一等賞を得たという。

(東) セイロンの茶園面積、一六万八〇〇〇ヘクタールに躍進する。

## 一九一六　大正五

(日) 第一回全国製茶品評会を静岡に開く。

(日) 第一回茶樹品種研究会を茶業組合中央会議所で開く。

(日) 茶業組合中央会議所『支那及び蒙古地方茶業視察報告』を刊行。清水俊二、阿部野利恭、村松順三の調査報告で、当時の中国茶業の情況を詳述したものとされる。

(日) 黒川真道『日本喫茶史料』を編する。

(日) 静岡市に静岡磚茶株式会社設立。ロシア満蒙方面への磚茶販売を志向した。

## 一九一七　大正六

(中)（中華民国六）この年刊行された徐珂の『清稗類鈔』（四八巻）に「湘（湖南省）の人、茶における、ただその汁を飲むのみならず、すなわち茶葉を併せて之を咀嚼す。人家に客の至るあれば、必ず茶を烹る。若し壺（急須）にて之を斟し以て客に奉ずるは敬わずとなす。客去り、茶碗の蓋をひらけば、中に有るものなし。けだし茶葉はすでに腹に入りたればなり」との記載がある。

(日) 日本茶の輸出量、記録的に上昇する。（六六三六万一八ポンド〈三万一〇一トン〉）

(日) 木全宗儀『古今茶湯集』を刊行。

(日) 関東地方での中級一〇〇グラム当りの標準小売価格、煎茶一三銭三厘、番茶六銭六厘。

(日) 上海日本人実業協会『支那の工業と原料』を刊行。その中に「支那緑茶製造法」の項がある。製造

近　　代

法にづいてとくに詳述されている。

(西) ソ連革命以後茶の本格的栽植に乗りだす。

(西) ブラウン（Edith A. Browne）"Tea peeps at industries"（茶産業の夜明け）を刊行。

**一九一八　大正七**

(日) 対米製茶運賃一トン三〇ドルに高騰。

(西) アメリカで粗悪茶の輸入禁止令発令。

**一九一九　大正八**

(日) 国立茶業試験場を静岡県牧之原に設置することを閣議で決定した。（一九二〇年開設される）。

(日) 製茶木茎分離機、静岡市の佐瀬佐太郎によって発明される。

(日) 関東地方での中級一〇〇グラム当りの標準小売価格、煎茶二三銭三厘、番茶一一銭六厘。なお白米は一〇キログラム当り三円八六銭。

(西) 世界大戦（第一次）の終息に伴い、イギリスは戦時茶統制を廃止。

(西) ドイツでは消費される茶に従価一〇〇％の税率で課税。

(西) 茶樹の起源についてコーエン・スチュアート（Cohen Stuart）はアッサムの茶と中国の茶とでは形質が著しく異なっていることから、原産地を異にするとし、葉の小さい中国種はインドや雲南の大葉種とは全く無関係に中国の東部および東南部地方に発生し、やがて栽培に移されたものであるとする二元説を発表。（昭和五六、淡交社『茶の文化』橋本実）ワットの分類を補足したものとされる。なおスチュアートはこの時の著述で茶樹の学名を"Camellia theafera (Griff) Dyer"とした。

(西) ハステルリック（Dr. Alfred Hasterlik）"Tee"（茶）をライプチッヒで刊行。

(東) ビルマ北部にイギリス、フランス資本により茶園を設立、紅茶の製造を開始。

**一九二〇　大正九**

(日) 奥田正造『茶味』を刊行。

(西) イタリア国際農業者大会にて、日本茶を世界重要物産として認定するという。

(西) チャールズ・ジャッジ（Charles Judge）『緑茶』（Green tea）をカルカッタで刊行。支那茶と日本

## 近代

茶の比較をしている。

**一九二一 大正一〇**

(中)（中華民国一〇）謝観『中国医薬大辞典』を編する。その中に茶の根を煎じて飲めば口内のただれを治す効果があると記している。

(日)安田善次郎（松翁）没する（84）。『松翁茶会記』をのこす。

(日)高橋箒庵編の『大正名器鑑』第一篇が刊行される。名物茶器八八五点の写真などを収め解説する。

(日)大戦後の経済恐慌のため、日本茶輸出不振、茶価急落する。

(西)アメリカに、日本茶木茎混入問題が起こる。（『日本茶輸出百年史』）

(東)ビルマの茶園面積二万二〇〇〇ヘクタールにふえる。マニプール種（Manipur）を多く含むという。

**一九二二 大正一一**

(日)松本和雄、九州の茶業についてその将来性を高く評価した論文を発表する。（『茶業界』第一七巻第五号）

(西)クロード・ボールド（C. Bald）『印度茶、その栽培と製造』を著わす。

(東)インド、セイロンは茶の生産制限を強化。アメリカ市場の滞貨増大が原因。

**一九二三 大正一二**

(日)関東大震災で、三〇〇万ポンドの茶が東京、横浜で焼失したという。また茶器なども本阿弥光悦作の茶碗「ヘゲメ」、光悦の内黒楽茶碗「鉄壁」、名物長次郎作茶碗「木守」、山田宗徧作茶杓「猫鼻」など焼失。

(日)丸亀市の茶舗の『定価表』によれば、土佐番茶一斤二八銭。阿波番茶の上葉茶一斤六〇銭、葉茶一斤五〇銭とある。

(日)好川海堂『日本喫茶史要』及び『日本煎茶創始者永谷翁』を著わす。

(西)ペッチ（T. Petch）、『茶樹の病害』（The Diseases of the Tea Bush）をコロンボで出版する。六十余種の病害について詳述している。

一九二四 大正一三

㊐三浦政太郎、日本緑茶に多量のビタミンCを含むことを発表する。("Vitamin C in Japanese green tea" Miura and Tsujimura, 1933)

㊐国立茶業試験場「製茶乾湿簡易検定法」の研究を完成する。

㊐宇治市（京都府）の堀井長次郎碾茶製造機械を考案し、堀井式と名づけた。

㊐農商務省農務局編『茶業要覧』同所より刊行。

㊥アメリカのカリフォルニア大学のアーサー・D・ハウトン医博、エバンス博士と協力して茶中から、従来認められていたイースト中のビタミンより三〇〇倍も効果の強い物質が含まれていることを発見し、これをビオスと命名する。（サンフランシスコ『コール』誌）

㊟マレーシア、サーダム（Serdamg）の試験場でアッサム種を播種する。

一九二五 大正一四

㊐日ソ基本条約調印、対ソ製茶輸出開始（一三六トン輸出）。

㊐山本頼三、緑茶中のビタミンAの存在を報告。

㊐京都府茶業研究所の石井吉次、浅田美穂、碾茶製造機械を考案し特許を得る。

㊥ラザーフォード（H. K. Rutherford）、『セイロンの栽培者』を著わす。剪枝が茶園の管理では重要なことなどを記す。

㊥ベイリイ（L. H. Bailey）、茶樹を武夷変種、普通変種、広東変種およびアッサム変種の四種に分類する。

㊥ソ連邦、チフリス（Tifries）に資本金五〇〇万ルーブルで半官半民のチャイグルジア茶業会社（Chai Gruzia or Georgian Tea, Ltd.）を創立。全ソ連邦消費組合中央連合会（Centrosoyus）及び地方農業局も株主に加わり、積極的に茶生産にのり出す。（一九二九年の項参照）

㊟セイロンに茶科学研究院が創設される。この提案者はセイロン各茶業団体の十二委員会。委員のうち農業部長、植民地財務長、セイロン栽培協会主事およびセイロン栽培業株主協会主席は当然委員とされている。

（他）英領ケニアに製茶会社創立。なおこの年に一五二ヘクタールの茶園を造成している。

（他）マラウィの茶園面積三二〇〇ヘクタール。

（他）ウガンダの茶園面積一〇七ヘクタール。

（他）ジンバブウェ、茶種子を始めて播く。

**一九二六 昭和一**

（日）大谷光瑞、スマトラ島に茶園設置。

（日）佐賀県嬉野の大茶樹、内務省天然記念物に指定。樹齢三百年以上とされる。

（日）日本国内の製茶機械（打葉機、粗揉機、揉捻機、精揉機）台数は五万一〇〇〇台と普及する。

（日）沢村真『茶の化学』を刊行。茶の化学については当時海外にも知られた著書とされた。

（西）エリオット（E. C. Elliott）『セイロンの茶栽培』をコロンボで刊行。

（西）ボーリス・P・トルガシェフ（Boris P. Torgasheff）『茶産国の支那』（China As A Producer）を著わす。中国茶の製法について詳述する。

（西）ヴァヴィロフ（Nikolai Ivanovich Vavilov）『栽培植物の発祥中心地』という論文を発表する。その中で、茶の関連では「第一次中心地（中国）と第二次中心地（とくに日本）」に分けている。

（西）フランスのヌヴィル（H. Neuville）『茶の工学』（Technologie du thé）をパリで刊行。

（西）ドイツの農学者ワーグネル（W. Wagner）『中国の農書』（Die Chinesische Landwirtschaft）を著わす。その中で「茶の栽培の中心地はなお、雲南の蒙自県および思茅庁の附近にあるが、西四川の雅州府にあるもう一つの中心地は陸路をチベットへ輸出される茶を供給している。……茶が西紀はるか以前にこの国において医療の目的に使用されていたことは確かである」と記す。

**一九二七 昭和二**

（日）日本茶のモロッコへの試売に着手。また東南アジアへの進出はじまる。

（日）岡倉天心の英文『茶の本』がはじめて邦訳される。（一九〇六年の項参照）

（日）全国茶業技術員打合会議が開かれる。その中で「茶の摘採鋏の使用は大体上有利にして奨励すべきものと認む、但し経済上有利に行ない得る場合に手摘とするを可とす」と農林大臣に答申する。

## 現代

| 年 | 事項 |
|---|---|
| | (東) インドネシアの茶園面積一二万一六〇〇ヘクタールに達する。<br>(他) ジンバブウェの茶園面積四〇ヘクタールを造成する。 |
| 一九二八<br>昭和三 | (日) ソ連より茶種子の注文がある。ソ連はこの年産業五ヶ年計画の一環として茶の自給計画をたてる。<br>(日) 埼玉県に茶業研究所設立。<br>(日) 農林省茶業試験場の桑原次郎右衛門『嗜好からみた全国の番茶』という論文を著わし、日本各地に四〇～五〇種のそれぞれ独特の香味をもった番茶があると説く。之に附随してそれら番茶は日本古来の茶製法と解した。（『日本茶業発達史』）<br>(西) スタビエイカー（F. W. F. Staveacre）『茶と茶の取引』（Tea and tea dealing）をロンドンで刊行。<br>(西) ロシアのパリビー（Palibih）『コーカサス沿岸チェルノモルスキーにおける茶栽培の北限』（Severnve prdely Chainoi kul'tury na Chernomorshom poberzk'i Kavkaza）を著わす。 |
| 一九二九<br>昭和四 | (日) 白井光太郎『植物渡来考』を著わす。その中で、茶に自生説と伝来説の両方あることを認めた上で「その古きこと弘仁六年（八一五）以前のこと」と唱える。<br>(西) ソ連、チャイグルジア茶業会社設立（一九二五年ともいう。）<br>(西) イギリスにおいて一六六〇年より二六九年間継続された茶税が廃止される。<br>(東) セイロンの茶商協会が連合して、セイロン茶宣伝局（Ceylon Tea Propaganda Board）を成立させる。 |
| 一九三〇<br>昭和五 | (中)（中華民国一九）茶総生産量について国際茶委員会は約二七万トンと推定する。<br>(日) 益田男爵小田原邸に豊太閤遺愛という黄金の茶釜で茶会を開く。（『茶の美術』）<br>(日) 辻村みちよ理学博士、緑茶中にティー＝カテシンの存在を発見する。また緑茶中よりカロチン抽出に成功する。（"Carotin and dihydroergosterol in green tea" および "On tea catechin isolated from green tea"—1929） |

現　代

⊟この年、静岡県内の製茶機械台数は三万八一二六台、機械製茶の発祥地埼玉県は九一一台という。

㊉インド、セイロン茶、アメリカ市場向けの大宣伝が効を奏し、輸出増大する。

㊉セイロンの茶科学研究院、セント・クームス（St. Coombs）に茶園を購入し、ここに化学実験室、萎凋室、模範製茶工場を建設し活動を開始する。（一九二五年の項参照）

㊉マレーシアの茶園五〇〇ヘクタールという。

㊍ケニアの茶園面積、三三〇〇ヘクタールに増す。

一九三一　昭和六

㊥（中華民国二〇）趙烈『中国茶業問題』を上海にて刊行。
㊥台湾総督官房調査課編『中華民国茶業史』同所より刊行。
㊥上海及び漢口に出口検験局（輸出検査所）を設立、毎年制定する標準茶により品質の向上と粗悪茶の輸出制限に乗り出す。（"Tea Trade in Central China"）
⊟茶業組合中央会議所、懸賞により「グリ茶」の新名称を募集し、「玉緑茶」の名称を統一使用することに決定する。グリ茶は元来ソ連市場向けに造られた新型の茶。（『日本茶業史』）
⊟金沢宗為（方円斎）没する（61）。『利休百首和解』をのこす。
⊟日本産玉緑茶約一八一トンをモロッコに始めて輸出。
⊟静岡の国立茶業試験場の廃止閣議決定。反対運動起る。
⊟イギリスに輸出した茶に砒素を含有したことにより輸入を拒否される。以来農林省は病害虫防除の為の砒酸塩の使用を禁じる。（一九三六年、製茶取締規則として公布）
㊎イギリスの紅茶王と称せられるサー・トーマス・リプトン（Sir Thomas J. Lipton）没する。
㊎ソ連の茶園面積二万二〇〇〇ヘクタールと推定される。

一九三二　昭和七

⊟国立茶業試験場存続を決定。

⊟大阪医大の奥谷博義、緑茶に蔗糖偏食による血液酸性中毒を中和する効あることを発表。

⊟フクキタ・ヤスノスケ『Cha-No-Yu』—Tea cult of Japan—を丸善（株）より刊行。

## 現代

一九三三
昭和八

(西) ロンドンの茶価ポンド当り九ペンス半と底値をしめす。これは一九二五〜一九二七年平均の約五〇パーセントの値下がりとされた。

(西) ソ連のグルジア地方のみで茶園面積二万ヘクタールと推定される。

(東) インドの茶園総数四八四八。栽培面積三二万三〇〇〇ヘクタールという。

(東) セイロンの茶園面積一八万二八〇〇ヘクタール。

(他) マラウィの茶園五〇〇〇ヘクタール。

(中) (中華民国二二) 程天綬『種茶法』を上海にて刊行。この年、安徽省立茶業改良場『祁門之茶業』を刊行。また呉覚農、胡浩川共著の『祁紅茶復興計画』も刊行される。

(日) 簑和田博士、抹茶が糖尿病に効果ありと発表。

(日) 大谷嘉兵衛没する (90)。

(日) シカゴ世界博覧会に日本茶と茶道具が出品される。

(日) 松山吟松庵校訂の『茶道四祖伝書』刊行される。

(日) 橋本博編『茶道大鑑』二巻出版される。

(日) 鹿児島県茶業組合連合会議所編『満洲に於ける製茶販路調査報告』を同所より刊行。

(西) イギリスのハーラー (Harler)『茶の栽培と流通』(The culture and marketing of tea) を著わす。その中で茶の栽培の起源を「非常に古い時代に中国に始まったものであろう」とし、「初めはシャン (ビルマ)、中国、シャムの少数民族によって利用されたのではないか」とした。かれはまた茶をアルカロイドを含む植物 (Alkaloid-yielding plants) と規定した。

(西) サドラー (Sadler) "Cha-No-Yu. The Japanese Tea Ceremony" を刊行。

(東) 国際茶協議会がロンドンで結成。インド、セイロン、インドネシア三ケ国で実施した五ケ年計画の輸出茶統制等の運営を管理することとする。日本、中国等はこの協議会に参加していない。(一九五五年の項参照)

現代

㊙ウガンダの茶園二八〇ヘクタール。

㊙タンザニアの茶園二〇〇ヘクタール。

㊙ケニアは茶栽培者連合会を結成する。

一九三四
昭和九

㊥（中華民国二三）茶生産面積は八九万三〇〇〇ヘクタールともいわれ、また一三三万四〇〇〇ヘクタールともいわれる。この年同国の農村復興委員会では一一七万三〇〇〇ヘクタールと推計される。なお生産量は約六万トンと推定。（『中国茶葉公司統計』）

㊥国民政府行政院、中国茶業復興計画を発表する。これによると、（一）生産区域の指定（二）基礎的諸調査、諸研究の励行（三）生産、輸出の数量品種にたいする国家統制の実施（四）研究機関の拡充と技術の向上（五）農民の組織化と指導者の育成　の諸点を推進するとした。

㊥安徽省茶業改良場は、全国経済委員会農業処、実業部および安徽省政府の共同合資に改組され「祁門茶業改良場」と改称。

㊐農林省茶業試験場の星野胤夫、製茶のビタミンC様物質の含有量について分析した結果、「緑茶には種類によって異なるが一グラム中ビタミンCが一万分の三弱含まれているに対し、紅茶には全く含まれていない」と報告する。

㊐茶業組合中央会議所、紅茶標準茶を設定。

㊐田辺貢『茶樹栽培及製茶法』を著わす。（一九四〇年の項参照）

㊍国際茶協議会の加盟国、国際茶販路拡張評議会（The International Tea Market Expansion Board）を設置する。ロンドンその他の茶価回復に効果をみせはじめる。

㊍ジャワの茶評審局、茶の海外宣伝費に充てる為、一〇〇キログラムの紅茶に対し蘭貨三九センチームを徴収することとする。

一九三五
昭和一〇

㊥（中華民国二四）呉覚農、胡浩川共著の『中国茶業復興計画』上海にて刊行。この書の影響によって中国茶業改良委員会が組織された。

## 現代

**一九三六 昭和一一**

(日) 大原研究所板野新夫博士、茶に沃度（ヨード）を含有することを発見したと発表。

(日) 創元社の『茶道』一五巻の刊行が始まる。

(日) 竹崎嘉徳『日本茶業の将来と茶樹品種の育成』を著わす。

(日) 志村喬ら茶の染色体の研究を続け染色体の基本数は n＝15 であることを明らかにする。

(日) 細谷清『農家の至宝日本磚茶』を満蒙研究会より刊行。

(西) アメリカのウィリアム・ユーカース（William Ukers）『オール・アバウト・ティ』（All about Tea）をニューヨークで刊行。茶業全書として権威ある世界的な著述とされる。また彼は『支那への旅』（A trip to China）をニューヨークで刊行したが、これも茶の詳細な記録を多く含んでいる。この年『ユーカースの茶とコーヒーバイヤーの手引』（Ukers' tea and coffee buyer's guide）も出版している。

(東) 台湾中洲能高郡に野生アッサム茶樹が発見されるという。

(中) （中華民国二五）安徽、江西両省に皖贛紅茶運銷委員会が設立される。祁寧茶産区内の茶号（日本の再製工場に当る）で貸付を要求するものはすべて運銷委員会に登記合格したものとし、同会から銀行に紹介することに改める。

(中) T. H. Chu 上海で、"Tea Trade in Central China" を刊行。

(日) 茶業振興に関する建議案が国会に提出される。農林省告示にて、製茶検査標準公布。

(日) 谷口熊之助はその論文で「ヤマチャの広範な分布と地形、地質からみて、有史以前からわが国に繁茂せし固有の植物」と説く。

(日) 静岡県で茶商業者、才取（サイトリ）等流通業者が中心となって、産業組合系統の茶取扱いと、茶市場進出に対し反対運動を起こす。いわゆる反産運動の一環である。

(西) ウィリアムズ（Llewelyn Williams）は"Tea"の中で、「茶の起源は中国あるいはインド北部のアッサム」とし、野生種の起源については「西南部中国の山岳地帯、北部シャム、インドシナ、東部

現　代

| | |
|---|---|
| 一九三七<br>昭和一二 | ビルマとアッサム」をあげる。<br>㊥（中華民国二六）呉覚農、范和鈞共著の『中国茶業問題』上海にて刊行。<br>㊥中国茶の輸出量約二五〇〇トンと下降する。（『中国茶葉公司統計』）<br>㊐出村要三郎『手揉製茶と機械製茶』を著わす。<br>㊐日本茶輸出伸長。五四一九万ポンド。ソ連、北アフリカ両市場向け、及び紅茶の伸びが原因。<br>㊐高橋箒庵没する（77）。『大正名器鑑』の著のほか、『趣味ふくろ』『箒の塵』『茶道読本』などの著がある。<br>㊐諸岡存『茶とその文化』を大東出版社より刊行。また『茶の薬治史』を著わす。<br>㊐細谷清『蒙古貿易と日本磚茶』を東京満蒙社より刊行。 |
| 一九三八<br>昭和一三 | ㊥（中華民国二七）関税改正、茶は従価三割五分を二割に引き下げ。中国茶税は複雑で、変革がきわめて多い時代である。<br>㊥福建省では中国茶業の悪習慣とされていた茶桟（茶号より輸出商にいたる間の茶の仲介業、また金融機関的存在）を廃除し、省令により各茶号（一九三六年の項参照）を連合させ、政府が直接金融に当たることとする。（『三年来福安茶業之改良』）<br>㊐益田孝（鈍翁）没する（91）。実業家茶人。<br>㊐後藤朝太郎『茶道支那行脚』を東京、峰文荘より刊行。<br>㊛フットマン（G. H. Huttman）『紅茶生産の記録』（An account of the manufacture of the black tea）をカルカッタより刊行。<br>㊍インドネシアの茶園面積二〇万二七〇〇ヘクタールに増す。<br>㊍ベトナムの茶園中、ヨーロッパ人経営のもの二八〇〇ヘクタール。土着民の茶園面積は二〇〇〇ヘクタールといわれる。<br>㊍インド、セイロン、インドネシアの生産者の結成した国際茶協議会による国際茶制限協定がこの年 |

現　代

より実施される。
㊎ オーストラリア、アッサムから取り寄せた種子で北クインスランド（North Queensland）地方に茶の試作をはじめる。
㊎ ウガンダの茶生産量二〇〇～三〇〇トンと推定される。（『世界の茶の動向と展望』）（一九五八年には三七〇〇トンに上昇）

**一九三九 昭和一四**

㊥ （中華民国二八）貴州省婺川で野生の大茶樹が発見された。高さ約七・五m、葉長一三～一六㎝。
㊥ 中国漢口に、日華合弁、武漢製茶株式会社設立。
㊐ ニューヨーク博覧会に日本茶を積極的に宣伝。
㊐ 日本茶輸出好調。五四八八万九〇〇〇ポンド。（『外国貿易年表』）
㊐ 原富太郎（三渓）没する（72）。生糸貿易の富豪、横浜市に名園三渓園をのこす。
㊄ ソ連の茶園面積五万一〇〇〇ヘクタール、生産量一万一〇〇〇トンと称される。（大戦勃発時）
㊓ インドの茶園面積三三万二八〇〇ヘクタールという。
㊎ フランス領ギニアの農業局、茶栽培の試験を開始する。

**一九四〇 昭和一五**

㊥ （中華民国二九）中国茶の生産量、四万一一〇〇トンと公称される。これは大戦前の公称二七万トンの約一五％にあたる。（『中国茶葉公司統計』）
㊥ 南京の中支建設資料整備委員会編『支那茶業の経済的考察』同会より刊行。
㊐ 衆議院に於て、製茶物品課税を削除。物品税法施行、紅茶一割の課税。製茶小売協定価格認可。
㊐ 日本茶輸出組合設立。
㊐ 理化学研究所の辻村みちよ、緑茶中にフラボン即ちビタミン$B_2$を含むことを発見。
㊐ 根津嘉一郎（無事庵）没する（79）。遺志によりのち根津美術館設立される。茶器等約七〇〇〇点。
㊐ 田辺貢『実験茶樹栽培及製茶法』を東京、西ケ原刊行会より刊行。
㊐ 牧野富太郎『牧野日本植物図鑑』を著わす。その中で「チャは中国ならびに本邦の原産の常緑灌木

## 現代

にして……」と記す。かれはチャをツバキ科（山茶科）Theaceaeとし、チャ（茶・茗）をThea sinensis L.とうちゃ一名にがちゃをThea sinensis L. var. macrophylla Sieb.〔和名は唐茶、漢名皐盧〕と分類した。

㊐ 宮地鉄治は『日本茶史』の中で「ヤマチャはわが国の原産なりと認むるを至当とする」と説く。

㊐ 山本亮一は北緯三〇度の中国山東省に高さ一〇m、三抱えあまりの大茶樹があることを報告したという。

㊐ 諸岡存『朝鮮の茶と禅』を著わす。

(他) 世界の茶生産規模についてＦＡＯ（国際連合食糧農業機構）は次の通りと発表。

| | |
|---|---|
| 面積 | 九四万六四二ヘクタール |
| 生産量 | 五一万二三四二トン |
| 輸出量 | 四一万七七六八トン |

**一九四一 昭和一六**

㊐ 茶穀献納運動全国化。

㊐ 製茶最高販売価格決定。

㊐ 物品税法改正。紅茶二割、緑茶一割の課税。日本茶の栽培面積約三万九〇〇〇ヘクタール、生産量約一億三六三八万ポンドという（生産量はピークを記録）。（『農林省統計』）

㊐ 佐伯富『宋代茶法研究資料』を京都、東方文化研究所より刊行。宋代茶法資料の集大成。

㊐ 諸岡存『茶経評釈』『茶経評釈外篇』を著わす。

㊐ 上海の中支建設資料整備事務所、『祁門紅茶の生産及び運銷』を編纂刊行する。この原本は金陵大学農学部農業経済系編、同名の書。祁門紅茶について詳述する。

(他) アルゼンチン、第二次大戦中、茶の供給不足に対応してミシオネス（Misiones）州とコリエンテス（Corrientes）州に小規模の茶の栽培を開始する。

## 現代

**一九四二 昭和一七**

㊐茶業協会設立。

㊐紅茶卸商業組合設立。

㊐「京都茶道教材配給協議会」を表千家、裏千家、遠州流、宗徧流など九家各茶道指南者で設立。教材用として切符制による菓子の特別配給を受ける。

㊐茶業組合中央会議所技師、宮地鉄治『全窒素量と茶の品質との関係並に全窒素量に依る日本緑茶の分類に関する研究』を発表。全窒素量の含有の多いものは上質の茶であると、また、全窒素量と茶の品質とは相関関係にあると説明。

**一九四三 昭和一八**

㊐製茶公定価格改正。

㊐日本茶業会設立。

㊐農業団体法公布され中央農業会設立。茶業組合中央会議所はこれに併合される。

㊐農林省茶業試験場の志村喬技師は茶樹の起源について、中国種もアッサム種も染色体数は同数（2n＝30）で、細胞遺伝学的に差異は認められないと報告し、茶樹の起源の一元説を志向する。

㊐関東地方での中級一〇〇グラム当りの標準小売価格、煎茶二六銭、番茶一三銭三厘。

㊐小野賢一郎没する（56）。『陶器大辞典』の編者。

㊐加藤博『茶の科学』を著わす。

**一九四四 昭和一九**

㊐茶の集荷が系統農業会の統制となる。

㊐日本茶輸出組合解散、日本茶交易株式会社設立、府県農業会の集荷茶を一元的輸出事業とする。

㊐社団法人日本茶業会に茶業協会を吸収合併。

㊐埼玉県茶業研究所、燃料不足に対応し「有煙燃料を用うる直火熱風製茶法」を特許取得。

**一九四五 昭和二〇**

㊐製茶減産甚だしく、農林次官通牒により製茶の需給が統制される。

㊐全国農業会、冬番茶の増産協議会を開く。

## 現　代

(日)冬番茶の標準茶設定。

(日)農林省茶業復興五ヶ年計画を連合軍総司令部に提出。

(日)日本茶輸出量三三八万四〇〇〇ポンド。一八六一年の輸出量にほぼ同じ。（栽培面積約二万六〇〇〇ヘクタール。生産数量約五二〇九万ポンド）（『農林省統計』）

(日)中村円一郎没する。前茶業組合中央会議所会頭。

**一九四六　昭和二一**

(日)アメリカ向輸出再開、釜茶一五〇万ポンドを積んだ第一船清水港より出港。（『貿易庁』）

(東)トルコの茶園面積二四〇〇ヘクタールと推定され、増大の気配は濃いとされる。

(東)ベトナムの茶栽培面積一〇〇〇ヘクタール余に減退する。ただしこの茶はシャン茶（Shan tea）と称する国産種である。

(他)アルゼンチンの茶園面積は六〇〇ヘクタール、ヘクタール当りの収穫量は三〇〇キログラムと推定される。

(他)ベルギー領コンゴの茶園面積約三五〇ヘクタールと推定される。（一九五七年の項参照、その年には約四五〇〇ヘクタールに増加する。）ここはEEC（欧州経済同盟）中にある唯一の茶生産海外領土。（『世界の茶の動向と展望』）

**一九四七　昭和二二**

(日)国営茶原種農場を静岡、奈良、鹿児島（金谷、奈良、知覧）三県に設置。

(日)全国茶統制組合解散。

(日)茶業技術協会創立。

(日)日本茶業会、茶業復興協議会を開く。農業協同組合法施行。

(日)第一回全国茶業者大会を静岡市に開催。

(日)関東地方での中級一〇〇グラム当りの標準小売価格、煎茶八円二四銭、番茶三円七〇銭。なお白米は一〇キログラム当り一四九円六〇銭（十一月）。

現　代

(日) ドイツの建築家、ブルーノ・タウト (Bruno Taut) の『ニッポン』邦訳刊行される。その中で、京都桂離宮の茶室について「茶室は御居間に対し、いわば全く特殊な性質をもった建築の抒情詩ともみなされる。……建築術の詩をものす茶匠の高尚な教養によって制約された」と述べる。

(東) インドネシアの茶生産量、一五〇〇トンに減少する。第二次大戦前の年間平均生産量は約八万トンであった。

(他) マラウィ、国際茶制限協定より脱退。

(他) ケニア、ウガンダ及びタンガニカも国際茶制限協定より脱退。

(他) ブラジルの茶園面積一六〇〇ヘクタール未満と推定される。

(他) モーリシャスの茶生産量、二三五トンと推定される。十年後に生産量は八六〇トンに増加した。

一九四八
昭和二三

(日) 製茶公定価格廃止。(物価庁告示)

(日) 物品税法改正、紅茶、碾茶等五割、緑茶二割。

(日) 第二回全国茶業者大会を京都市に開催。茶の生産復興を主題とする。

(日)『日本茶業史』第三編を全国農業会茶業部刊行。

(西) ソ連のバボタシェフ (K. E. Вахтадзе)『茶樹生物学選種及び良種の繁殖』をモスクワで刊行する。

(他) モザンビーク（ポルトガル領東アフリカ）の茶園面積八三〇〇ヘクタール、生産高一八〇〇トン。

一九四九
昭和二四

(中) 中国人民政府、十月から十一月にかけて十三日間、北京において全国茶業会議を開催。茶業復興について協議を行なう。

(中) 中国国営の茶業公司が北京に創設され、華東区と中南区にそれぞれ分公司を設立する。中国茶業公司は中国の全域にわたる茶の生産、輸送、販売の指導に当ると共にソ連と各新民主主義国家の需要する茶を提供するを目的とした。また中国茶業公司は武漢大学に茶葉専修科を設置した。

(日)『財団法人国際茶道文化協会』が設立される。茶道の海外普及をはかる目的をもつ。

(日) 輸出茶検査業務、農林省直轄となる。

## 現　　代

一九五〇
昭和二五

㊐ 第三回全国茶業者大会を鹿児島市に開催。
㊇ イギリス食糧省、紅茶の家庭割当を一日二オンスから二オンス半に引き上げ、一九四七年以前の配給量に復帰させる。
㊍ ニューギニアに茶の採種圃が設置され、約五〇エーカーの植付けが開始される。

㊥ 中国の茶生産量六万二五〇〇トンと推定される。("Tea-Trends Prospects")
㊥ 中ソ友好同盟互助条約が締結される。中国の借款にたいする見返りに中国茶を充当することも定められた。
㊥ 中国茶葉公司屯渓分司は『皖南茶業概説』を刊行。
㊐ アルジェリアに輸出開始。
㊐ 日台通商協定により、台湾紅茶を輸入。
㊐ 第四回全国茶業者大会を埼玉県武蔵町に開催。
㊐ 緑茶の物品税廃止される。
㊐ 中井猛之進『ツバキ（耐冬）サザンカ（茶梅）チャノキ（檟、苦茶）について』の論文中に「チャノキは、山陽、九州に自生があり、昔中国から高僧が持帰ったのを増殖したのだといわれているが、それは誇張だ」と発表。
㊇ ソ連の茶栽培面積約六万ヘクタールといわれる。
㊇ FAOは世界の茶生産規模を次の通り発表。（この中には主要生産国、中国、ソ連などを含まない。）
面積　七八万六六八ヘクタール
生産量　七一万一八四八トン
輸出量　三九万九七九二トン
なお日本の茶園面積二万七四〇〇ヘクタール。生産量四万一七〇〇トン。輸出量七二〇〇トン。
㊍ マラウィの茶生産量五六余トンという。モザンビークの茶生産量三一〇〇余トンに達するという。

## 現代

**一九五一 昭和二六**

(他) ケニヤの茶生産量六万八〇〇〇トンという。("Tea-Trends Prospects")

(中) 中国人民政府四川省蒙山に雅安茶業試験場を設立。また雲南省農科院茶葉研究所も設立される。

(中) 中華人民共和国の陶秉珍『栽茶与製茶』を上海にて刊行。中国茶復興の気運上昇。

(中) 中国の陳椽ら、雲南省の南糯山で三株の大茶樹を調査し、高さ三～四m、葉長二五cm、葉幅八cmと報告する。

(中) 中ソ貿易協定なる。中国茶とソ連の機械設備と交易する内容を含む。(『茶業通史』)

(日) 紅茶及び磚茶の物品税廃止される。

(日) 裏千家家元千宗室、アメリカに茶道使節として渡り、茶道の普及にのり出す。

(日) 第五回全国茶業者大会を静岡市に開催。

(東) 国際茶協議会(インド等によって結成された)によって協定された加盟国の栽培承認面積は次の通り。(単位ヘクタール)

| | |
|---|---|
| インド | 三三万九一八〇 |
| パキスタン | 三万二五四九 |
| スリランカ | 二四万二二 |
| インドネシア | 二二万二五〇 |

(東) インドのカチャールに茶園審議委員会(Cachar Plantation Enquiry Committee)設置される。この年ごろよりインド茶の輸出の比重に他の諸国に比べて下降が目立つ。

(他) アルゼンチンの茶園面積六九〇〇ヘクタールと急増。茶輸入国から生産国へ変ろうとする。

**一九五二 昭和二七**

(日) 日本茶輸出組合創立。

(日) 第六回全国茶業者大会を久留米市に開催。

(日) 植物学者、北村四郎『有用植物学』を著わす。その中で「茶の原産地を中国中南部とし、中部を経て日本に渡来した」としている。また栽培の起源は九世紀ごろと唱える。

一九五三
昭和二八

㊐東 台湾の農林省茶業局の調査によれば茶のヘクタール当りの平均収量は一二〇〇キロ未満とされる。これはインドの収量の三分の一以下、日本の収量の六分の一といわれる。

㊐東 インドの茶価暴落し、インド茶業が打撃をうける。これは劣等品位茶の大量出廻りに起因したといわれる。

㊐東 パキスタン、茶価の下落でエステートの操業停止が続出する。

㊐他 イランの茶園面積、二〇〇〇ヘクタールと見積られる。この年に茶に関連ある一切の問題を処理する茶業会社が設立され、また諸種の試験設備をもつ試験工場が建設された。

㊐他 仏領ギニア、試験栽培園を設ける。

㊥ 中国茶生産量八万四七〇〇トンと推定される。（"Tea-Trends Prospects"）

㊐ 第七回全国茶業者大会を四日市市に開催。

㊐東 台湾の李興伝（台湾茶業伝習所教授）『緑茶製造学』台北にて刊行。台湾茶振興の気運盛んとなる。

㊐東 台湾の政府当局、一九五一〜一九五三年に約八〇〇〇ヘクタールの土地に植付けられるだけの苗木一六〇〇万本を配布する。

㊐東 インドの地域別茶生産量は次の通りと発表される。（"Indian Tea Statistics"）＝概数

| | 面積（ヘクタール） | 生産量（トン） |
|---|---|---|
| インド全土 | 三一万四二五〇 | 二九万四三五〇 |
| アッサム | 一五万五五二〇 | 一五万八四〇〇 |
| 西ベンガル | 七万七七六〇 | 七万五七〇〇 |
| マドラス | 三万三六一五 | 二万六一五〇 |
| トラバンコール・コーチン | 三万四〇二〇 | 二万八一五〇 |

㊐他 ペルーの茶栽培面積はクスコ（Cuzco）地方で八二〇ヘクタール、ワヌーコ（Hwanuco）地方で九四五ヘクタール。生産高は六〇七トンと推定される。

現代

| | |
|---|---|
| 一九五四 昭和二九 | ㊐ 北アフリカ向輸出旺盛となり、輸出量約三七八七万一〇〇〇ポンドを記録。この年を第二次大戦後の輸出のピークとして以後日本茶の輸出は減少する。<br>㊐ 第八回全国茶業者大会を京都市に開催。<br>㊐ 世界的な紅茶の減産及びロンドンの在庫減少により茶価が高騰する。（『ロンドン茶市場相場表』）<br>㊐ 春秋社『新修茶道全集』九巻を刊行。<br>㊀ アフリカ農業の強化を目ざしてスワイナートン計画（Swynnerton Plan）が立てられ、茶をアフリカ人栽培者の換金作物とする方針を定める。この計画によればアフリカの茶植付面積を一九六八年までに約五〇〇〇ヘクタールに拡大することになる。 |
| 一九五五 昭和三〇 | ㊥ 中国茶の生産量一〇万八〇〇〇トンと推定される。（"Tea-Trends Prospects"）<br>㊐ 三橋四郎次（前茶業組合中央会議所会頭）没する。<br>㊐ 第九回全国茶業者大会を鹿児島市にて開催。<br>㊐ 失火で焼けた鹿苑寺（金閣寺）の復原なる。<br>㊊ インド等により結成された国際茶協議会による制限協定が中止される。<br>㊊ 一九三三年に設定された国際茶協定（インド、セイロン、オランダ領東インドの生産者等による需要不振対策のため設けられた）が期限満了となる。<br>㊊ パキスタン、茶業復興五ケ年計画をたて、一九六〇年までに生産量二万七〇〇〇トン、一九六六年までに三万六〇〇〇トンの目標をたてる。<br>㊀ イラン、茶業高等審議会（High Council for Tea）を設置する。 |
| 一九五六 昭和三一 | ㊥ 中国広東省の英徳茶場設立される。英紅とよばれる紅茶の新製品が製造される。（『中国的名茶』）<br>㊥ 中国雲南省西双版納で大茶樹が発見された。高さ約十九mという。（『茶業通史』）<br>㊐ 日本貿易振興会（JETRO）と日本茶輸出組合、カサブランカに共同で日本茶寮を設け、三年継続事 |

業とする。

㊐第十回全国茶業者大会を奈良市に開催。

㊐淡交新社『茶道古典全集』一二巻の刊行はじまる。

㊆アメリカ陸揚茶に放射能問題が生ずる。

㊈ケビセッド（E. L. Kevised）『セイロンの茶製造』をコロンボで刊行。

㊅モザンビークの茶園面積一万二二五〇ヘクタール、生産高六五九〇トンに増加する。

一九五七 昭和三二

㊐押田幹太『茶編』を著わす。栽培の起源、茶の性質などについて記す。

㊐小林一三（逸翁）没する（83）。『新茶道』などの著がある。（阪急百貨店、宝塚少女歌劇などの創設者）宇治黄檗山万福寺に、全日本煎茶道連盟本部を設立。

㊐上野健二『南ベトナムの茶業事情』を著わす。

㊐第十一回全国茶業者大会を川越市に開催。

㊈セイロンの茶園面積二三万九〇〇ヘクタールと推定される。（FAO資料）

㊅ベルギー領コンゴの茶園面積、約四五〇〇ヘクタール、生産量二一〇〇トンに増大する。

㊅マラウィの茶植付面積が一万一〇〇〇ヘクタールに達する。（"Tea-Trends Prospects"）

㊅英領東アフリカとマラウィからの茶輸出総量が二万一〇〇〇トン余に達する。これはインドの輸出の約一一%、セイロンの輸出の一五%にあたる。

一九五八 昭和三三

㊥中国の茶生産高一四万一五〇〇トンと発表される。（『世界の茶の動向と展望』）

㊥中国農業科学院茶葉研究所が浙江省西湖近くに設立される。また四川省蒙山に名山茶葉培植場を設立。広東省鳳凰人民公社は鳳凰茶場を設立。（『中国的名茶』）

㊐新茶よりメートル法実施。

㊐第十二回全国茶業者大会を西尾市で開催。

㊐静岡市に静岡県茶業会議所設立される。

現　代

一九五九
昭和三四

㊥イギリスのイーデン（T. Eden）、『Tea』を著わす。その中で茶の起源について「南東中国において二〇〇〇～三〇〇〇年前飲料として用いたのが最初であろう」と述べる。また南東アジアには茶の変種が中国より多く、このことからイラワジ川の源の近くが茶の起源でここから南東中国、インドシナとアッサムへ移行し、利用されたとしている。

㊥台湾の茶生産量一万五七六〇トンに達する。インドの茶生産量三二万五〇〇〇トンに達する。

㊥セイロンの茶園面積、二三万九〇〇余ヘクタールに増加する。このうち高地栽培（四〇〇〇フィート以上 high-grown tea）三四%、中地栽培（二〇〇〇～四〇〇〇フィート medium-grown tea）四二%、低地栽培（二〇〇〇フィート以下、low-grown tea）二三%とされる。なお全生産量は一八万七四〇〇トンと推定される。（"Tea-Trends Prospects"）

㊥アルゼンチンの茶園総面積、三万四七〇ヘクタールと上昇し、茶の輸入国から生産国へと変貌する。

㊥ウガンダの茶生産量、三七〇〇トンに達する。（"Tea-Trends Prospects"）

㊥英領カメルーンで茶の新植をはじめる。（"Tea-Trends Prospects"）

㊥中国貴州省赤水で野生の大茶樹が発見される。高さ約十二m。（『茶業通史』）

㊐五島慶太（経楼）没する（76）。半世紀にわたり収集した美術品を提供、東京に五島美術館を建設。絵画、茶器など約一〇〇〇点を蔵する。

㊐第十三回全国茶業者大会を静岡市に開催。茶業振興の立法促進等を決議する。

㊐日本茶輸出百年祭を静岡市に開催。

㊐日本茶業中央会設立。

㊥セイロンの中央企画審議会（National Planning Council）、茶の十ケ年計画を樹立する。これによれば一九六八年までに総生産量を二二万八〇〇〇トンに増加させるという。

一九六〇
昭和三五

㊐第十四回全国茶業者大会を東京都に開催。

## 現代

| 年 | 事項 |
|---|---|
| | ㊐他 ＦＡＯは世界の茶生産規模を次の通り発表。（中国は除く）<br>面積　一二六万三一七二ヘクタール<br>生産量　一一八万五一五〇トン<br>輸出量　五三万三〇〇六トン |
| 一九六一<br>昭和三六 | ㊐ 社団法人全日本紅茶業協会設立。<br>㊐ 第十五回全国茶業者大会を京都市に開催。<br>㊐ 上原敬二『樹木大図説』を著わす。その中で「茶は九州に自生あり、中国、台湾にも産す」という。<br>㊐西 イギリスのリプトン社、ティーバッグ自動包装機（コンスタンタ）を製造。世界的に急速に普及し、従来の葉茶使用の紅茶をブロータンタイプ（ＢＯＰ）に転換させる程の需要の変革をもたらす。 |
| 一九六二<br>昭和三七 | ㊐ 第十六回全国茶業者大会を鹿児島市に開催。<br>㊐ 関東地方での中級一〇〇グラム当りの標準小売価格、煎茶一五〇円、番茶六〇円。<br>㊐ 角川書店『図説茶道大系』七巻刊行。<br>㊐ 青木正児『茶経』を著わす。 |
| 一九六三<br>昭和三八 | ㊐ 第十七回全国茶業者大会を静岡市に開催。<br>㊐ 静岡市にある「やぶきた種」の母樹が天然記念物に指定される。 |
| 一九六四<br>昭和三九 | ㊥ 輸出の仕向国はスーダン、ソマリ、グァテマラ等を加えて九〇余国に達する。（『茶業通史』）<br>㊐ 第十八回全国茶業者大会を埼玉県武蔵町に開催。茶業団体の強化、紅茶産業の保護育成促進等を決議する。 |

## 現代

| | |
|---|---|
| 一九六五<br>昭和四〇 | ㊐第十九回全国茶業者大会を静岡市に開催。<br>㊐求竜堂『昭和茶道名器鑑』六巻を刊行。 |
| 一九六六<br>昭和四一 | ㊥茶園面積二二万六〇〇〇ヘクタール、茶生産量は一六万一〇〇〇トンと推定される。この年日本の茶栽培面積四万八四〇〇ヘクタール、荒茶生産量八万三〇〇〇トン。（『日本茶業中央会』資料）<br>㊐第二十回全国茶業者大会を伊勢市に開催。<br>㊐関東地方での中級一〇〇グラム当りの標準小売価格、煎茶三〇〇円、番茶八〇円。<br>㊐中尾佐助はその著『栽培植物と農耕の起源』のなかで茶について、「中国種の原産地は中国南部であり、アッサム種の原産地はアッサムの東、アラカン山脈山地の北ビルマのカチン高原である」と述べている。<br>(他)ザイールの茶園面積八四〇〇ヘクタール、生産量五七〇〇余トンに達する。（FAO資料） |
| 一九六七<br>昭和四二 | ㊐第二十一回全国茶業者大会を筑後市に開催。<br>㊐中尾佐助『農業起源論』を著わす。その中で「照葉樹林のなかの住民はいろいろな樹木、灌木類の葉を煎じて飲用する」とし、茶や近縁の Camellia 以外の植物利用の例をあげている。 |
| 一九六八<br>昭和四三 | ㊐第二十二回全国茶業者大会を大津市に開催。<br>㊐坂本裕、緑茶中にフラボンの存在を確認する。（『茶業通史』） |
| 一九六九<br>昭和四四 | ㊐日本で台湾緑茶六六九六トンを輸入し、台湾からの輸入量が記録的となる。（『通関統計』）<br>㊐第二十三回全国茶業者大会を静岡市に開催。 |
| 一九七〇<br>昭和四五 | ㊐第二十四回全国茶業者大会を京都市に開催。<br>(他)FAO（国際連合食糧農業機構）、茶価下落防止のため主要産茶国の輸出割当を次の通り定める。（一九七〇〜七一年、単位トン） |

| | |
|---|---|
| インド | 四〇万二九〇〇 |
| インドネシア | 三万四九〇〇 |
| バングラデシュ | 二万八〇〇〇 |
| ケニア | 三万八九〇〇 |
| ウガンダ | 一万八四〇〇 |
| タンザニア | 七八〇〇 |
| マラウィ | 一万七四〇〇 |
| モーリシャス | 三〇〇〇 |
| モザンビーク | 一万六四〇〇 |
| ルワング | 一五〇〇 |
| ブルンジ | 二〇〇 |
| カメルーン | 九〇〇 |
| 台湾 | 三七〇〇 |
| ベトナム共和国 | 七〇〇 |
| トルコ | 九四〇〇 |
| アルゼンチン | 一万四七〇〇 |
| 計 | 五九万八八〇〇 |
| 見積超過差引計 | 五九万四八〇〇 |

㊥ FAOは世界の茶生産規模を次の通り発表。

面積　一三五万九八九ヘクタール
生産量　一二九万六五〇三トン
輸出量　七四万五六九六トン

一九七一
昭和四六

㊐第二十五回全国茶業者大会を静岡市に開催。

㊐松永耳庵（安左衛門）没する（96）。『茶道三年』『わが茶日夕』などの著がある。（東都電力などの創業者）

㊐紅茶の輸入が自由化される。この年の紅茶輸入量は七〇〇〇トンに達した。（『通関統計』）

一九七二
昭和四七

㊐第二十六回全国茶業者大会を東京都に開催。

㊐全国茶商工業協同組合設立。

㊐国内紅茶の生産が急速に減少。（農林水産省『茶統計年報』による）

一九七三
昭和四八

㊥中国浙江省の蘭渓毛峰茶はじめて市場に出る。（『中国的名茶』）

㊐第二十七回全国茶業者大会を入間市に開催。

一九七四
昭和四九

㊥中国人民政府指導の下に全国茶葉会議を開催。茶の生産増強と生産基地の指定などを決議する。

㊐第二十八回全国茶業者大会を鹿児島市に開催。茶業団体の強化、良質茶の確保、輸入茶の調整、消費拡大等を決議する。

㊐関東地方での中級一〇〇グラム当りの標準小売価格、煎茶六〇〇円、番茶二〇〇円。なお白米は一〇キログラム当り二一〇〇円。（『値段の風俗史』）

㊐佐賀県の川頭芳雄『背振山と栄西』を著わす。

一九七五
昭和五〇

㊐第二十九回全国茶業者大会を奈良市に開催。

㊐大井次三郎『日本植物誌』を著わす。この中で「チャノキは日本に広く栽培され、また九州に自生するという」と述べる。

㊗この年の世界の茶生産量は一六〇万五〇〇〇トンと推定されている。そのうち主要国別の生産量は次の通りという。（単位、トン）（FAO "Production Yearbook"）

インド　四八万七〇〇〇
中国　三一万六〇〇〇
スリランカ　二一万四〇〇〇
日本　一〇万五〇〇〇
ソ連　八万六〇〇〇
インドネシア　七万
ケニア　五万七〇〇〇

㊉ FAOは茶価下落防止の為、主要産茶国の輸出割当を次の通り定める。（一九七五～七六年、単位トン）

スリランカ　二一万五〇〇〇
インド　二二万四三〇〇
バングラデシュ　二万九五〇〇
インドネシア　四万五〇〇〇
ケニア　七万
ウガンダ　二万五〇〇〇
タンザニア　一万四五〇〇
マラウィ　二万五五〇〇
ザイール　一万五三〇〇
モーリシャス　五四〇〇
モザンビーク　二万五〇〇
ブルンジ　八〇〇
トルコ　一万五〇〇〇
アルゼンチン　二万九二〇〇

パプアニューギニア　五五〇〇
計　七四万五〇〇
見積超過差引計　六二万八二〇〇

一九七六
昭和五一

㊐第三十回全国茶業者大会を宮崎市に開催。

㊐福井県三方郡の黒茶の製造を中止する。この茶は「ばたばた茶」として主に富山県方面に出荷されていた。

㊮南北ベトナムの茶園面積二万ヘクタール、生産量九〇〇〇トンに達する。うち紅茶八〇％、緑茶二〇％という。(FAO "Production Yearbook")

㊓タンザニアの茶園面積一万四〇〇〇ヘクタール、生産量一万四〇〇〇トンと推定される。(FAO)

㊓ウガンダの茶園面積二万一〇〇〇ヘクタール、生産量一万五〇〇〇トンと推定される。(FAO)

㊓FAOは世界の茶生産規模を次の通り発表。(中国は除く)

面積　一五三万二〇〇〇ヘクタール
生産量　一六三万二〇〇〇トン
輸出量　八六万一五六二トン

一九七七
昭和五二

㊥茶収穫面積は四六万六六四〇ヘクタール。年間生産量は三〇万五〇〇〇トンと推定される。("Production Yearbook")

㊐第三十一回全国茶業者大会を掛川市に開催。

㊐中国からの緑・紅茶の輸入量併せて四六一トンと急増する。日本における烏竜茶の消費流行も一因とされる。(『最近における茶の動向』)

㊐日本の茶栽培面積五万九七〇〇ヘクタール、荒茶生産量は一〇万二三〇〇トン。(『茶統計年報』)

㊄ソ連の茶園面積、七万六八〇〇ヘクタール、生産量九万九〇〇〇トンに達する。うち、紅茶七〇％、緑茶三〇％という。

一九七八
昭和五三

㊅ FAOは世界主要消費国の茶の一人当り年間消費量を次の通り発表。（一九七五〜七七年平均、単位キログラム）

| | |
|---|---|
| 〈輸出国〉 | |
| インド | 〇・四七 |
| 日本 | 一・〇二 |
| パキスタン | 〇・七五 |
| スリランカ | 一・五三 |
| トルコ | 一・七九 |
| ケニア | 〇・六〇 |
| 〈輸入国〉 | |
| イギリス | 三・四六 |
| アメリカ | 〇・三八 |
| オーストラリア | 一・八四 |
| カナダ | 〇・九四 |
| イラク | 一・九一 |
| 南アフリカ | 〇・八七 |
| モロッコ | 〇・七〇 |
| アイルランド | 三・九九 |
| オランダ | 〇・六七 |
| ニュージーランド | 二・五二 |
| 西ドイツ | 〇・一九 |

㊥ 陳椽、陳震古は「茶の原産地は中国雲南である」とする。（『安徽茶農学会報告』）

# 現代

㊥張承春らは四川省南川地区に於ける大葉種の野生茶樹群の調査をおこなった。樹高六・三一メートルから一〇・六メートルにおよぶ茶樹群の報告がある。(『南川大葉茶野生植被調査』)

㊐『国連農産物貿易年鑑』によれば、日本は茶の輸出量三五八七トン、輸入量一万二一七三トンと記録され、世界有数の茶輸入国の状況となる。

㊐第三十二回全国茶業者大会を京都市に開催。

㊐星川清規『栽培植物の起原と伝播』の中で茶の起原とその伝播を説く。

**一九七九 昭和五四**

㊥中国福建府茶葉研究所『茶樹品種志』を刊行。

㊐第三十三回全国茶業者大会を佐賀県嬉野町に開催。石油資材の確保、食品衛生の重視等を決議する。

㊐関東地方での中級一〇〇グラム当りの標準小売価格、番茶三〇〇円。(『値段の風俗史』)

㊐秋ごろから日本各地で中国産の烏竜茶の消費が急増する。(『最近における茶の動向』)

(西)アメリカで「ジャパン・トゥデイ」(Japan today)の祭典がニューヨークその他アメリカの七大都市で催され、その中で「茶道美術展」が好評を博する。

**一九八〇 昭和五五**

㊥荘晩芳(浙江農業大学教授)ら『中国的名茶』を北京にて刊行。

㊥陳椽『再論茶樹原産地論』を発表。

㊥周達生、『中国民族誌』のなかで茶を雲南省のハニ族はロッポー、タイ族はラァーと呼んでいると記す。

㊐第三十四回全国茶業者大会を東京都に開催。生産流通の近代化、良質茶の生産消費の拡大等を決議。

**一九八一 昭和五六**

㊥荘晩芳ら『飲茶漫話』を北京で刊行。浙江農業大学講師、童啓慶『栽茶』を刊行。

㊥陳祖槼、朱自振『中国茶葉歴史資料選輯』を北京で刊行。

㊐第三十五回全国茶業者大会を熊本市に開催。良質茶の確保、茶価の安定、生産流通の合理化等につ

| 時代 | 年 | 事項 |
|---|---|---|
| 現代 | | いて決議する。<br>㊐国立遺伝学研究所の賀田恒夫理博「緑茶等の抗突然変異性について」の論文中、食生活の改善によって環境因子による発癌などの毒性を低下させると発表する。(『日本農芸化学会報』)<br>㊐名城大学助教授、橋本実は茶樹の起源について、中国の四川・雲南地方と一元説を提唱。(『チャの起原地』) |
| | 一九八二<br>昭和五七 | ㊐第三十六回全国茶業者大会を埼玉県狭山市に開催。茶業団体の強化、良質茶の確保、生産と流通の合理化、茶の商品としての適正な表示の励行などを決議する。 |
| | 一九八三<br>昭和五八 | ㊐奥田拓男岡山大学薬学部教授ら、日本茶やゲンノショウコなどに含まれるタンニンは薬効として、ビタミンE(α—トコフェロール)のはたらきをはるかにしのぐと発表する。ビタミンEは体内にできる過酸化脂質を抑えることで老化を防ぐとされる。 |

# II　茶の世界小史

# 第一章 中国

## 1 漢代

### 漢代以前の伝説

喫茶の風習は中国に始まる。すでに漢の時代には喫茶の風習が行なわれていたことは、ほぼ間違いない。しかしそれ以前のいつの頃から喫茶が始まったのか、については確証することが難しい。後年著わされた諸文献からの推測にとどまらざるを得ないのである。

ここに喫茶の始まりと考えられる記事をいくつか紹介しよう。

「茶の飲たるは神農氏に発し、魯の周公（紀元前七五三年に没す）に聞こゆ」。これは唐の時代（六一八年〜九〇六年）に陸羽の著わした『茶経』の一説である。

神農は、漢代（紀元前二〇二年〜紀元二二〇年）の班固の『白虎通義』によれば、古代狩猟採集時代に、人びとに農耕を教えたので、この名があるといわれる。紀元前三四〇〇年頃にいたとされる伝説上の人物で、茶を発見し、且つ利用した最初の人として引き合いに出される人物でもある。かれは、百草（数多くの草）を嘗めて、一日に七十二の毒に遭ったが、茶によって解毒したと伝えられる。

『茶経』によれば、神農は『食経』を著わし、そのなかで「茶茗久しく服すれば、人をして力あらしめ志を悦ばしむ」と記載したという。ただし『食経』は今に伝わっていない。

伝説上の神農氏についで、実在していた人物で喫茶ということを最も早く知ったのは、『爾雅』の著者、周公旦と、『晏子春秋』の著者、晏嬰の二人とされている。それは『爾雅』に「檟は苦茶なり」、『晏子春秋』に「斉の景公は茗菜を用う」と何れも茶に関することを記しているのを根拠とするからである。

ところがこの『爾雅』と『晏子春秋』の両書ともその成立に不確実な点の多い書物なのである。『爾雅』の著者、周公は紀元前一一一五年に没したとされているが、この書物は、そのはるか後、秦漢時代（紀元前二二一年〜紀元二二〇年）又は、後漢のはじめ（紀元三〇年頃）の著作で、旧文を綴り合わせて作られたと考証されている。『晏子春秋』も晏嬰の著ではなく、後世の人が書いたものとされ、実際には著作年代も不詳なのである。ただ晏嬰は、紀元前五三〇年頃、斉の国の宰相であったことは明らかになっている。

こういうわけで、喫茶の起源を求める資料としては、この辺りまでは、まだ伝説の域を出ていないようである。

さらに文献にてらせば、晋代（三～四世紀）常璩の著わした歴史、地理書たる『華陽国志』に、周の武王が殷の紂王を討伐したあと、四川省方面の巴、蜀の地の小国は、その生産品たる茶を貢納したという記事があり、また紀元前五〇〇年頃に編纂されたと伝える『詩経』の中に「誰か謂う茶、苦し」などの句がある。ついで清代（一六六二年～一九一一年）、顧炎武の『日知録』に「秦人、蜀（四川省）を取り、後始めて茗（茶）飲の事あり」という記載がある。

これらの文献により喫茶の始まりを考えると、古いところでは、『華陽国志』にいう西周の初期（紀元前一一二〇年頃）茶を貢納したというから、この時代より前の夏商時代（紀元前二〇〇〇年～同一〇〇〇年頃）にはすでに茶を利用していたことになるかも知れないとすると、今から三、四〇〇〇年ほど前に遡るし、『日知録』によれば秦漢時代、今から二〇〇〇年ほど前ということになる。

これらの文例では、その著作年代が後世であるため立証の基礎が明確でないといった問題が残るし、それに前掲の『食経』や『詩経』にでてきた「茶」という文字が茶であるかどうかという問題もあるので、これらを以て直ちに歴史的事実として確証することは、まだ困難であろう。

ただ『日知録』に喫茶は秦漢時代に始まると見ることは、ほかに、漢の宣帝（在位紀元前七三年～同四九年）の時に選録された『礼記』地官に「掌茶」、「聚茶」を以て喪時の事に供したという記載もあり、『説文』に「茗は茶芽也」とあることで、漢時代に茶があったと推論はできるかもしれない。しかし茶があったとしても風習として喫茶が存在していたかどうか、これだけでは確証するには不充分であろう。

そして、茶がどの様に利用されたかの点について、神農が茶によって解毒したという伝説に基いて、先ず薬用として利用され、続いて『礼記』の茶を喪祭の用に供した記載によって、祭祀用に利用されたと説く者がいるが、これも確証とするには早計ではなかろうか。まして喫茶の風習については、これまでのところ文献に記載が見当らないから、想像することは難しい。竹筒に茶を入れて炙って飲む風習が、ビルマ山岳地方に残っていることをもって、上古は恐らくそれに似た原始的な方法であったろう（諸岡存の説）と推測されている位である。

## 「荼」は「茶」か

ところで、これまでに出てきた漢代以前の文献『食経』や『爾雅』など、すべて「茶」という文字は使用されて居らず、茶と思われる文字「荼」が使われている。「荼」は「茶」であろうかという疑問が残る。

実はこのことは、古くから問題になっているのである。そこで、このあとにも出てくる文献のこともあるし、喫茶の起源を探る上で避けて通れないことでもあろうと思うので、ここに主な諸説を紹介して、判断の材料としておきたい。

このことについては、「荼」は「茶」に非ずとする否定説、茶であるという肯定説、その中間説の三通りの説がある。

先ず否定説としては、『爾雅』の釈草篇に「荼は苦菜」なりという。宋の邢昺（ケイヘイ）はこれを『爾雅疏』で、「苦菜とは味甘く、食すべき菜」と解説している。明の李時珍は、その著『本草綱目』で「茹（ユ）でるべき草木」の菜の中に分類し、「釈名は荼、音は塗（ト）」として、挿絵を入れている。牧野富太郎の『日本植物図鑑』によって照合してみると、その挿絵は和名の「ノゲシ」である。足立勇は、日本の奈良時代の文書にでてくる「荼」は、オホドチ、またはオオツチのことで、葉はアザミに似て柔らかく、刺の無い野菜としている。これだとすると、前記の『日本植物図鑑』のノゲシの説明と全く同文で、牧野『日本植物図鑑』は、ノゲシ一名ハルノノゲシ、又はケシアザミともいうとしている。笠原安夫は、ノゲシはヨーロッパ原産であるとしている。したがって中国古代や、わが奈良朝時代に繁茂していたかどうか疑問が残るとされる。

肯定説は、『爾雅』の釈木篇に「檟（カ）は苦荼（クタ）」とあり、東晋初の郭璞（カクボク）は『爾雅注疏』で「苦荼、樹は小にして梔（クチナシ）に似る。早く採るものを荼、晩（オソ）く採るものを茗、荈（セン）という」と解釈し、『説文』は「荼は苦荼也」という。唐の徐鍇（ジョカイ）は、荼を茗とし、宋の徐鉉（ジョゲン）は、「これ即ち今の茶字」なりとし、梁の陶弘景の『本草注』では「苦荼は疑うらくは是れ茗、一名は荼」といっている。明の楊慎は「荼は茶の古字」とし、清の銭大昕は、「茶字の省文で、荼と茶が別の物だと考えるのは流俗の誤」とする。矢野仁一は、唐代にできた碑文の多くは「荼」となっており、唐の文宗（八二七年即位）ごろ以降にできた碑文は、茶に相当する文字は茶の字に変化している。例えば荼毗（タビ）は茶毗につくるという。

次に折衷説としては、現安徽農学院の陳椽教授の研究がある。それによれば、「荼」は必ずしも茶のみを表わした文字ではなく、木本、草本の両植物が考えられる。茶に似た野生の草菜などにも荼の字を使用したのではないか。それらのことはその当時の情況によって何を指したか判断すべきだという。

いまこうした諸説を併せ考えると、にわかに判断はし難いが『爾雅』が漢末にできたとされるので、当時、釈木篇と釈草篇の両方に「荼」を入れているところをみると、陳椽説のごとく、荼は木本と草本の二種の植物名をあらわし、木本の植物とするときは、茶をあらわしたものと考えられなくもない。陸羽の『茶経』では、「荼」もすべて「茶」として使用している。このため陸羽を「茶」字の創始者と想定し、明の楊慎のように『茶経』以後に「荼」は「茶」の意味になったとするものもある。なお『唐韻』も同様な見解をとっている。

ちなみに茶の原音はト（塗）のようで、漢時代にはタ（定加の反）と発音したらしく、唐の顔師古は「丈加の反」として、チャに近い発音だとしている。

**漢代の喫茶**

さてこれまでのところ、まだ喫茶の風習があったことを確証するには至っていない。信憑性の高い文献が見当らなかったからである。それが『僮約』という書物が著わされたことで、ようやく漢時代に喫茶があったと、ほぼ推測されることになる。

『僮約』は紀元前五九年（神爵三年）に、王褒が著わした。著者王褒は、前漢時代（紀元前二〇二年〜紀元八年）四川省資中の一学生であった。成都（四川省）で行なわれる試験を受けるため、楊家に寄宿していた時、楊家で王褒に専用の家僕を売ってくれた。そこで取り交わした雇傭契約書をもとに著わしたのが『僮約』とされる。

この中には、毎日従事すべき労役の規定をしるしてあるが、茶について「武陽茶を買う」「烹茶、具を尽くす」の字句がある。武陽はいまの四川省彭山県にあり、漢代では同地方の政治、経済、文化の中心都市であった。ちなみにその附近を流れる岷江の両岸は今日でも茶の産地である。「武陽茶を買う」とは武陽から茶を買うことを規定し、「烹茶、具を尽くす」とは、茶を煮たり、盛ったりする器具を洗滌したり、整理することを定めたことである。

このわずかではあるが、茶についての記事によって、喫茶の風習はもとより、四川省には茶を生産し、武陽では茶が商品となっていたこと、また労働者を雇傭する立場にある者は、茶具などを取り揃えていたなどの事が推察される。『四川通志』でも漢の時、蒙山に茶を植えたという記録があるから、この頃四川に茶の生産があったことは、先ず考えられる。

## 2　三国時代

漢代は前記の『僮約』でもうかがわれる通り、地方には豪族が栄え、かれらは奴婢などを公然と売買できた。しかしやがてこれら豪族に対し、黄巾の賊など農民の大規模な反乱が起こるなかで、軍閥として台頭したものが天下を三分して魏、呉、蜀の三国鼎立の時となる。

茶についての記事を文献から求めると、『三国志』に呉の韋曜（二〇四年〜二七三年）が、呉王孫皓から茶を賜わったとある。『三国志』は、陳寿（二三三年〜二九七年）の選述するところで、著者現存時代のことを含んで記述していることを考えると、信憑度の高い書物である。

ところで呉王の居た都は、建業、すなわち今の江蘇省南京である。茶はここまで流通していたのであろうか。考えてみると、茶の産地四川省の成都の近く岷江を経て揚子江を下れば、一路南京に達することがわかる。したがって産地からの茶は揚子江を下って都に運ばれたと思われる。だがそれは製品としての茶であってこの都の附近で生産されていたものが帝王の手に入ったかどうかは明らかではない。『続捜神記』に、晋の武帝（在位二六五年〜二八九年）の時に「宣城の人、山に入って茗を採る」とある。宣城はいまの安徽省である。安徽省で山に茶を生じていたとすると、これに隣接する江蘇省に茶が生じていたのではないかとする説（陳椽の説）も無視することはできない。揚子江は茶の伝播にきわめて重要な役割をもっていたという考えに立っているのである。

## 3　晋代

三国の魏に仕えていた司馬氏が、軍事、内政面で功績をあげ、三国の一つ蜀を滅ぼして魏帝から禅譲をうけて晋王朝を建て（二六五年）、さらに呉を滅ぼして天下を統一したのは、二八〇年である。このころ漢族の大規模な南進があり、水稲作農業が江南地帯に新経済圏を形成しつつあった。

この時代、文献によれば、茶の産地の拡がりや茶の利用法、貢茶のこと、仏教との関係などを推測するに足る内容をもっている、いくつか見逃せない記事を拾うことができる。

二九三年、大司馬（大将軍）の孫楚が没しているが、かれは「薑、桂、茶、荈は巴蜀（四川省）に出ず」といっているから、茶の産地は、なお四川省であることがわかるが、三一二年、元帝の時に「宣城、毎年貢茶多し」という記事があり、安徽省の宣城は、すでに茶の生産地というばかりでなく、天子に貢進するような貢茶が製造された事実がしられる。

また二九四年に没した司隷校尉（警視総監のような役）傅咸は、その教布書で「茶粥」という語を使用している。これは明の陸樹声の『茶寮記』に「晋宋以降、呉人葉（茶葉）を採り、之を煮て茗粥という」とあるのが、これに当るものと思われる。茶葉をよく煮て、これを食べる茶としたことを想像させるものである。いま中国西北辺境の遊牧民がこれに似た飲み方をしている。

また三四六年に、禅僧単道開が禅室を造り、茶を飲んで睡眠を防いだとある。この二十年後に敦煌(トンコウ)の千仏洞が初めて開かれている通り、この頃仏教が普及しているから、仏僧が茶を利用したことも考えられる。

## 4　南北朝時代

晋は四二〇年、劉裕に国を譲って、揚子江以南の地に宋朝が建てられ、一方華北は、五胡十六国に分裂していたのを四三九年、魏の太武帝が統一し、南北朝対立の時代を迎える。

北朝は、君主権を強化して強力な支配構造を確立し、南朝は三国時代に呉や東晋王朝が江南を本拠地としていた関係上、江南の開発を進め、華北の畑作に対抗し、稲作農業経済が発達しつつあった。

このころの茶の生産について、『呉興記』は「浙江烏程（いまの呉興県）以西二十里、温山あり。産する所の茶、専ら進貢の用に作る」と記している。してみると、安徽、江蘇から揚子江を更に下って、浙江省に茶の生産が拡まってきたと思える。このころ興隆してきた仏教寺院の勢力、経済力を強めてきた南朝の官僚や大地主の手によって、茶の生産も開発が進んだのではなかろうか。

しかしまだ揚子江以北の北朝の地では、喫茶の風は拡まっていなかったようで、北方出身の遊牧民の王公貴族は、乳やバターを日常の飲料としていて、茶を飲むものは貧しい階層の人のすることとしていたと『洛陽伽藍記』にしるしている。

これまでのところでは、茶の製造方法や飲み方について、具体的にしるした文献は無かったが、このころに著わされた『広雅』によってはじめて明らかにされる。

『広雅』は、四七七年北魏の博士になった張揖(チョウユウ)が著わした。それによれば「荊巴の間（四川省から湖北省にかけての地）、葉を採りて餅(ヘイ)を作る。葉老いたるものは、餅に米膏(ベイコウ)（米油(アブ)）を以てして粘りを出す。煮て飲まんと欲すれば、先ず炙って赤色ならしめ、搗末(トウマツ)して瓷(ジ)器の中に置き、湯をもって澆(ソソ)いで之を覆う。葱、薑、橘子を用いて之にあしらう。その飲は酒を醒まし、人をして眠らざらしむ」と。これによれば、茶の産地は揚子江に沿って湖北省にも拡がったと推定されるが、何よりも茶の製造法、喫茶方法についてのべられていることに注目したい。茶の製法は、先ず茶葉を摘み、これを蒸し、圧力を加えながらよく揉んで、葉汁を表面に出し、揉まれた葉とともに練りかためて餅状とし、乾燥させる方法で、出来上ったものは、いまわれわれの使う茶とは異なり固形の茶であった。この場合最初に茶葉を蒸すとは記載していないが、茶葉を放置しておくと、酸化酵素のはたらきで発酵し、紅変してくるため、蒸すか、強火で炒って酵素を殺す、中国でいうところの殺青過程が必要であるため、ここではそれを蒸すと解釈した。したがって、強火で葉を炒ったと解釈することもできるので、このことは後考を俟たなければならない。仕上った固形の茶、餅(ヘイ)を炙って、搗き砕いて、磁製の器に入れ、湯を注いで飲んだ。場合によっては、葱、生姜、蜜柑などを之に加えたという。

## 5　隋代

北周の宣帝が没して、左大丞相の楊堅が譲りを受け、文帝として隋を建国し、南北に分れていた中国を統一したのは五八一年である。

文帝は茶を愛飲した。このため多くの野心家たちは、盛んに茶を飲んで帝に迎合し、このことがまた、一般社会に喫茶の流行を齎らしたとも伝えられている。

文帝の皇城は黄河沿いの長安にある。隋は質実剛健の風がつよく、武力は充実し、一方で農業も奨励したので、経済力を強めていた。わずか三十七年の王朝であったが、その間に首都長安をはじめ、洛陽、南京、杭州、成都などの都市が発達し、これに伴って大運河の開削など道路交通も整備された。茶の流通を考えると、四川省を起点としたとすれば、ここから陝西省へ通じる古来からの川陝大道によって北上し、長安に達するコースによって茶が運ばれたのでなかろうか。製品のみでなく、陝西省南部は秦嶺山脈が寒気の流入を防ぎ、気候が比較的温和で茶の生育に適しているので、茶樹も陝南地方に移入されたのではないかと考えても、不自然ではないかもしれない。

## 6　唐代

### 喫茶風習の固定化

隋は短い治世ながら、秦漢時代のような中央集権国家を再現したが、煬帝(ヨウダイ)の大運河開削など大規模な土木事業などにより、経済が破綻し、之に代って、唐が天下を統一して律令体制をしいたのは、六一八年である。唐は武道を奨励する一方で、農業を重視したこともあって、茶の生産は飛躍的に向上した。さらに太平無事の時期には、学問芸術も盛んになり、かれら文人、学者によって喫茶の風習は、より普及し、茶は文化、経済的に重要な役割を果たす。

この時代には、揚子江流域地方から進行してきた茶樹栽培の拡まりと呼応するかのように、首都長安を始めとする華北の都市には、隋の文帝以来流行のきざしを見せた喫茶の風習も定着してきたのか、茶の店舗も出現した。

その頃書かれた封演の『封氏聞見記』によれば、唐王朝成立後約一〇〇年、開元の年（七一三年〜七四一年）には、山東、河北両省の地区から、首都長安（今の西安）にかけて、「城市多く店舗を開き、茶を煎じて之を売る。道（僧）俗（庶民）を問わず、銭を投じて飲をとる。その茶は江淮（江蘇、安徽両省の地域）より来たり、舟車相継ぎ、到る処に山積し、その種類、金額甚だ多し」と伝えている。山東、河北というから、今の北京、洛陽を含む地域から、長安にかけて、黄河北岸地帯の都市に、喫茶が浸透してきたことがわかる。さらに同じく開元の年、安禄山が謀反し、張巡、許遠が河南の睢陽に籠城したとき、樹皮、紙布を切ってこれを煮て、茶汁を加えて食い、なお意気旺盛であった（『資治通鑑』）というから、茶は軍糧としても利用されていたと思われる。

茶の需要はさらに東北進し、朝鮮半島にも及んでいる。「新羅善徳女王（在位六三二年〜六四六年）のころ茶の初伝あり」と、『三国史記』は伝えている。また別の方面では、回紇が入朝したとき「馬を以て茶に易う」と『茶経』にいっている通り、西域新疆省方面に茶の需要があったことがわかる。回紇とはウイグル族のことで、当時、今の新疆省ウイグル自治区になっている地方に、一国家を形成していた。唐の西方にあって軍事的に貢献していたので、その王可汗に皇女を与えている関係にあった。『唐国史補』によれば、七八一年（建中二年）唐の使者常魯公が西蕃（西域）へ行き、テントの中で茶を煮ていた。そこへ賛普という王が来て、何を煮ているかと訊ねた。常魯公が茶を煮ていると答えると、賛普は、茶なら我々も持っているとして、寿州（安徽）、舒州（安徽西山県）、顧渚（浙江）、蘄門（湖北）、昌明（四川）、灉湖（江西）の諸産地の茶を並べて見せたという話も伝わっている。

西北辺境の民族も喫茶の味を覚えると、これに魅せられたのか、王公貴族の家では各種の名茶を持つことを誇りとしていたようである。

### 茶集散地の形成

こうしてみると、唐の時代は茶がすでに全国民的な飲料となっていたようで、その生産地域もこれまでのところ、少なくとも、四川、陝西、江西、湖南、湖北、安徽、江蘇、浙江の各省にわたっていることがわかる。その中でも有力な茶の産地は、前掲の『封氏聞見記』にあるように、江蘇、安徽両省の地区、当時いっていた江淮一帯であった。そして浮梁（江西省浮梁県）や湖州（浙江省呉興県）などは「舟車相継ぐ」状態で、茶の集散地を形成し、取引金額も莫大なものがあったとうかがわれる。詩人、白楽天が「琵琶行」の詩で「商人利を重んじ別離を軽んず、前月浮梁より茶を

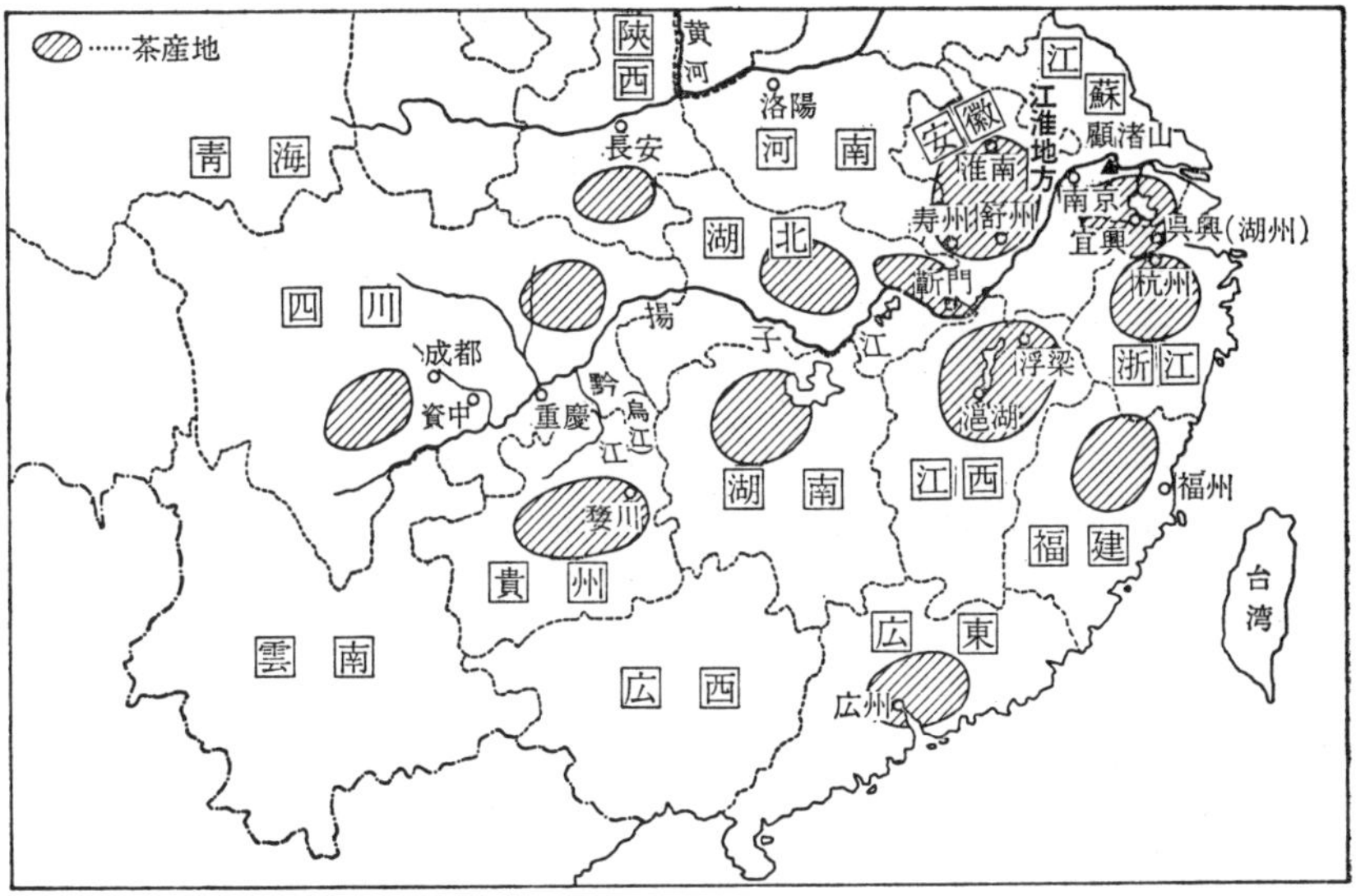


**唐代産茶地域図**

（注：地名・境界線は現在のもの）

買い去る」とうたったのは、こうした状況を描写したものである。

### 茶と文芸

平和の続くこの時代は、文芸を盛んにし、前記の白楽天をはじめ、李白、杜牧、釈皎然（シャクコウネン）、陸亀蒙、皮日休、元稹、顔真卿、盧同といった多くの詩人、文豪が輩出した。かれらは一様に多かれ少なかれ茶を礼讃している。かれらは優雅な生活のうちに、おそらくより良質の茶を求めたであろうから、この面では生産技術の進歩に貢献したことと思われる。

### 茶書の登場、『茶経』

茶の生産、消費の拡大が進行しつつあるとき、茶生産地湖北省の人、陸羽が『茶経』を著わして、茶について始めて科学的な観察を試みた。かれはこの書によって、それまで断片的に伝えられていたであろう茶に関する情報を系統づけ、集大成した。この書は、当時はもとより、現在にいたるまで幅広い読者を得、聖書的存在ともなって高い評価を受けている。この著によって陸羽は後世茶神と称されている。

ここで陸羽の生いたちについて、『新唐書』隠逸伝をもとにして略記してみよう。

陸羽、字は鴻漸、一名を疾といい、又の名を季疵という。かれは棄児であったので、成人するまで姓名が無く、それを悲しんで、自ら易を試みて、『易経』の中の句をとって姓名を定めたという。幼少のころ、生地の禅寺に育てられたが、仏教に疑惑を抱き、またその修業に耐えかねて寺を逃れ、放浪のあげく俳優の群に投じたこともある。天宝の年（七四二年〜七五五年）鄒夫子について勉強をはじめ、上元の頃（七六〇年〜七六一年）苕渓に隠栖し、著述に専念した。

後、粛宗に召されて太子の文学侍講となり、続いて太常寺太祝に推挙されたが、辞して栄職をうけず、八〇四年に没した（一説に七八五年ともいう）。

伝えるところによると、かれは風貌甚だ醜く、また吃音であったが座談には長じていたという。

『茶経』は、上元のころ苕渓にいたとき書かれたというが、その巻中、風炉の条に「聖唐、胡を滅ぼし明年鋳す」と風炉の脚に銘したことが記されているから、胡（安禄山の同類）が絶滅され、唐中興の成った翌年、七六四年（広徳二年）以降に成立したことは明らかである。

この書は三巻十項から成っており、その内容は次に示す各項の要約によってほぼ知ることができる。すなわち、上巻「一の源」の項では、茶樹の性状、茶葉の品質と土壌との関係について述べ、「二の具」で、茶の製造用具。「三の造」で、茶の種類と摘採方法。中巻「四の器」では、喫茶器具や各種茶具の使用方法、それに茶具の茶品質に及ぼす影響をのべ、下巻「五の煮」では茶のいれ方の技術。「六の飲」では喫茶の起源やその応用の知識、「七の事」は唐朝以前の喫茶に関する記事や薬方。「八の出」は唐朝の茶の産地と、それら品質の比較分析。「九の器」は全書の要約、補遺、「十の図」は茶席の掛け物などについて述べている。

とくに八の出の項によれば、これまでにわかっている生産地のほかに、更に広東、貴州、福建の各省が加わっていることが知られる。広東、福建へは南京から陸路経由で移入したか、或は南北朝の頃、すでに海上交通が発達し、広東は貿易港として栄えていたから、揚子江下流から海路、広東、福建へ移り茶区を形成したのではないかとも考えられている。貴州は四川から揚子江を下り、重慶附近で支流の黔江へ入り、南下して婺州を経て貴州に達し、茶区を形成したと推測され、また別に雲南省から隣接する貴州に通じる陸路も考えられている。雲南省は現在でも野生の大茶樹が少なからずあり、茶樹原産地に擬せられている点からすればこれも考えられないコースではないであろう。こうして唐代に於ては、現在の産茶地域と殆ど変らない生産地を形成していたようである。

## 茶の産業化

『茶経』が著わされた以後、急に茶に関する専門書が引き続き刊行された。例えば張又新の『煎茶水記』、温庭筠の『采茶録』、蘇廙の『十六湯品』などがそれで、これらは偶然というより『茶経』によって刺激されたと見られ、『茶経』の影響力の大きさを示すものと受けとれるかもしれない。

『茶経』やその他一連の茶の専門書、文人の作品などに影響され、道俗を問わず一般民衆の間に茶の流行は盛り上った。八六二年（咸通三年）、安徽省祁門では「千里の内、茶を業とする者七、八なり。悉く祁の茗をたのみとす。賈客みな議し、諸方より来たる。毎年二、三月銀を帯びて市に求め、貨を他郡に齎らさんとする者肩摩し、跡を接して至る。」（『祁門県閶門渓記』）というから、祁門では、七、八割の殆どの家で茶を商売とし、茶を求める者は各地から集まり、新茶の出る頃は、ここで買って他の地方に売り捌こうとする者で街は互いの肩がぶつかる程混雑したようである。

こうして、茶の生産、流通、消費面の増大に伴って、それは産業として社会的に位置づけられてくる。

## 貢茶と課税

これより先、陸羽は粛宗の代（七五六年～七六一年）に「芬香甘辣、他境に冠たり、上に薦むべし」と、常州（江蘇）の太守に進言したことによって、貢茶がはじめて実現したと伝えられている。しかし貢茶については、東晋（三一二年頃）および南宋の時（四四〇年頃）すでにその記録があるので、必ずしも陸羽の進言によって貢茶が実現したとは言い難い。

貢茶とは、毎年新茶の時期に定期的に帝王及びその宗廟に茶を奉進する制度である。しかもその茶はきわめて品質の高いものが要求されたのは当然である。

本格的に貢茶が実現したのは、七七〇年（大暦五年）である。この年に浙江省顧渚山に製茶工場として貢茶院がおかれ、貢茶は積極化した。七九五年には、貢茶院の工場は百余り、工人は一〇〇〇余人、茶摘みの男女は三万人に達したという。

貢茶として、この顧渚の紫筍茶と江蘇省宜興県の陽羨茶は特に品質の勝れている点で双璧とうたわれ、その徴発はことのほか厳しかった。これを所管する刺史（知事）はその実績が栄達にも関係するとして、相争って生産農民の出荷を督励していたのが実情のようである。

七八九年（貞元五年）に、顧渚の貢茶の種類を五等級に区別し、第一番茶は急程茶といって清明節（陽暦四月五日頃）までに長安の都に届かなければならないとした。顧渚山のある長興県から、長安まで陸路約二〇〇〇キロ、唐代の交通条件の下で十日以内の輸送は至難のことであるし、これらの産地の気候からいっても、まだ新芽の成長していないことも屢々であった。後に急程茶の期限は十日ほど延期を認められたが、貢茶要求の数量は増し、会昌年間（八四一年〜八四六年）に一万八〇〇〇余斤（その頃の斤は、日本とほぼ同じく約〇・六キロ。したがって、換算すれば一万八〇〇〇キロ）という量に達した。このような要求を満足させても、それは農民には利益になることもないため、厳しい徴発に堪えかねて他郷に流亡する者も多く、その結果生産の発展はおろか、茶園の荒廃を招く結果となる。盛んに行われた貢茶のうらには人民が貧困に悩むといった非情な実態があったのである。このころこれを憂えた浙江省の刺史袁高は、「動けば即ち千金の費、日に万姓（人民）をして貧ならしむ」とし、詩人盧同は「安んぞ知らん百万億の蒼生（庶民）、命を顚崖（がけ）に墜して辛苦を受くるを」などとうたっている。

貢茶とともに人民の負担を増したのは、茶の課税実施である。茶の経済的価値に着眼した政府は、七八二年（建中三年）大蔵次官ともいうべき役、趙賛の意見によって、茶を始めて課税の対象にとり上げ、常平（飢饉などに備える備蓄倉庫）の基金に充当する名儀で、漆、竹と共に、税率一〇％の従価税を課することになった。その後七八四年に一時廃止されたが、七九三年に旱魃に備えるとして再び課税の対象とし、八二一年には茶税を一五％に加徴した。

これに対して李班という役人は、茶のような日常の飲料に重い税をかければ、茶価をつり上げ、貧者と弱者は益々困窮すると上奏（『唐書』）したが、八四〇年（開成五年）に武宗即位と共に、「江淮の茶税を増す」とあるから一層茶税は重く、生産者ばかりか、庶民の負担は増大する一方であった。

これに加えて八三五年（太和九年）、宰相王涯が榷茶（茶の専売）の国益になることを進言し、王涯自身が榷茶使に任命された。しかしこの年王涯は榷茶反対派に誅殺され、榷茶の実施は見送られ「人々は悦こぶ」（『旧唐書』）という結果となった。ところが王涯立法の趣旨は、次の宋時代に生かされることになる。

唐朝は、その盛期には領土として、東は朝鮮半島、西は中央アジア、北は外蒙古、南はインドシナ半島におよぶ大帝国をたてた。茶の歴史上から見ても最も華麗な一時期を画したのであるが、貴族、豪族のぜいたくな生活とはうらはらに窮乏農民が増大し、李班のいう「貧者、弱者益々困窮」し、政治、経済の不安定からやがて三〇〇年の歴史を閉じる。

**茶の製法と飲み方**

このころ、茶とその利用方法はどの様であったかについては、一般庶民の間に用いられた茶については知るべき文献に乏しいので、明らかにすることは困難である。おそらく南北朝時代の『広雅』の記述にあるような、簡単な製法による餅茶を砕いて粉末として飲んだのではなかろうか。貴顕紳士の間に用いられたものは、『茶経』が最も詳細に記述しているので、それをもとにして順序だててみよう。

先ず茶の芽葉を摘み、これを竹製の負い籠に入れ、山から持ち帰って蒸す。それには予め、竈に釜をかけ、甑を置いておく。蒸したところを甑から取り出して、熱いうちに臼で搗き、芽、葉の区別ないまで砕き、茶汁を浸出させ、これに米糊などを混ぜる。次いで鉄製の型に入れて打ち込み、簀の上に拡げて乾燥させる。これを団茶という。ここまでは『広雅』にいう餅と同じ工程だから、団茶は餅茶ともいったと思われる。

更に団茶を一つ一つ錐で孔をあけ、竹に通して内部まで乾燥させるため、焙炉にかける。これを竹縄又は、藁で孔を通してまとめ、一串とする。一串ごとに若葉か笹で包み、更に外側を紅や黄色の絹糸でしばり、封をして出来あがる。

団茶は茶団、鳳餅とも呼ばれた。できあがったものは、型によって球体、平円盤状、あるいは立方体、五弁、六弁の花形などもあり、またその表面に竜脳（樟脳）や珍菓、香草の類を加え、膏を塗ったものもあった。この団茶は「薬のように」高価なもので、庶民の容易に手に入るものではなかった。

次にこの飲み方、いれ方（煎出方法）について述べよう。先ず団茶を炙り、冷えて香気を失わないよう紙で包む。紙の中で冷えたところでとり出して、木製の茶碾（薬研）にかけて粉末にする。ただしあまり細粉とはしない。次いで、篩にかけて米粒大のものを選ぶ。これを蓋付きの容器に入れる。別に風炉に釜をかけ、水を沸かす。一沸ていどで若干の塩を加え、二沸ていどでかき廻し、三沸としてぐらぐら煮る。そこに茶の粉末を茶匙で分量をはかって入れる。しばらく煮て、茶湯を汲みとって飲む。飲むときは瓷（磁）製の茶碗を用いる。というところである。味は上茶は甘く、下茶は甘からず、中茶は「啜って苦く、飲んで甘し」とされたようである。

## 7 宋代

### 榷茶法の成立

宋の太祖趙匡胤が、後周の恭帝の禅譲を受け、宋を建国し、都を河南省の東京開封に定めたのは九六〇年である。

宋朝も唐代に引き続き農業を重視したので、農業生産の発展には目覚しいものがあった。山地の農民は階段状の田畑を造成し、これに適合する作物をとり入れたが、その中に茶樹を包括したこともあって、茶園面積はより拡大した。

また手工業も発達し、農村地帯にも小工場ができ、茶は生産量でも製造技術上でも唐代をはるかに超す発展をとげるようになって来た。

農業と手工業の発展は、都市経済と対外貿易の発展を促進し、広州や明州（寧波）などの都市では、南海諸国や日本、高麗などとも交易が行なわれた。首都開封は、二〇万戸を擁する商業都市に変貌してきたのである。こうした都市では商店や茶館などもふえ、唐代では日没までと制限されていた営業も、夜間営業が許されるまでになっていた。

この時代、茶は米、塩とともに、生活の必需品化してきたようで、王安石（一〇六六年〜一〇七八年、大臣）も「茶の民用たるは、米塩と等し」（『臨川集』）といっている。

茶の生産地区は、行政区域に応じて、湖南北路、江南東西路、両浙路、淮南路、福建路、成都府路（四川省）、利州路（陝西省）とそれぞれ大別された地区を形成し、これらのうちでも、生産量の最も多いのは、成都府路、次いで江西省の江南東西路、安徽、江蘇、湖北各省にまたがる淮南路というところであった。

当時北方のツングース系の李元昊が、夏国を建て宋に侵入してきた。仁宗は之を討ったが失敗し、和を結んだとき（一〇四四年）宋は毎年夏国に七万両の銀、一五万匹の絹とともにおよそ一八トンの茶を歳賜とすることを約定している。茶が政治的にも利用されてきたのである。

宋朝は、茶を利用することについては、唐朝に引き続き貢茶や課税政策を継承したが、これに加えて新たに、茶を専売する榷茶法を施行した。

建国直後の宋は、領地として周の旧領をそのまま受け継いだため、国内の産茶地は当時の淮南西路（安徽省西部）を除いては殆ど国外にあったため、宋にとっては茶は一種の輸入品であった。宋の太祖は、かねてから茶が経済的、政治的に利用度の高いものであることに着目していたので、建国と同時に茶の自由交易を禁じ、専売の制度をしいた。これが榷茶法である。この法律は、違反者に対する罰則として最高は死刑という厳しいもので、唐代の茶税より更に収奪的なものである。

この法律を施行するに当り、先ず国内の産茶地である淮南西路に官吏を派遣し、栽培製造に従事する茶業者の監督に当らせた。そして生産された茶を一旦全部官に収め、改めて商人に払い下げて売るという手段をとった。これを管轄する機関として「山場」を、淮南西路に十三ヶ所（時には増減があった）設けた。

揚子江以南の茶、すなわち輸入茶に対しては、揚子江沿岸に貿易機関として置かれた「榷貨務」が、揚子江以北に密輸入される茶を監視し、また密輸者に対しては重刑をもって臨み、榷茶の円滑な推進をはかる役目をもになった。榷貨務は、江蘇省の真州や湖北省の無為軍などに置かれた。

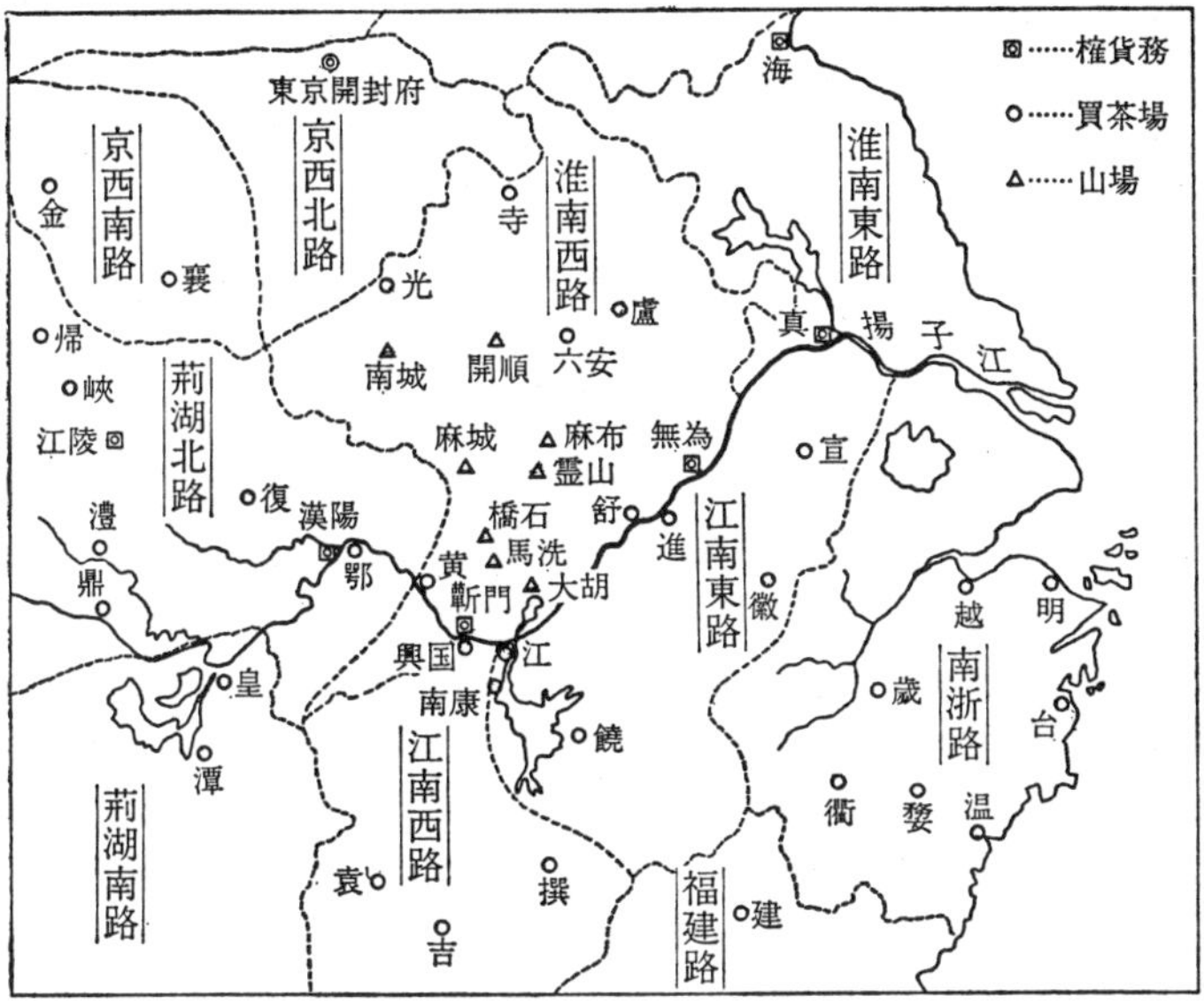

宋代榷茶要図

九八三年（太平興国八年）、江南の李煜(リイク)が宋に降服して、茶の主産地をすべて宋の主権下におくようになってからは、国内茶、輸入茶の区別は実質上は存在しなくなったが、山場や榷貨務はそのまま残し、榷茶法の強化手段に利用することが図られた。しかし九八八年（端拱元年）頃より、元来貿易機関たる榷貨務はその意義を失ったとして廃止論が起こり、九九三年（淳化四年）に一旦廃止した。ところが実際は榷貨務で取扱われた物資の殆どは茶であり、榷貨務は多分に専売業務遂行のための機能をもつようになっていたので、貿易機関としてより榷茶機関としての意義を評価する者が多く、同年中に再び設置されることになった。

それ以降、一〇五九年（嘉祐四年）榷茶法の廃止にいたるまでの約七十年間、榷貨務は山場とともに榷茶の中枢機関として存続することとなる。

ここで榷茶法に基く茶の取扱い方法について述べてみよう。大きく分けて次の三つの方法で販売された。

先ず山場や榷貨務に集荷された茶のうち民間消費者用の茶（「食茶(ショクチャ)」）として一部を別にし、これを県単位に官が直接販売し、その利益を州、県の費用に充てるというのが一つ。次に商人には山場や榷貨務に軍糧、金銭や織物等を納入させ、その代価を茶（又は塩）で払い、これを販売させる。その場合、「禁榷地分(キンカクチブン)」という官の販売区域への販売は厳禁するというのが一つ。なお商人が販売を許される地域を「通商地分」といい、ここでの販売に当っては官から許可証を必要とし、この許可証を茶のばあい「茶交引(チャコウイン)」又は単に「引(イン)」とよんだ。国境地区の契丹(キッタン)や西夏などに対する防備用の軍糧を商人が納入したばあい、その代金は茶で支払う、という方法である。

　ところで当時、宋をとりまく情勢は厳しいものがあり、北辺の契丹（九八二年まで国号は遼）および西北の西夏（チベット族の国家）の脅威に対して常に強大な軍備を必要としていた。例えば開宝年間（九六八年～九七五年）には、国軍の総数約三〇万人。至道の年（九九五年～九九七年）には、六〇万人。天禧の年（一〇一七年～一〇二一年）には、九一万人。慶暦年間（一〇四一年～一〇四八年）には、実に一二六万人と称され、その大部分は契丹および西夏に備えるため、陝西、河東、河北に配備されていた。したがってその費用は莫大なものであった。

　仁宗の慶暦七年（一〇四七年）の例をとってみれば、俸給、衣料も尨大であるが、人糧で一二〇〇万石、馬糧一五一万石、飼草一五一二万束という程で、北宋財政を圧迫する最大の要因となっていた。宋は貨幣経済の発達に伴い銅銭の鋳造が急増したが、この仁宗の頃になって貨幣は不足がちとなり、ついに四川の成都では紙幣を発行し、軍費の調達に充てなければならない状況に追いやられたことでもわかる通りである。紙幣はその後益々濫発され、紙幣の下落はひいては物価の騰貴を招く結果となってくるわけで、宋経済はこの軍事費によっていかに深刻な影響を蒙ったかしれないのである。しかも北西の辺境は、その道遠く且つ嶮しく、輸送の労力費用も甚大なものがあり、財政負担を加重させる要因をつくった。

　こうした状況の下、茶は当時の宋朝経済を支える大きな財源の役目を果たした。というのは尨大な軍糧の多くは揚子江以南の地からの供給にたより、その補給には殆ど商人の手に依存していた。かれら軍糧の納入者は榷貨務に持参し、榷貨務は、この代価や労力費を金銭の代りに茶（又は塩）で支払ったからである。

### 茶の密売

当時、茶の販売利益は非常に大きかった。これを西北辺境に転売すれば、数倍の利益を得る（『宋史』食貨志）ほどであったから、厳重な榷茶の諸規定にも拘らず、「私販」、「盗販」（いずれも無許可の販売）が横行した。

　私販、盗販茶に対する刑罰は、茶を隠匿して官の買い上げに応じない者は、その茶を没収。その価格百銭以上に相当する者は、杖（杖刑）七十。主吏で官茶を貿易し、その価格五百銭以上の者は、二〇〇〇里の流刑。武器を所持し、私茶を売る者は死刑と定められていた。例えば太平興国の初（九七六年頃）張永徳という役人は、太原に於て近親の者にそのかされて茶を私販し、あばかれて位を移されたり、潘昭緯（ハンショウイ）という安徽省天長郡の長官は、勝手に茶価をつり上げて官の茶を売り、反って商人に密告され発覚し、官を奪われたとか、私販摘発のため九七四年（開宝七年）、監察吏が太祖の命を奉じて商人を装い、廬州、舒州（ともに安徽省）などの民家に行き、茶を買い求めようとし、疑わずに茶を差し出せば、直ちに捕えて刑に処したといったように、取締りに峻厳なものがあったようである。

権茶法によって利益を得た者は、一部の豪商たちのみに過ぎなかった。かれらは商人が軍糧などを納め、その代価として受けとった茶交引を自ら有する財力によって、低廉な価格で買い占め、茶の出廻りを鈍らせ、価格のつり上ったところで茶交引を高く売りつけるといったように茶相場を操作し、莫大な利益を収めたのである。軍糧などを茶で支払う政府も多大な利益を得たが、それでもかれら悪辣な豪商たちの収める利益には遠く及ばなかったといわれている。

宋朝は、その建国以来の国是として、茶法の完備をはかったが、反面その弊害を伴うことも多く、きわめて複雑な茶法を制定し、そして又何度かそれを改変するなどの苦心を払った。その過程をたどってみると、主なるものでも、権貨務ならびに山場の設置（九六四年）、権貨務の廃止（九九三年）、同再設置（同年）、貼射法、見銭法及び三説法の施行（一〇二三年頃）、見銭法、貼射法の廃止（一〇二五年）、同法の復活（一〇三六年）、権茶法の廃止（一〇五八年）、通商法の実施（一〇五八年）、建州、南剣州（共に福建省）の蠟茶を権す（一〇八五年）、福建の権法を廃止（一〇八六年）、蠟茶の権を廃す（一一一二年）など幾多の変転を重ねている。

ところで、今挙げた「貼射法」とは、茶の生産者（「園戸」という）に茶を租税として官に納入させ、残りの茶は山場で買い上げる。その買い上げ法は、予め官から銭を園戸に給し、茶を納入させる。山場の役人は、予め園戸の茶樹の本数を査定し、納入すべき量、および給すべき基本額（「本銭」という）を定める。園戸は、茶を自由に販売することは勿論、許可なく茶樹を抜いたり、茶園を廃止することはできない。といった厳しいものである。「三説法」とは「貼射法」と似ているが軍糧などの納入者に支払う代償を、現金、香薬又は象牙をもってする方法であり、「見銭法」とは、高い利息附きの金を園戸に給して茶を納入させるといった方法で、何れも官にとっては、入ること重く、出ることは軽いという点では同様な方法である。

当時、政府は、税収としては、官田から徴収する小作料、民田から米、綿の両税を徴していたが、それらの重要性は次第に失われ、権茶による茶のほか、塩や酒の専売収入が重要性を増し、現物よりも現金収入が重きをなしていた。したがって、これらの増収を図るためには、綿密、且つ巧妙な策が研究されたのである。しかし権茶を見る限りでは、良質の茶は豪商などの手に入り、粗悪な茶を官が買い上げることになり、結局官は売れ残る粗悪茶の滞貨の山を築く結果となったようである。一〇二五年（天聖三年）のとき、これを調べた調査官孫奭の報告でも、その年の滞貨、約三六七八トンといっている。

権茶法の実績としては、同法の確立したころの買い上げ数量は一一〇〇万斤（換算約六六〇〇トン）に過ぎなかったが、一〇一五年（大中祥符八年）には三〇〇〇万斤（換算約一万八〇〇〇トン）近く、全生産量の三分の二に当る買い上げを行ったといわれる。歳入は、一〇五七年（嘉祐二年）頃、茶販売の純利一〇万六九〇〇余金（『夢渓筆談』）などが記録されている。

一〇三六年（景治三年）、葉清臣の茶通商に関する上奏文によれば、「天下の戸数一〇二九万六五六五の中、三分の一は産茶の州」といっているから、茶の生産戸数は大まかに推定して三四三万余戸となる。このことのみでも、宋朝の経済にとって茶の占める比重は高く、そのために、宋朝は茶の政策にいかに苦心を払ったか思い知られる。宋朝がこのように茶の施策に苦心したのは、前述の通り軍費を賄うためであったのだが、それにしても権茶法は予期したほどの効果をあげず、また民衆は反って高価な専売品に顔をそむけて、私販（密売）に頼るようになり、政府の思惑は全く齟齬を来たしてしまうのである。

## 茶商軍の発生

宋朝にとっては、権茶法を成功させる為には、私販の防遏がどうしても欠かせないことであった。私販が盛んに行われると、専売品は売れなくなるからである。したがって政府が厳重な法規で取締ったことは前節でのべた通りである。しかしいかに厳重な処罰で臨んだとしても、政府自体が専売によって不当な利益を独占しようとする限り、私販もまた莫大な利益を得ることを知っているので、決してやめることをしない。

ところがこの私販は、非常な危険を伴う行為である。そのため私販自身もまた、綿密な計画、情報の蒐集といった自己防衛策を練る必要があり、やがては同志を糾合して徒党を組み、しだいに集団を大型化する。同志が巡検に捕えられるようなときは、武器をもって抵抗し、時には強奪もする。また集団は山中に立てこもって、山賊化し私販を続行するばかりか暴行、掠奪も辞さないようになり、一般からは茶賊、茶寇と呼ばれて怖れられる存在となった。

当時の茶賊の消息をしるす文献は、こう伝えている。

「徽（安徽）衢（浙江）婺（浙江）建（福建）劔（福建）……の諸州。その地岨陵（けわしい）、その民、闘いを好み、よく死して屈する能わず。動かすに千百を以て、群盗を為し、茶塩を販す……」（『学菴類稿』）「紹興七年（一一三七年）淮南、江東、湖北の地、大いに旱し、茶芽不発のため、茶商無頼の徒となるおそれあり」（『宋会要』）「淳熙二年（一一七五年）頼文政、湖北に於て反乱を起こす」（『宋会要』）などである。

茶賊の中で最も強大な勢力に成長したのは、右の頼文政である。かれは茶の仲買人であったが、茶商に押し立てられて首領となり、湖北を拠点に、湖南、江西と官軍を破り、その勢は当るべからざるものがあった。方師尹（ホウシイン）という官吏は、江西に転勤を命じられたが、茶賊に怖れをなして赴任せず、罰せられたという記録もある。頼文政は、間もなく殺されたが、茶賊の拡大は阻止できないどころかますます強大になる傾向にあった。

茶賊はなぜ急成長したかと考えると、一つには、元来茶商は、茶を購入するために、山地を歩くことが多く、地理に精通し、且つ重い荷物を担ぐため強健な身体をもっている。このために、戦となればその行動は神出鬼没で、官憲は容易にかれらを捕えられないという利点をもち合わせていたこと。二つには、州県知事は、自己の地位保全に汲々として、賊徒を討つどころか、反って彼等を歓待し、掠奪に目をふさぎ、他の管轄地域への早い転出を願い、責任転嫁をはかる糊塗策に終止したこと。以上の二点があげられるであろう。

茶賊の猖獗に手を焼いた政府は、苦肉の策として、かれらを正規軍に編入することとした。これを「茶商軍」とよんだ。

このことは、次のように『宋史』の一文に示すとおりである。「湖北の茶商軍隊、暴横なり。此の輩精悍。宜しく兵と為すべし。緩急用ゆべし。之が令を募す。あつまる者雲集す。号して茶商軍という」と。

茶商軍は、義勇軍の扱いであったが、傭兵の正規軍（官軍）より勇敢で、しばしば官軍に代って勇戦した。端平の年（一二三四年～一二三六年）、金軍が南下して、宋の領土を侵したとき、湖北の茶商は、義勇軍（茶商軍）を編成し、官軍の怯弱なのに比べて、はるかに勇戦して、金軍の南下を阻止したという。

強力な茶商軍の実力を知った政府は、その勢力を結合することによって、その傘下の茶商を利用しようと考え、茶商軍もまた、官の庇護をたのみ、大茶商を領袖として、更に自己の力の強化を図るので、両者の利害は相反することはなかった。

宋代に興った茶賊と、それに紙一重の茶商軍は、宋代社会に良かれ悪しかれ、大きな影響を与えたことは間違いない。しかし宋朝のたのみとした茶商軍も、西から興ってきた蒙古帝国の強大な軍隊に抗しようはなく、蒙古軍が臨安府（浙江省）の都に迫ってきたときは、無力化してしまった。文天祥らの奮戦もむなしく、厓山（ガイサン）（広東省）の戦いに敗れ、宋朝十八代、三一九年の歴史を閉じたのは一二七九年であった。

## 宋代の茶製法と末茶法

宋代の茶は、三種類あった。すなわち散茶、片茶および研膏茶の三つである。

散茶は、一般に最も普及した茶である。その製法は簡単であったようだが、そのためか反ってこれを記述した文献に乏しく、明らかにされない点が多いが、酸化酵素を殺すため、芽葉を蒸して造ったようで、形は清時代の陸廷燦が「現代の如き茶なり」といっているから、今の茶のように葉茶（バラ茶）ではなかったかと思われる。宋の朱翼の『猗覚寮雑記』によれば、「今、茶を採る者、芽を得れば蒸熱焙乾す」といっている。現代の中国の研究家たちも、宋の末期に、蒸し製の散茶（葉茶）が発明されたとする者は多い。この茶は一般に飲まれていたので、粗悪なものとされるが、中には、浙江産の日鋳茶、江西の白芽茶などのように優れているものもあった。

片茶は、茶葉をつき固めて、賦形したもので、これは唐代の団茶（餅茶）とほぼ同様の製法によるものである。

研膏茶は、一種の片茶であるが、これは主に福建省の建州や、南劔州に発達した著しい特徴をもつ茶である。その製法は、宋の熊蕃の『宣和北苑貢茶録』に詳述されている。いまこれをもとにして要約すると、先ず芽葉を水洗し、これを蒸し、再び水で洗滌して冷却させる。次いでこれを布巾で包み、若葉又は竹皮で被い、大型の榨にかけて、茶汁を搾りとる。取り出して小さい榨にかけて、塊をほどき、再び小榨にかけ、この操作を数回繰り返す。茶葉が乾いた後、一個の茶の分量毎に分ける（一個の製品の重さは、大型のもので一五〇グラム、小型のもので一五〜三〇グラム）。さらにこれを瓦製の盆に移し、少量の水を加えて練る（練ることを研といい、研膏茶の名はこれにもとづく）。この操作を数回繰り返す。よく茶を練ってから、型に入れて乾燥させる。乾燥したところで最後に、一度表面に蒸気をかけ、密室中で煽ぎ、外面を整えて出来あがる。といった順序である。

その表面は、蠟のように光沢をもつところから、蠟茶、または蠟(臘)面茶とも称された。これは薬のように、またそれ以上に高価なものであり、竜茶、鳳茶と称して、天子の供御として貢納された。これを下賜された者は、容易には飲まず、家伝の宝として鑑賞するだけといった高貴な扱いをうけるほどである。もちろん庶民の口に入るものではなく、喫する者は、貴顕とか文人に限られていた。宋の徽宗帝（在位一一〇一年〜一一二五年）の著わした『大観茶論』をはじめ、宋代の著書、また蘇東坡など文人の詩文にでてくる茶は、ほとんど研膏茶と考えて差支えないようである。

次はこれらの茶の飲み方についてみてみよう。

散茶は、薬研で挽き砕かずに、熱湯にバラのものを入れ、生姜や塩などを加えることをしないで、そのまま飲んだ。これは茶固有の香味を重視するようになったためで、茶の色、香、味を鑑賞し、茶品質の良否を鑑別するに適した方法であった。この飲み方は、やがて茶の良否を見分けて勝負をする闘茶に発展してゆく。

片茶や研膏茶のような固形茶の飲み方は、先ず茶を錬磨した鉄製の薬研によって、今の挽茶のように細粉とし、蓋物容器に入れる。この際に碾（茶臼、ひき臼）も使われた。次に風炉に茶瓶（土瓶又は、やかん）をのせ、強火で水を煮る。湯を茶碗に入れる。次いで茶粉を匙ですくい、茶碗に入れ、匙で攪拌する。『大観茶論』に「筅」の語があるから、宋末には茶筅も使われたとみられる。

なお茶を細く砕いて粉末としたものは、末茶といわれ、この頃は、唐時代と違い、末茶を少し匙ですくって湯の中に入れるところから、点茶、あるいは点といった。わが国でいう抹茶は、この宋代の末茶に淵源がある。また末茶（茶粉）が熱湯に溶けることを「発立」といったことから、わが国で「茶をたてる」という言葉の由来になったともされている。

それはさておき、最後に、色、香、味を清賞しながら、おもむろに喫する。

その茶湯の色は、「結凝雪」などと称し、白を貴しとして、緑翠色のものは下等品とされていた。茶碗の内側の色が白いと、この茶の白色のよい点がわからないから、当時、茶碗の内側は黒色のものが使われたという。余味、余香のあるものが貴ばれ、また湯加減も大切で、さらに湯が多過ぎたものは、「雲脚散ず」などといって戒めたなどのことは、今も変りないようである。

## 8　金代

### 貴人の飲む茶

十二世紀の終り頃、宋の東北部を支配するようになった金は、ツングース系の女真族によって建てられた国家である。女真族は、満州（中国東北部）の原住民であるため、茶の産地に遠く、元来茶を知らなかった。劉成というものが、命を承けて河南を視察したとき茶を見て、これは温桑というもので、茶ではないとして、帰ってこれを復命し、杖刑に処せられた上、免官されたという（『金史』食貨志）。これはこの当時の首都上京会寧府（ハルビン市附近）に住んでいたこの役人は茶を知らなかったということであろう。

金は南下して、河南、淮北を手中に収め、中央に進出して首都を北京に置いた。そのころなお南に勢力を保つ宋（南宋）との交渉に応じ、金と南宋との境界地帯にある寿（安徽）鄧（河南）などに権貨務を置き、茶の貿易、金の立場でいえば、茶の輸入を始めることになった。これは和議が破れて、一旦廃止されたが一一四一年（皇統元年）に、和議成立と共に再開され、寿、鄧のほか、蔡（河南）泗（安徽）盱眙軍（安徽）にも増設された。こうして金人と茶との出会いが始まる。

金が支配下に置いた人びとは、すでに茶を知っている漢民族である。かれらを支配し、かれらと接触を深める金人は、自然と茶に接することも多く、金人の間に喫茶の風習が拡まっていったことは考えられるところである。

しかし一方では、早くも榷茶は意の通りに進まず、その対策に苦心したというから、正規の市場たる榷貨務を通さず、淮水をひそかに渡って、宋から金人に茶を売る者もあらわれたようである。それだけ金には喫茶が浸透してきたことでもあろう。そのことは、一二〇六年（泰和六年）尚書省の上奏によって推測することができる。すなわち「近年上下競って茶を啜り、中でも農民は最も甚だしく、市井には茶肆（茶店）が相並ぶ」というから、都会や農村にも喫茶は急速に普及したのであろう。

こういう状況を見てとった金の商人は、南の宋から来る茶は、利益が大きいと判断し、当時絹の本場といわれた山東省産の、高価な糸絹を代償として茶を求めた。年々きわめて高価な絹の流出が続くため、政府は頭をいため、これを防止するためには、喫茶を禁ずるほかはないと考えるようになった。ついに政府は七品以上の官職にあるものに限り、家で飲むことを許したが、その他の民衆には、一切茶を飲むことを禁じてしまった。およそ官吏でなければ茶を飲めないという結果になったのである。

さらに「茶は敵国（宋）の産物であり、これを中国（中央に進出した金）の高価な糸や綿、絹と交易することは不当なり。雑物を以て交易すべし」と、貿易面でも抑制措置をとるに至った。

ところがこうした禁令は、実際にはあまり効果はあがらず、反って禁を冒してまでも茶を手に入れようとする者は増し、また利益を目的に越境して、敵地（宋）に入り込み、密かに茶を買って帰る辺民は跡を絶たない。実は金人のほしいものは茶ばかりではなかったのである。金の国内では銅を産しないため、銭を鋳造することはできない。しかし金の国内では銭の需要は非常に旺盛なので、金人のほしいものは、茶のほかに銭なのである。したがって金人は銭と茶、この二つのものに強烈な執着がある。そのために、自国産の優れた絹を持ち出して、敢えて危険を冒してまでも越境したというのが実情であろう。

政府としては、こうした実情にたいして、さらに禁令を強化して「親王、公主、五品以上の官職にあり、家に蓄積をしているものに限り、喫茶を許し、あとの者は喫茶を厳禁す。犯す者は徒刑五年、密告した者には賞金一万貫を与える」（『金史』）とした。これでみると皇族、貴族か高級官僚しか茶を飲めないことになる。ただしこうした強硬な措置も、恐らくその効果をあげるに至らなかったであろう。金がモンゴルに滅ぼされたのは、それから数年をでていない。

「上下競って茶を啜る」ようになったとはいえ、富める者のみが、安心して茶を喫することのできる金であったようである。

## 9 元代

### 民族差別と茶の重税

ジンギス・カンに始まる遊牧民の蒙古帝国は、一二三四年、その子オゴタイ・カンによって金を滅ぼし、華北の乾燥地帯を領有し、元王国を樹立した。その後フビライ・カンは南宋を亡ぼして、都を北京（大都）に移し、異民族として最初の中国統一を果たした。

元朝は全国を統一後、世祖フビライは農業生産を重視し、農業専管の司農司という役所をおくなど、農業の保護助成策をとった。このため耕地は増大し、生産技術も曾て見ないほど発展をとげた。江淮地区では「兵士の姿は見られず、ただ蓑笠（ミノカサ）を見る」とまでうたわれたものである。

首都北京、杭州や泉州（いまの厦門（アモイ））は、商業都市として栄え、ことに北京は、金に続き経済文化の中心をなしていた。経済の発展に伴い、国内各民族間の往来も頻繁となったが、政府は少数民族に対しては冷淡な態度で臨み、蒙古族と漢民族優先の施策をとったようである。例えば商人が淮南地方の茶を、四川辺境の羌族（キョウ）などに転売する場合、巨利を得ることを知っていても、これを取締るというようなことをしなかった。また「四川の茶塩の課税をもって軍糧に充つ（ア）」（『元史』世宗本紀）というように、四川への差別政策をとった。

一二六八年（至元五年）「成都（四川）の茶を権す。私（ヒソ）かに採売する者は塩の私販と同罪」とされたというから、四川には専売制が実施されたことがわかる。この三年後に茶、塩の課税は免除されているが、これは四川は課税と権茶の重圧によって民力が疲弊したことによる為であった。

一二七七年（至元一四年）江淮に権茶都転運司を置き、茶取扱量の六分の一（一説によると六分の三、つまり二分の一）の従価税を徴収したというから、この地方も極めて重税を課したようである。元朝は、高い農業生産力と、華北に数倍する人口を擁する揚子江以南の土地の領有によって、中国的な王朝を築いたが、建国以前から続く二十年にわたる金との抗争、チャガタイ・ハンやクルク・ハンなど西北諸ハン国との対立、倭寇への対応、日本への遠征（一二七四、一二八一の両年）、ラマ僧への供養など国費を費やすことが多かった。したがって、これに見合う歳入の増加をはかる一環として、どうしても茶、塩の専売利益、その課税収入に力を注ぐ必要があった。例えば茶引（茶貿易証）の増価を上奏したり、江西、江南の茶税を増すなどの措置を講じたりした。

ことに一三一八年（延祐五年）の、江西、江南における茶税の増徴は厳しく「郡県の輸するところ、山谷の産を尽くしてもその半ばを満たす能わず」（『続文献通考』）というほど、苛烈なものであった。このため茶農の困窮は極限にまで達し、同年に「淮西（湖北）の山場の茶戸は、反乱を起こすに至り」（『続文献通考』）、反乱する気力さえ失った者は、日に消乏、逃亡する状態に追いやられた。

政府の努力した経済力回復も効を奏することなく、民族差別による社会不安も増大し、やがて明に亡ぼされることになる。わずか一六〇年の王朝であった。

### 元代の喫茶法

ところで、この時代に普及していた喫茶の様子はどうかというと、宋時代のそれと変りないようである。一般には宋代で庶民の間に飲まれた散茶が主流をなしており、別に片茶のような固形茶は、これを碾き細粉とする末茶法による喫茶が行なわれていたと思われる。

一例ではあるが、元政府の要職にあった耶律楚材が、西域の陣中で茶に関する詩を多く作っているが、その中に「土物は蕭疎なり一餅の茶」とあり、これは餅茶すなわち携帯に便利な固形の片茶をもっていたことと考えられる。飲み方はまた別の「一椀の清茶玉香を点じ、明日君に辞し東に向って去る」の詩、その中の点じるという字句によって、末茶の点茶方式によって飲んだものと想像されなくもない。

## 10　明代

### 茶馬交易

元は強大な軍事力を抱え、庶民に差別待遇や重税をもって臨んだが、やがて不満分子が反政府勢力を強めてきた。その集団から朱元璋が、華中に興り他を制して天下を統一して、一三六八年（洪武元年）、金陵（南京）を都として大明国皇帝となった。

朱元璋太祖帝は、明朝の経済力を強化するため、荒地の開墾、移民の屯田および水利の興修などにいち早く着手した。不完全な統計ではあるが、建国二十年で各地の土地開闢は二七万ヘクタールに達したという。農業の発展は、江南の紡績や景徳鎮の磁器にみるような手工業の発展をもたらし、それがさらに商業の発展を促した。茶業もこれらに伴って生産、流通面に大きな発展をとげたのである。

太祖は即位すると直ちに茶の税収をもって、西域の馬を購入する法律を定めた。これが後年茶について明の政策上もっとも重視される茶馬貿易に発展する。明の茶馬貿易はのちに茶と馬との直接交易に変わるが、しかしそのことは、明に限ったことではなく、古来から中国では、良馬の補給には非常に力を入れており、つねに西域や、西北辺境の地から馬を輸入していたのである。

たとえば『竹書紀年』に、紀元前九世紀のころ西戎が馬を献じたとか、太原の戎を討って馬千匹を得たなどの記事があるというし、また漢の武帝（紀元前一四〇年〜前八七年）の時代には大宛国（パミール高原の中にあった王国）遠征に先んじて、烏孫は一千の馬を以て漢女を招いたと伝えていることなどが、そのことを物語っている。

ただ明は特別に蒙古軍から軍事的に馬の重要性を学びとったために、馬の必要性を痛感している時であり、一方で茶の増産が予測される事情にあるので、茶と馬との交易に力点をおいたというわけである。

ここで中国における茶馬交易の経過をたどって見よう。

茶と馬との交易については、馬を必要とする中央政府、茶を必要とする西域諸国という、互いの利益につながることを考えると、交易は早くから行なわれて然るべきことと考えられる。しかし記録としては『新唐書』に七七五年（唐の大暦一〇年）「回紇（ウイグル）赤心、馬万匹を市せんと請う。有司は財乏しきをもって、ただ千匹を市う」とあるのが最も古いかもしれない。これは茶と馬とを交易したとは言っていないが、後の『封氏聞見記』や明の丘濬の『大学衍義補』などの記事によって、これは茶又は茶の税収によって馬を買ったのではないかと、推測されている。

宋代に入って、九七六年（太平興国元年）秦州の上奏に「茶絹を以て蕃部（西北地方の異民族）来献の羊馬の価に給せん」。同じく九八三年（太平興国八年）「吐蕃、回紇などより購う馬の代価を、銅銭を以て支払っていたが、その銅銭を鋳潰して兵器にする危険ありとして、布帛、茶をもって他の物と交易することとす」などの記録があり、九九四年（淳化五年）、夏国（蒙古）から馬駝の献納があったのに対し、茶、薬、衣類などを賜わっている。

このようにして、茶馬の交易は、実質的には宋の時代から行なわれて居り、一〇七〇年（熙寧三年）になると、茶馬法による専門の機関たる買馬司の設置へと進んだ。

こうして一〇九九年頃、宋の哲宗の時代には「馬至ること万匹、茶課を得ること四百万緡」（緡は最低貨幣単位文の一千倍）、一一八二年頃、南宋淳熙の年には「蕃夷の馬、二千九百余匹を得、すべて良馬」という実績をあげるようになった。

明が茶馬貿易に力を注ぐのは、こうした歴史的な背景があったればこそであろう。

明初には、東に三つの馬市（又は馬司）があった。そして

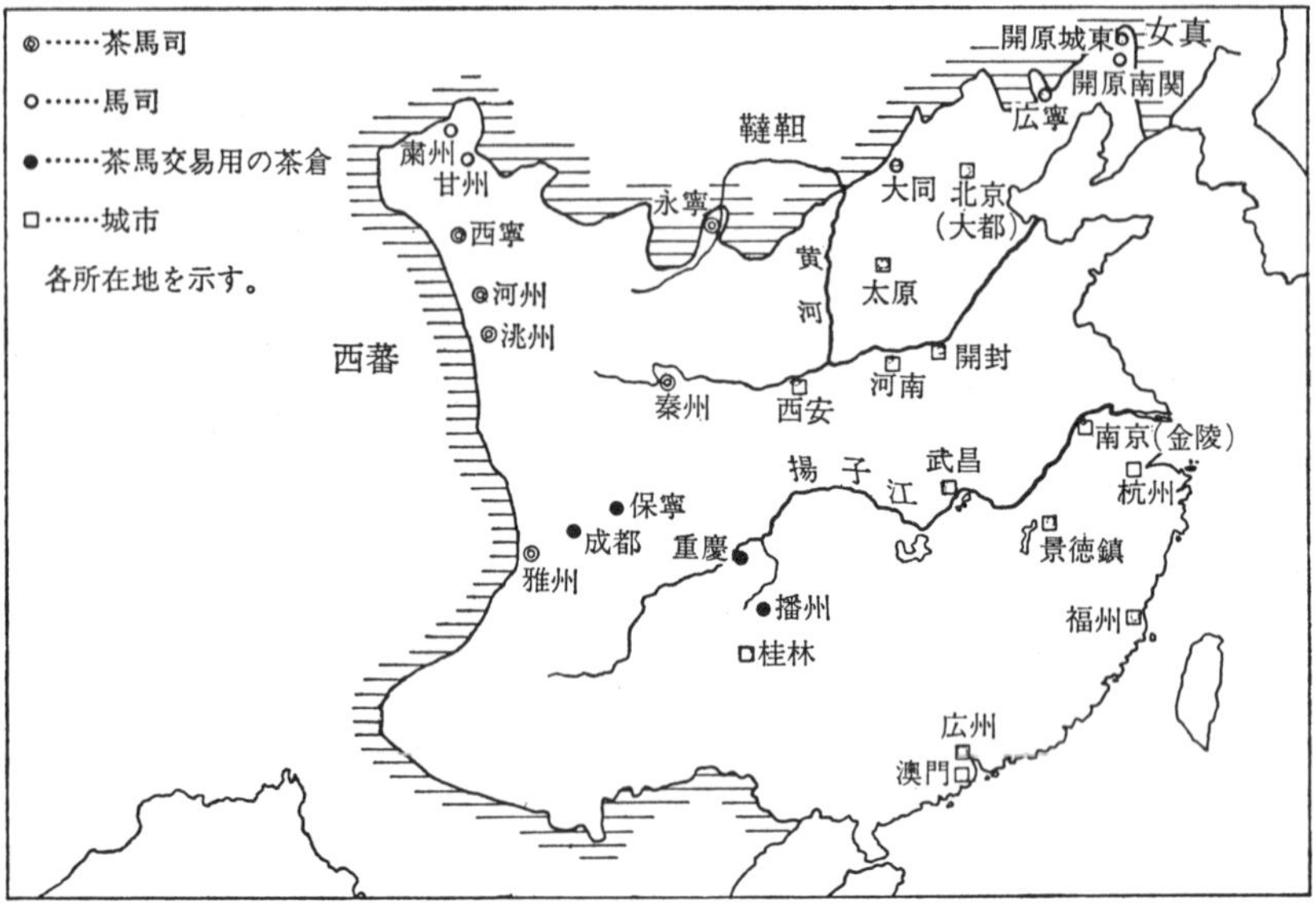


明代茶馬交易要図

これらは辺夷を馭し、辺防の費用を省く目的をも兼ねていたという。三馬市のうち、開原南関にあるものは、対女真族用のものであった。この馬市では、当初絹布や米で馬と易えていたというから、当時の女真族には茶の需要が無かったようである。

一三七二年（洪武五年）頃には、馬市茶市を併合して茶馬司とし、四川や河州（陝西）など、六茶馬司に増設した。同じく洪武の年に李景竜という者を西域に派遣して、茶を求め、代りに馬を納入する辺境の部族に、金牌を与えるなど、茶馬交易の奨励措置をとっている。

この措置は、一旦廃止されたが、廃止によって馬の入手が困難になったと伝えているから、金牌の奨励策は効を収めたようである。

ではいったい茶と馬との交易はどのように行なわれていたのであろうか。

まず一三八六年（洪武一九年）甘粛省洮州、寧夏省永寧、四川省雅州の茶馬司では、馬を三等級に分け、等級毎に茶の支給量を定めている。すなわち上等馬は一頭につき茶四〇斤（二〇キロ）、中等馬三〇斤（一五キロ）、下等馬二〇斤（一〇キロ）という比率であった。ついで三年後の一三八九年（洪武二二年）には上等馬は茶一二〇斤（六〇キロ）、中等馬は七〇斤（三五キロ）、下等馬は五〇斤（二五キロ）に改訂された。これらには馬の等級があって、茶の等級がないのは、不合理のようであるが、一四二五年（洪熙元年）に「馬との交換不能の葉茶は焼却した」との記録があるところをみると、余り下級の茶は対象外であったと考えられる。

『学菴類稿』によれば、一三九二年（洪武二五年）「馬を得ること一万三五〇余匹、茶を給すること三〇余万斤（一五万余キロ）」。一三九八年（洪武三一年）「馬を得ること一万三五〇〇余匹、茶を給すること五〇余万斤（二五余万キロ）」など茶馬交易進展の様子を伝えている。

一四九〇年（弘治三年）には辺境の馬が欠乏したという理由で、商人に甘粛などにある茶馬司へ茶の出荷を要請している。その時の茶馬交換比率は、上馬一匹は茶百斤（五〇キロ）、中馬は茶八十斤（四〇キロ）としており、一三八九年に定めたものと比べると、上等馬については値を下げたこととなる。

西北辺境の種族は「西北の虜（未開人）が茶を嗜むのは、おのずから来るあり。虜人は乳酪を嗜む、乳酪は膈に滞る（腹にもたれる）。茶の性は通利」と当時言われていたので、中央政府としては、西域の種族が茶をもはや必需化したと見て、強気の措置に出ることができたと見られないことはない。

明末になってくると、一時効果を収めた茶馬法も、私茶、私販の蔓延を防ぎきれなくなる。その上、正引（正規の貿易許可証）以外に由票などという一種の私引も濫発され、蒙古方面を含む西域の蕃民に私販を助長する結果も生じた。かれらは官許の茶を買うことをしない為に納馬も承知しない。承知するとしても下等馬に限られ、上等馬は茶馬司を通すことなく、結果として殆ど奸商の手に委ねられるようになったようである。

こうして、一四九五年（弘治八年）茶と馬との交易を中断することとなり、一五一五年（正徳一〇年）四川の茶をもって、蕃馬と交易する制度は破れることになる。

そして一六二五年（天啓五年）「茶法、馬政並びに国境の防衛ともに壊る」（『学菴類稿』明食貨志茶法）と、ついに破局を迎えた。太祖以来三百余年近く続いた、明の茶馬交易制度は、国自体の崩壊に先だって、全くその機能を失ってしまったのである。

明は茶馬政策のほかに、宋代の榷茶法を陝西、四川両省に限定して踏襲し、その他の省には茶課税を実施していたが、末期にはこれらの収入や外国貿易による利益の大部分は、国家や官僚の独占するところとなり、反税運動が組織化し、ついにはそれが滅亡へとつながるのである。

### 炒製葉茶の出現

明は茶馬法など内政に力を入れる一方で、積極的な対外政策をとった。全盛期には、国力の誇示と貿易の実利を得るため、武将鄭和を七回もヨーロッパ、アフリカなどへ派遣するなどはその一例である。このためこの時期には、ポルトガルをはじめ、スペイン、オランダ、イタリアなど各国の商人で明を訪れる者も多く、茶も始めてかれらを通じて、異国に知られるようになってくる。

かれら異国人は、この時代の喫茶の様子を『この国では、いたるところで、茶というものを飲んでいる。それは空腹のとき、この煎汁を一、二杯飲めば熱病、頭痛、胃痛などをなおす効果がある』(ラムージオの『航海記集成』)などと描写し、好奇心をのぞかせている。

この「いたる所」で飲まれていた茶は、宋、元以来庶民の間に飲用されていた散茶(葉茶)であろうと思われる。ところが同じ散茶でも宋、元時代は、茶葉を先ず蒸して、それを揉り、乾燥したもの、つまり今日、日本で普通に製造されるような蒸製であったが、明代にいたって先ず葉を釜で炒って、揉捻して造る炒製法(釜炒茶)に変化した。許次紓の『茶疏』(一五九七年刊)に「茶を炒るに鐺(鍋)に入れて炒る」という方法である。これは製茶技術史上の大変化というべきものであろう。

なぜこのような変化を遂げたかと考えるのだが、これはなかなか難しい問題である。すでに宋末において、茶にたいしてその固有の香味を鑑賞する気風が起こってきたことにふれたが、その気風は明代にいたって、一そう強まってきたようである。田芸衡(デンゲイコウ)は『煮茶小品』のなかで、散茶は団茶や末茶(片茶を砕いて細粉としたもの)にくらべて、余り人工を加えないため、茶の真の味を損わないという意味のことをいっているから、薬研や、臼で挽いたり、固めるために搗くといった人工を加えたものは異味異臭がつき易いから茶の真味を害するということであろう。そして茶の真味を求めるならば、蒸し製よりも釜炒り製の方が香気(日本でいう炒り香)がつよく発出するから、これをもって茶の真の香りとし、釜炒りが尊重されてきたとも思える。『茶疏』に「生葉始めて摘む、香気いまだ透らず。必ず火力を借りてその香りを発せしむ」というのがそのへんのことをさしているようにとれる。これは一因ではあると思われる。しかしこれだけでは大きな変革をもたらすすべてではあるまい。ほかに考えられることは、蒸し製の茶には、特有の青臭味がある。これが日常の食事とも関連して嗜好に合わなくなったことも考えられるかもしれない。また釜炒り茶の方が保存し易い(諸岡存の説)、保存して追熟(追醗酵)の旨味がでるといった利点も考えられる。そのころ明初では、貢茶の制度は廃止され、貢茶用の団茶(餅茶)は、馬との交易専用品となり、固形茶を砕いて使う末茶法も、これに伴って減ってきたので、代って散茶が全盛期を迎えてきた。それだけに散茶は多くの階層に利用されるようになったので、関心を寄せることも多く、諸種製法の研究や試みもいろいろ進み、その中から諸条件が適合し最良なものが釜炒りとして落ちついたというところであろうか。中国の茶の研究家の荘晩芳や陳椽らは、茶の香味を重視すれば炒製（釜炒り）に変革するのが理想的であったとはしているが、なお今後の考証に俟ちたいと附言している。ともあれこの製法は、明代における製茶技術上特筆すべき事件であった。いま中国湖北省恩施に生産される蒸し製の玉露など一部を除いて、炒製法は今日まで中国茶の基本的製法となって続いている。

炒製葉茶の飲み方はこうである。まず茶を茶壺（急須または土瓶）に入れ、よく煮沸した湯（純湯という）をこれに注入し、浸出された茶液を茶碗に注いで飲むとしたから、全く現在と同じ用法である。

また茶壺を用いず、葉茶を直接茶碗に入れ、これに湯を注ぎ、茶碗の中で浸して飲む方法もあった。このとき茶滓は碗の中に残す。この用法を淹茶（わが国でいう出し茶）といい、また撮泡といった。「杭（杭州）の俗、細茗を用いて瓶におき、沸湯を以て之に注ぐ。名づけて撮泡という」（『禅寄筆談』）とあるのがこれである。いずれにしても、茶壺や茶碗のなかで、茶味茶香を充分に発揮させることが大切で、このばあい、液色は自然の色を貴しとした。このためこの時代は、宋代と異なり、茶碗の内側は純白なものを使用して、茶の色をよく識別できるようにした。

## 11　清代

### 茶馬交易からヨーロッパ貿易へ

十七世紀、満州人によって樹てられた清朝は、統治の具体面においては、明朝の諸制度を踏襲しつつ、重要な官職には、満漢併用の制を用いたほか、明朝の支配階級の存在をそのまま認める方針をとった。

茶法についても、明の茶馬政策の破綻を知りつつも、それを受け継いだ。茶馬政策が西域諸国を懐柔する有力な手段であることを、なお信じていたからである。その事情を『簷曝雑記』はこう記している。「前明より茶馬司を設け、茶と馬とを易え、わが朝これを以て撫馭の資とす。西方諸域はその仰がざるは無し」と。

ところが前時代から依然として続く、茶の密貿易は跡を絶ったわけではないので、茶馬政策の円滑な遂行は苦心を要することであった。一六四五年（弘光元年）には私販茶を帯びて出境を図る者を、巡察が発見した時は、直ちに罪科を問い、その茶を官に没収することを、更めて命令し、また各西域諸国との茶馬交易促進のため、煙草や酒を与えて懐柔をはかるなどの工夫をしている。

十七世紀も半ばに入ると、茶の生産は一層増大し、茶馬交易にも余裕が見られるようになった。一六五六年（順治一三年）には、安徽の新茶で馬との交易は充足できたので、古茶の価格を下げて飼料用に払い下げるほどである。また一六六五年（康熙四年）には、雲南の茶馬司は、商人が交易によって生じる利潤の多いのを見て、かれらに取扱い金額の三割に及ぶ課税さえ行なった。ただしこのことは為政者はこれを内政面への寄与と満足したが、商人にとっては苛酷なもので、取扱い意欲の喪失から、ひいては茶の生産発展を阻害する要因となることが憂えられたのであった。

この頃から清は、江南一帯の農村地帯に木綿、絹を中心とする繊維工業、その他の手工業を明時代にまさる大規模なものとし、道路も大きく整備し、清の基本的経済を支える一方で、その領域も拡大し、一大帝国を形成する勢いにあった。

茶馬政策も、すでに蒙古は敵ではなく、その目的とした西域地方の懐柔という点では、その存続の意義を失ってきた。しかもそれを存続することによる私茶の取締りの労力や、諸経費の割には、馬を得ることも少なくなってきたので、一七〇五年（康熙四四年）ついに茶馬司の廃止を決定した。こうして中国における永い茶と馬とのかかわり合いは、終末を告げる。そして貿易の重点を、北西のロシア、さらに対ヨーロッパに向けるのである。

この頃には、明末にひき続いて海外との接触は、急に強まり、すでにイギリス東インド会社は一六三七年（崇徳二年）広州から五〇キロの茶を買付けたのを契機とし、続いて厦門（アモイ）に商館を開設（一六四四年）して、イギリス国内に高まりつつある茶需要の気運に乗ずべく体制を整備してきた。またロシアとは、一六八九年（康熙二八年）ネルチンスク条約を締結し、同国への茶輸出が軌道に乗ろうとしていた。清が茶貿易の主力を、西域からヨーロッパ方面へと置き変えたのは当然であろう。

ところが清としては、外国貿易については未経験であるため、最初から輸出手続などが順調に進められたわけではない。封建社会を守る基本として依然鎖国政策がとられていたためである。そのため外国貿易は、ロシア向けを除いては、広州一港のみに限定し、外国人は取引や交渉のすべてを、この地の公行（官許の貿易仲買）を通じなければならないという、不便な手続を甘受しなければならなかった。貿易港についても他に増設することをしなかった。たとえば乾隆帝（在位一七三六年〜一七九五年）のいうように「中国は物産が豊富で、国内に無いものはない。ただ中国に産する茶や絹などは、西洋各国の必需品であろうから、広州のみ貿易を許可し、必需品を与えるわけである」という尊大な態度が堅持されていた。

こうした貿易手続上の障害があるにも拘らず、清の茶が一たび海外に輸出されると、急速にその量を伸ばし、イギリスを始め、オランダ、ロシア、アメリカへと次第に、茶を知らない国々の門を開くのである。

**世界の茶史の概観**

ここで別の方向から日本を除く世界主要国の茶の歴史と、その動向について概観しておこう。それは清の輸出事情の概観ともなると思うからである。

先ず東洋以外の国で、飲料としての茶を初めて知ったのは、十六世紀のはじめにポルトガル人、ついで十六世紀の中葉にイタリア人といわれている。これはいずれも中国の港で茶を飲むことを見たというものであった。茶を商品として最も早く輸入したのは、オランダである。オランダは十七世紀のはじめに中国茶（又一説によると釜炒製の日本茶）を輸入しているが、これが最初とされる。ついでイギリス、ロシアという順序である。茶を輸入してからその後の輸入量は、圧倒的にイギリスが多く、ついでロシア、オランダであろう。これは何れも中国茶である。それらの茶の種類としては、はじめの頃は緑茶であったが、やがて緑茶、紅茶と並行し、ついに殆ど紅茶のみに変るというのが大勢である。これもすべて中国茶であった。アメリカへは、オランダやイギリスを経由して渡っていたが、清から直接輸出されたのは十九世紀の初めとされる。

右のうち最も、清から輸出の多かったイギリスの数字を見ると、何れも概数であるが、一七一五年三一トンの輸出量にはじまり、一七六〇年、二七〇〇トン。一八三四年、一万四〇〇〇トン、一八四六年、二万五〇〇〇トン。一八六五年、四万五〇〇〇トン。一八八〇〜一八八八年の年平均七万二〇〇〇トンと、中国茶輸出量の六〇〜七〇％を占める驚異的な上昇をしめす。

こうした対英輸出の増加は、茶がイギリス上流社会の専用品から、産業革命に伴う、工場労働者の出現により、一般労働者階級層へも需要が拡がったことが大きな原因とされる。しかも、この大量の対英輸出は、イギリス側にとって経済的負担の増大となり、やがてアヘン戦争、ついで南京条約の締結、さらには清国の半植民地化への軌跡を辿ることになるのである。

中国茶輸出量のピークは、一八八六年（光緒一二年）に一三万四〇〇〇トンが記録された。もっともこの中には、相当量に達したであろう密輸出分は、含まれていない。これらを考慮に入れて、その頃の最盛期の生産量は、少なく見積っても、四五万トンは下らないであろうと推測される。

# 第二章　日本

## 1　まえおき

### 茶の自生説と伝来説

日本における喫茶の歴史をたどる前に、まず日本に茶樹が自生していたのかどうかという問題がある。ところがこのことについては、従来はあまり関心を寄せられていなかった。それが関心を寄せられたのは、十七世紀の終りから十八世紀にかけて、日本に来たケンペルやツンベルグ、またロバート・フォーチュン等外国人の日本茶に関する記述によって触発されたのではないかと思われる。近年になって日本のみでなく、外国でもこれについての研究熱は急に高まりを見せ、その論拠も歴史学、形態学、遺伝学、育種学、地質学、民俗学や言語学といったさまざまな分野の立場から、この究明が進められているのが現状である。

いまこれら多くの諸説をすべて紹介することはできないが、大石貞男の『日本茶業発達史』に抜粋されているものを基にして、大別してみると、自生説、伝来説、それに折衷説というべきものの三つに分けられるようである。

まず自生説の主なものを紹介してみよう。自生説として先ず、一七七六年、スウェーデンの植物学者のツンベルグが「日本に野生している」(『日本紀行』)と述べ、一八六〇年、ロバート・フォーチュンは、「茶は九州各地に限らず、日本中いたる所で栽培され自生している」(『江戸と北京』)と述べている。一八七〇年頃、山高信雄は「椎葉(宮崎県)のあたり一面自然茶を産す、何れの時代より始まるや知らず、その樹耕作の為に山野の雑木を焼払い其の跡の満地生木を生ず」(『茶誌』)といい、一八九九年、クラスノウは「茶樹の原産地は、アッサムだけでなく、東部アジアのモンスーン地帯の各所に原産しており、その北限は日本の南部に及ぶ。四国の山には所々に茶の野生したものがある。しかもその附近には人の住んだ形跡がない」(『茶樹及び喫茶習慣の北限的分布』)といっている。

このほか、一九〇〇年、村山鎮の『茶業通鑑』や一九一四年、茶業組合中央会議所の『日本茶業史』も自生説をとっている。農学者として日本各地を廻って調査した谷口熊之助は一九三六年「ヤマチャの広範囲な分布と地形、地質などからみて、有史以前からわが国に繁茂した固有の植物である」(『ヤマチャ調査報告』) と述べている。また牧野富太郎、宮地鉄治、中井猛之進、大井次三郎の諸学者も何れも自生説をとっている。一九四〇年、民俗学者の柳田国男は「茶樹は関東から九州の端まで山中に入れば何処にも生えている。この広大な分布は到底、栂尾や、背振山の僅かな親木から出発した気づかいは無い」(『白山茶花』) といい、一九七六年、中尾佐助は「日本にも照葉樹林地帯にヤマチャが広く存在し、それが焼畑農業に結びつく」(『続照葉樹林文化』) としている。ここで自生説のしめくくりに、最近の大石貞男の説を紹介しておこう。これはイギリスの植物学者ワードが茶の第一次中心地を中国大陸の北方とし、第二次中心地をメコン川およびイラワジ川の上流域に求めたのに対し、日本種は中国種とあまりに生態的に差異が大きいとし、日本を第三中心地と考えたいとするもので、中尾の照葉樹林植物として日本にも茶があったと考えることに結びつけている。また茶は史前帰化植物の中に入るかもしれないとして、入唐入宋した僧侶などが中国種を導入した史実があったとしても、日本の茶の伝来にくらべれば、それは近年のことに過ぎず、その影響はそれほど大きいものではないとするものである。

次に伝来説をみてみよう。伝来説は、茶の原産地が日本以外にあるという説すべて、広義に解釈すれば、伝来説といえるかもしれない。茶樹原産地説の多くは、中国の雲南、貴州、四川の各省の山中にあるとするもので、その殆どは中国の研究者たちの首唱するところである。しかし日本、ソ連、フランス、アメリカなどでもこれを支持する者は少なくない。イギリスの研究者は、イベットソン、ベイルドンをはじめ、主としてアッサム地方の山中が茶の原産地であるとの説をとっている。それらのうち特に日本に伝来したとする説を紹介しよう。

一八七五年頃、羽田野敬雄は、日本に和名が無いことで伝来説をとっている(『喫茶権輿』)。一九一一年、イギリスのワードは、茶の第一次中心地を中国大陸の北方とし、これから東南の日本へ伝わったとし、一九一二年、ブラウンは「インドが原産で、中国と日本へ一二〇〇年前にインド茶樹が入った」(『Tea』) と、どうも納得しかねる説をたてている。一九五二年、北村四郎は、茶の原産地中国中南部から、中部を経て日本に伝来した(『有用植物学』) とし、一九七三年、育種学の橋本実は、「ヤマチャと栽培種との相違点がないところから、ヤマチャそのものが導入された。日本茶は中国から伝来」(『日本茶の伝来に関する知見』) したという。最近の説としては、一九八二年中国安徽農学院の陳椽は、茶樹の原種は皐盧(コウロ)で、日本に広く分布し、昔から唐茶、苦茶、山茶等といっている。これは中国の大葉種が生育したものと遺伝学立場から主張し、また言語学的にみて、cha は広東語、te すなわち tay の厦門語が tea となり、この両語をもとにして、海路及び陸路により世界に広まったもので、日本に渡ったものは cha 音である。したがって中国が茶の原産地であることは間違いないとしている。

折衷説ともいうべきものとしては、一六九七年、人見必大が「茶に野生と種生がある」(『本草綱目』)と述べている。また一七一三年、寺島良安の『和漢三才図会』にも同様のことがしるされている。一七六三年に平賀源内は「漢土より種子を伝うるの説、大和本草に詳かなり。按ずるに、伊予の山中自然のもの多し、最古より本邦此の種あれど、人これを知らず、故に漢土より伝うと見えたり」(『物類品隲』)といい、一八七三年、竹内信英は、「四州(四国)の地、茶樹を産す。豈に播種せるものならんや、然りと雖も空海帰朝の後、唐種を播種せるものも許多なるべし」(『茶園閑話』)としている。また宮沢文吾、田中長三郎の「チャの樹は本邦各地に自生があった。しかし製茶の利用と製茶法は、中国から伝えられた」(『野生植物図説』)という研究もある。

前記のうち竹内信英のいう、唐種が山茶化したものも多くあるであろうとする考えについては、かれの言うとおり空海らが、導入したとすれば、寺院を中心に伝播したと推測されるわけである。しかし谷口熊之助の調査によれば近江の比叡山、紀伊の高野山、甲斐の身延山などにヤマチャは見られないといっていることを附け加えておこう。なお自生茶をヤマチャと呼んだのは谷口熊之助の『ヤマ茶調査報告』が最初で(一九三六年)、以後自生茶をヤマチャと呼ぶことが定着したようである。

### ヤマチャの利用

一九一四年(大正三年)茶業組合中央会議所刊の『日本茶業史』によれば「静岡県安倍郡井川村の如き山間僻陬交通不便なるに拘らず、遠く三百年の昔より茶を製造したるものあるに徴し、今日わが国に栽培せらるる茶樹は悉く支那種なりと断定する能わず」といっているから、日本に茶が自生し、これを利用製茶していたと見ている。この記録では、どのような茶が造られていたかという点にはふれていないが、ヤマチャはこれを利用する場合、地方色の濃い製造法によっていたであろうことは次の例によって推察することができる。

一九一八年、兵庫県篠山町の高仙寺山(標高六八四m)を調査した杉山彦三郎は、この附近一帯で叢生しているヤマチャの特殊な製法を伝えているが、それによれば、摘採には特殊な鎌を用い、刈りとった葉を桶に詰めて踏みかため、この桶を釜にのせて、二、三日蒸す。そのあと筵にひろげて日乾し、かますに入れて保存するという。また谷口熊之助の調査によれば、摘採の時期は、ヤマチャの産地によってまちまちで、春の土用、夏の土用、秋の土用、一月十八日に土用入りする冬の土用の例もあり、焚火で焙り、焦げた葉を煎じて飲んだり、摘採した葉を日乾して、そのまま煎じて飲むとか、葉を熱湯に通し、箱か桶につめて発酵させ、日乾し、小片に裁断して飲むといった、地方毎に特有の製造法や飲み方があるという。

以上大まかに、茶の自生説、伝来説のいくつかを紹介したが、これらについては、なお引き続き、多くの学者によって研究されているところであるので、判断はさらに後日をまたなければならないと思う。

### 伝来したか製茶法と喫茶の風習

茶がわが国の自生か、伝来かということは、さらに研究が進められているところであるが、製茶法や喫茶の風習は、中国から伝来、すなわち遣唐使を媒介に他の文化と同様、中国風（唐風）の製茶法や喫茶風習が日本に齎らされたと見てよいのではないかと思う。前項で紹介した通り、一七六三年に科学者平賀源内、それに農学者の宮沢文吾、田中長三郎がすでに茶の自生説をとりながら、且つ製茶法と喫茶風習は中国からの伝来説を示唆している。

六三〇年〜六三二年（唐の貞観四年〜貞観六年）に、隋に代った唐王朝に遣唐使が派遣されている。以後天平以前でも計六回の遣唐使が派遣された。遣唐使一回の構成人員は、大使（長官）、副使のほか医師、陰陽師、造船技術者、大工、鍛工、留学生、留学僧など総勢二四〇人から五〇〇人以上に及んだという。これらを乗せた船団の多くは、有力な茶産地をひかえた揚子江口に上陸して、唐の都長安（今の西安）に行った。そのうち六五三年の遣唐使の一行のなかに、道光、定恵ら学問僧が含まれているが、かれらは揚子江沿岸の浙江の天台寺（のちの国清寺）、江西の盧山、杭州の霊隠寺、舟山列島の普陀山寺の寺院に赴き修業をしたと考えられる。

それら寺院のうち、例えば後年栄西が訪れた盧山は、当時寺院数三百、最澄らの訪れた天台山は仏僧四千人といった大伽藍であり、これら寺院の周辺は、何れも今日でも茶の産地として名高いが、当時もすでに茶の産地として知られていたのである。日本の学僧らはこれら寺院で、毎日茶に接していたであろう。

一方唐の開元年中（七一三年〜七四一年）には、山東、河北から首都長安にかけて城市には店舗多く、茶を煎じて之を売るという状況であったので、寺院に行かない他の日本人一行は滞在の間、これも茶に接する機会は多かったと推測される。

当時の茶は、その頃盛んに造られた団茶（固形茶）であったと思われるので、携帯に便利である。してみると遣唐使およびその一行は帰国に際し、茶の種子や団茶を求め、これを持ち帰ったであろうことは考えられるところであろう。こう考えると、日本で唐風の茶を知り、喫茶し、そして造る智識や技術は、かれら一行がもたらしたもので、その時期は天平やや以前から、天平の時代と考えてよいのではないかと思う。

遣唐使は天平時代七回、以後八〇九年（大同四年）、八三四年（承和元年）の二回実施され、その間に空海や最澄、円仁らが入唐している。

## 2　天平時代

**文献では喫茶の伝来は不確実**

まえおきにしるした通り、わが国の喫茶の風習は天平時代に遣唐使およびその一行によってもたらされたということは、ほぼ間違いないと推測されるのであるが、これを同時代のわが国の文献にてらすと遺憾ながらその推論を裏付ける証左に乏しいことがわかるのである。

当時のことをしるした文献としては、次のものがあげられるであろう。まず七二九年（天平元年）に「百人の僧を内裏に召して般若を講ぜられ、第二日、行茶(ギョウチャ)の儀有り」という『公事根源(クジコンゲン)』の記事。ついで『奥儀抄』に七三四年（天平六年）の二月「大内の大般若経に引(ヒキ)茶給いし」という記事。さらに『正倉院文書』に、この年から七七一年（宝亀二年）の間にかけて四十通の関係文書があり、いずれも写経生の食料をあらわすもので「茶(タ)十五束」「茶(タ)七把価五文」などの記載があるということ。『東大寺要録』に「天平の時代（七二九年〜七四八年）僧行基（六六八年〜七四九年）が諸国に堂舎を建てること四十九箇所、これに茶を植えた」という記録のあること。

これらが茶について、天平時代のことをしるした文献であろう。右のうち『公事根源』については、同書が伝えられるように一条兼良の著であるとすれば、かれは典籍に詳しく博学当世第一と称せられ、また一大蔵書家であったというから真実を伝えたかもしれないが、兼良は十七世紀の人であることを念頭におかなければならない。『奥儀抄』の著者藤原清輔は、十二世紀の人である。正倉院文書では「茶(タ)」の字に問題が残る。これについては「漢代」の項でふれた通り、「茶」字はおそらく茶をあらわしたものであろうとは思われるが、なお木本と草本の二種がありと解釈されることもあり、とくに『正倉院文書』の「茶」はさらに研究の要があると考えられる。『東大寺要録』の僧行基の記録については、末松謙澄は証拠薄弱としているが好川海堂は慶滋保胤(ヨシシゲヤスタネ)の「晩秋参州の薬王寺を過ぎて感有り」の文中に茶有りとし、ここを行基植茶の遺跡の一としている。

保胤は行基入寂後二四〇年後に没している。

こうして見てくると、文献上では天平時代にわが国で茶を製造したことはもちろん、喫茶の風習があったことを確証するものはないと言わなければならない。

ただ唐代の茶の流行は、頻繁な日唐交流の時期において、日本に伝わったと考えられないことはないので、僧行基の茶を植えた記事は、その頃茶にかかわった多くの人、またその人たちと接触をもった一人として見るとき、必ずしも伝説としてとらえないでもよいと思われるのである。

## 3　平安時代

### 茶と入唐僧

これまでのところでは、喫茶の風習を確証するに至っていないが、平安初期になって遣唐使の一行に加わって入唐した三人の僧侶がわが国に茶を齎らしたという説が見える。その僧とは最澄、空海、永忠である。しかもこの三人に共通するところは、何れも遣唐使と共に入唐留学している点である。そのことはまえおきでふれた通り、遣唐使の一行が、わが国に茶を齎らしたことを裏付けるものではなかろうか。かれらの将来説には疑義はあるとしても、かれらは自身茶を将来したであろうし、仮にそうでないとしてもほかにも茶を持ち帰ったであろう留学生や医師、職人らを代表した形で史実化し、伝承されたという見方が成り立ちはしないだろうか。いまかれら将来(招来)の諸説をみて資料としての判断を加えてみよう。

最澄については、八〇五年(延暦二十四年)「唐から帰朝の際、茶種子を携え還りて之を近江国比叡山麓に植えたり」(『日吉社神道秘密記（ヒエノミヤシロシントウヒミツキ）』)という記述。空海については最澄帰朝の翌年、八〇六年「大師(弘法、すなわち空海)入唐帰朝の時、茶を携え来たって嵯峨天皇に献ず」(『弘法大師年譜』)。永忠については「永忠帰朝の際、茶種を持ち帰り自ら之を栽培、製造せしものの如し」(『喫茶の友』)とそれぞれ記載がある。

右のうち最澄将来説の基礎となった『日吉社神道秘密記』については、徳川末の考証学者前田夏蔭は、この書はいと後世のものなる上、何の証もなく甚だしき誤りと全く否定している。『日本喫茶史要』の著者好川海堂もほぼ同様の考えである。しかし最澄の消息集をみると、高弟泰範に送った消息に「茶十斤以て遠志を表わす」の文言があり、かれが茶を使用していることは事実のようである。また中国で帰国する最澄送別のとき「㝡澄（サイチョウ）上人日本国に還るを送る叙」という詩を、台州(浙江省)の人がうたったことがかれの『顕戒論縁起』にのっているといわれ、この詩中に新茶を銭別に贈ったとあるから、かれが唐からこの茶を持参したことも考えられる。中国浙江農業大学の荘晩芳は最澄が日本へ伝来したとの説をとっている。

　次に空海について記す『弘法大師年譜』は、後世の『茶事故事』という書などから引用されて作られたもので、確説とはいえないとされる（『日本茶史』）が、かれが茶を好んだことは、その詩文集『性霊集』に茶に関する詩が屢々見られることでわかる。また空海が唐より持ち帰ったという石碾（石臼）が奈良県の仏隆寺に現存しているという。

　永忠についての『喫茶の友』は、明治初期の著作であり、資料として比較的に薄弱であるが、永忠は在唐期間が最も永く（宝亀の年から延暦の終り頃といわれ、少なくとも二十年位滞在）茶種将来の可能性は高い（『日支交通史』や『日本茶史』の説）とされている。

　これら諸説やその信憑性などを総合して考えると、三人の僧の茶将来は、あり得べきことと推測の範囲をでないかもしれない。竹内信英が『茶園閑話』で「茶の原始諸書に言う所同じからず、何れが確論なりや知らず」といっているがその通りだという気もする。

**『日本後紀』の記録**

　文献上で、始めて喫茶の風習を確証できるのは、八一五年（弘仁六年）『日本後紀』の記事によってであろう。この書は『類聚国史』とともに我が国の正史である。いまその記事（原文は漢文）を要約してみよう。

「嵯峨天皇、弘仁六年四月の条。癸亥。近江国滋賀韓埼（『類聚国史』は埼を崎とする）に幸す。すなわち崇福寺を過ぎる。大僧都永忠命を謹しみ、法師等衆僧を率いて門外に迎え奉る。更に梵釈寺を過ぎ、輿を停めて詩を賦す。皇太帝及び群臣和を奉る者衆し。大僧都永忠手ずから自ら茶を煎じて奉御す云々」とある。してみると永忠は、延暦の末というから八〇五年頃帰朝し、十年後に唐様に造った新茶を天皇に奉御したのである。これは茶について信頼すべき文献上の初見とみられる。

　これまでの記録をふり返ると、伝承されたものを含めて、すべて茶は仏教と関係していることがわかる。宮中における般若経を講じて行茶の儀。大般若経に引茶給う記事や、僧行基の植茶のこと。正倉院写経生の茶、最澄、空海、永忠のことなどすべて然りである。いったいそれならば仏教との関連において、どの様に茶が利用されていたのであろうか。

　当時の茶は、「唐代」の項でしるした通りの唐の製茶がそのまま伝わったと見るべきであろう。すなわち茶芽を蒸し、搗き固めて団とした団茶（餅茶）とよばれる固形茶で、その用法は薬研で砕き細粉とし、これを煎じ出したものと考えられる。空海が帰朝に際し茶碾（茶臼）を持参したと伝えられているが、これは団茶を粉砕するに必要な道具の一つである。この団茶は頗る高価なものであったから、その需要はきわめて限定されていたであろう。それはどのように利用されたかというと宮中の儀式、仏尊への供饌用、医薬品、貴顕の飲料といった概ね四つの目的に用いられたに過ぎないと思われる。その使用例をあげてみよう。

まず宮中の儀式用としては、九〇二年（延喜二年）醍醐天皇が仁和寺へ行幸の折、宇多法皇に御対面の後、茶を勧められた。一一〇二年（康和四年）白河法皇五十の宝算の賀に茶を用い、一一七六年（安元二年）後白河法皇五十の御賀に康和の年の例にならい煎茶を用いたという記録がある。次に仏事に関連して、円融天皇（在位九六八年〜九八三年）僧に茶を与うとある。

医薬品としては、八七九年（元慶三年）に没した都良香は、体内を和潤し、悶を散じ、痾（病）を除くといい、九〇九年（延喜九年）に没した聖宝僧正は東大寺で修業の時、茶を用いて昏睡を防いだとある。また村上天皇（在位九四六年〜九六七年）御悩のとき医薬効なく、観世音に供せる茶を御服ありて平復すという。さらに九五一年（天暦五年）疫病流行の折、空也上人は茶を薬として病者に与えて、一同平復したと伝える。茶中に甘葛や生姜などを薬味として加えることもあったようである（一〇五六年『江家次第』）。

貴顕の間に茶が飲用されたことについては、嵯峨天皇、淳和天皇時代（八〇九年〜八三三年）に編纂された漢詩文集『凌雲集』、『文華秀麗集』、『経国集』にのった茶に関する詩文の作者をみればその一斑を知ることができよう。先ず嵯峨天皇、淳和天皇をはじめ、左大将軍藤冬嗣閑居院、従五位下内膳正仲雄、従七位上滋野の宿弥貞主、野岑守、惟氏、都良香、島田忠臣や菅原道真といった殿上人たちである。

庶民の利用については、これを証する文献は見当らないようである。

### 茶の衰微

平安京を中心にして、政治文化の栄えたこの時代も、班田収授の法のゆるみと共に経済関係の動揺と社会秩序の混乱が表面にあらわれはじめる。かつて八一五年（弘仁六年）嵯峨天皇が近江国に行幸し、永忠が茶を奉御した年の六月に、近江、丹波、播磨の諸国に茶を植えしめ、毎年これを献じることを命じたが、それから百五十年のち後三条天皇（在位一〇六八年〜一〇七二年）の頃には「全国中にして茶の産地として有名なりしは、甲斐国八代郡、参河国八名郡、但馬国などなり」（『総国風土記』）といって、近江、丹波や播磨の条については記載がない。茶樹の性質はきわめて剛健で一度植付けたものは、容易にすべて絶滅するものではないから、その子孫は何等かの形で残っているものであるがどうしたのであろうか。何らかの原因があるのであろうか。八九四年（寛平六年）には永く続いた遣唐使の派遣も中止されるなど、社会全般に消極的な気運がただよう一方で、関東から東北にかけて在地の動きが活発になり、その制圧のために武士の動員が進む。この流れの中で平将門によって承平天慶の乱が起こり、関東全般をおおう戦乱に発展していることなどをみると、こうした社会不安が茶の生産や喫茶の風を衰微に導いたのかもしれない。

　喫茶の風習がいかに忘れられていたかということについてはたとえばこのような例がある。それは前の項で宮中の儀式用に茶が使われた例としてあげた一一七六年、後白河法皇五十の御賀に康和の年の前例にならい煎茶を用いようとしたとき、実は七十四年前の康和の時に使用した大切な茶具は、すでに紛失してしまっていたのである。このためこれを仁和寺から借り受け、急場をしのいだ（『玉葉』）ということから推して、『日本喫茶史要』は、「当時茶を喫すること廃れしにや」と批評しているが、宮中でも茶具を見失うほど茶の使用は途絶えていたのかと思わせる事例ではなかろうか。この頃から茶に関する文献上の記録も乏しくなる。それでも限られた貴顕の間に趣味的な茶としては、存在を断ったわけではないようで、そのことは茶碗に関する記事が多くなっていることで想像される。いまそのいくつかを紹介してみよう。

九二七年（延長五年）に完成した『延喜式』の中の、年料雑記、尾張国に「茶小碗廿口」長門国「茶椀廿口」とあり、翌年（延長六年）仁和寺御室の実録に「青茶垸」、一〇〇六年（寛弘三年）、『御堂関白記』に宋の商人曽令文より、藤原道長が「茶垸」を贈られているなどとあり、一〇七二年（延久四年）、僧成尋は入宋し、宋の神宗に拝謁し「日本で必要なものは中小物産の中で茶垸」をあげている。さらに一一八五年（文治元年）に、法住寺より、清経朝臣に献じたものの中に「茶垸二十」など記載がある。

　当時の日本には、まだ磁器はなく、専ら唐や宋からの輸入に頼っていて、その値段は頗る高かったようである。それら輸入品の中でも茶碗が最も数が多く、磁器といえば、唐物の茶碗が代名詞のようになっていたほどである。喫茶が貴顕の間の贅沢な嗜好品であれば、使う茶碗も、これに見合う高級の輸入品でなければならないと考えたかもしれない。それらの茶碗は「青茶垸」という記事でも推測されるように、越瓷という青磁であったり、また邢瓷すなわち白磁でもあったであろう。何れにしても焼物自体すぐれたものであり、当時の茶と同様庶民には縁のないものであった。

　庶民の手の届かない、高級な器を使用して、詩作に耽る一部貴族の生活の中で、わずかに命脈を保ったであろう喫茶の風習が、ひろく社会にひろまるのは、まだ先のことである。

## 4　鎌倉時代

### 栄西の茶種将来説

平安の貴族社会から、武家支配時代に移行するのは一一九二年、源頼朝が鎌倉に幕府を樹立してからである。

喫茶の風習は一部貴族の間に利用されていたとしても、鎌倉初期にはそれまで続く内戦に一そう冷却してしまったものと思われる。茶の生産にしても、さいきん岡道夫の書いた『丹波の茶』に、丹波（京都府）の茶は鎌倉初期の建久二年（一一九一年）には、多紀郡草山荘に栽培されたに過ぎないと言っている通りに、局地的に散在するていどではなかったかと考えられる。ばあいによってはこうした山間部などにヤマチャとしての命脈を各地に残し、史実として伝えられることなく、土着民の需要に応じる茶であり、喫茶の実態であったかとも想像される。

こういう時代に宋から茶種子をわが国に齎らしたとされる人物に僧栄西（エイ(ヨウ)サイ）がいる。栄西は二度入宋し、一一六八年（仁安三年）か、一一九一年（建久二年）の何れかの年に宋からの帰朝に際し茶種子を持ち帰ったとされている。栄西が後世茶祖とか茶の中興の祖とか言われているのは、この茶種将来のことと、『喫茶養生記』を著わしたことによるものであろう。『喫茶養生記』については後述するが、茶種将来については通説としては認められているところであるが、その著『喫茶養生記』のなかには茶種将来については、何等言及していないのである。したがって栄西が茶種子を齎らしたかどうかは、確証することはできない。栄西の茶種子将来については、異説もあり、その典拠も後世のものであるため史実とするには疑問が残るのである。これについて史学者の黒川真通は、茶の史料をひろく渉猟しても栄西の茶種将来のことを記したものは『煎茶綺言』のみであるとしている。しかしほかに黒川道祐（一六九一年没）の『雍州府志』、千光祖師碑銘（一七六四年、これを撰文した大潮は一六七八年生れ）、高遊外の『梅山種茶譜略』（一七四八年）、山岡俊明（一七二〇年没）編の『類聚名物考』、大典禅師の『茶経詳説』（一七七四年）の諸書にも栄西の茶種将来のことはしるされているが、何れも記述の出所は明らかでない。

栄西が修業した浙江省の天台山附近は、茶の産地でもあったから栄西の茶種子将来は、もちろん考えられないことではない。ところがその頃入宋した僧侶をみると、栄西ばかりでなく、ほかにもいたわけで、栄西同様に茶種子将来を考えられる条件の似ているものがいるところから推論すれば、栄西のみが茶種子を将来したとは言いきれないのではあるまいか。

栄西入宋の九十年ほど前、一〇七二年（延久四年）に僧成尋が入宋し、神宗に謁して何がほしいかと問われ、日本に必要なものは、茶碗と答えている記録がある。また興福寺の僧重源は栄西が二度目の帰朝に先だつことおよそ十年前、寿永の年（一一八二年～一一八三年）に入宋し、滞在中煎茶を服用し、感激のあまりこの種子を持ち帰った。その時同行したのは宋の陳和卿といわれている。こうした事情を考えると、必ずしも栄西ひとりが茶種子を齎らしたというより、栄西を含めた複数の人物が、茶種子の将来にたずさわったと見た方がいいのではなかろうか。

そこで考えられることは、栄西が他の入宋の僧にぬきんでて茶種将来を伝承された理由というのは、かれが茶徳をたたえた『喫茶養生記』を著わし、それが後世までも影響を与えた、その功績の大きさゆえに、茶種子将来をもかれ一身に托したというあたりが実情ではなかろうかということである。

## 『喫茶養生記』

栄西が中世の日本における茶種将来の人物に擬せられることに貢献したであろう『喫茶養生記』とはどんな書物であろうか。この書物の世に出たいきさつについては、『吾妻鏡』建保二年（一二一四年）の条にでている記事がこれをさすと思われる。

「将軍家（実朝）いささか御病悩あり。諸人奔走せるも、殊の御事なし。これ若しくは前夜の酔余の気か。ここに葉上（栄西）僧正御加持にうかがいし処、この事を聞き、良薬と称し、本寺より茶一盞を召し進め、而して一巻の書を相副え、之を献ぜしむ。茶徳をほむる所の書なり。将軍家御感悦に及ぶ」と。

つまり茶を実朝宿酔の薬用に供するとともに、保健飲料としての茶を記述した著書を併せて献上したものであろうと思われる。

『喫茶養生記』は、上巻「五臓和合門」、下巻「遺除鬼魅門」の二巻から成り、下巻は桑樹より造る桑湯の薬効を説き、上巻で、茶の薬効、製法などを説いたもので、おおむね次のようなことをしるしている。

まず茶は養生の仙薬で、長寿を望むなら飲むべしとする医薬的効果。新茶の摘採は、陸羽の『茶経』の説をとり入れ、立春の後がよいとするなどの摘採法。宋代の製茶法の知識にもとづく製造方法。これも宋で見聞したであろうことをもとにして書いたと思われる飲用法などである。

そのうちでも特に強調したのは茶の薬効であり、また「わが国医道の人、茶を採るの法を知らざるがゆえに之を用いず、かえって薬にあらずとそしる」など医師にも利用をあんにすすめるといった点であろう。

この書の出された当時の社会は、喫茶の風が衰えたときであった。そのことは同書のなかでも「わが朝、日本曾て嗜愛す」といっていることで理解できる通りである。またこの書は茶をはじめて、医薬、保健的飲料としての価値づけをしたわが国最初の茶の専門書であった。こうした時代背景と、同書のもつ内容は人びとに忘れかけていた茶を、新しく医薬ないしは保健飲料として見直しを教えるもので、世間に迎えられる要素は充分にあったと思われる。それにこの書の普及について、栄西の僧としての上下を問わない影響力の強さが一因をなしていたこともいなめないであろう。

ここで栄西の人となりをみてみると、かれは備中（岡山県）吉備津の生まれ、叡山で天台密教を学び、宋に渡ること二回、帰国後博多に聖福寺を開き、一二〇〇年（正治二年）北条政子の信認をえて鎌倉に寿福寺を創建し、また実朝の尊崇をうけ、常に京、鎌倉間を往復し布教につとめた。かれは僧として特殊な戒律を厳格に守ることにより一定の権威をうち出し、宮廷、貴族や武士の間に新たな信仰をよびさまし、禅宗を新時代の支配階級の宗教として流行させる原動力となったのである。その一方で庶民の間にも、その熱心な布教によって大きな支持と影響力をもっていたとされる。その没年は一二一五年（建保三年）七十五歳である。『喫茶養生記』は、はじめて茶の薬効を説いた著述であり、それが栄西の社会的信望と相まって茶の飲用普及を前進させる役割を果たしたことは間違いないであろう。これらのことを考えて後世、この書が唐代における陸羽の『茶経』に比肩する位置づけをされるのも、無理ではないと思われる。

### 茶産地のひろがり

『喫茶養生記』の普及に伴ったのか、茶というものが更めて見直されて、茶が鎌倉中期から各地に拡まってきた形跡が見られる。その事は確認するには足りないが、次に紹介するような伝承や、記録によってこれを推測することができる。

先ず山城国（京都府）栂尾（トガノオ）高山寺の僧明恵が栄西から茶種子を受けて播種し、これを諸所に分植したという伝承がある。明恵は後世の書（十七世紀の『大和事始』、十八世紀ごろの『塩尻』、十八世紀初めの『和漢三才図会』など）で、唐又は宋から茶種子を将来したと伝えられているが、明恵は入宋した事実はないのでそれは誤りとみられる。かれは栄西から茶種子を受けて、栂尾（現在の京都市右京区）に播種し、これをさらに山城国宇治に分植し、次いで仁和寺、醍醐、葉室、般若寺、神尾、大和（奈良県）の宝尾、伊賀（三重県）の八島、伊勢（三重県）の河尾、駿河（静岡県）の清見、武蔵（埼玉県）の河越に移し植え（『茶業通鑑』の説）また九州に植えた（『喫茶雑話』『大英百科辞典』の説）

ともいわれる。

栄西の没後では、駿河の僧弁円が茶種子を将来したと伝えられる。また律宗の僧叡尊が北条実時の招きで、一二六二年（弘長二年）奈良から関東へ下向する際の旅行記『関東往還記』に「湖上風波の難なく山田の津に着く、守山宿（滋賀県）に於て茶を儲（モウ）く」とあり、以下茶を儲けたという地は、愛知河宿、美濃国（岐阜県）柏原の宿、駿河国の麻利子宿、同国見付宿、伊豆懐島などの記録がある。儲茶とは、教化のため薬として茶を施したことのようで、多いときには数百人から数万人に施したともいわれている。また一二八一年（弘安四年）蒙古軍を破って凱旋した将兵が、報告のため奈良の西大寺に詣でたところ、叡尊から大茶盛を振舞われたと伝える。

以上に記された地は、今日でもすべて茶の産地であり、また大茶盛のように今でも伝わる行事もある。こうしてみると西は九州から畿内、東海道、関東にかけて、このように急速に茶が普及したかとむしろ奇異の思いがする。

茶の栽培を技術的に見れば茶園を造成するには多量の種子を必要とする（一〇アール当り種子約七三リットルという）から、急に広く播植することは容易でない。しかも茶樹は播種後開花結実するのは四～五年を要し、その結実量はあまり多くないので、『喫茶養生記』に刺激されて茶が普及したとしても、急激に茶が栽培され、茶園を形成したとは考えにくい。一例だが一一九三年頼朝が富士の巻狩に行ったとき、須山村の住人が自宅の野生茶樹からとった茶を献上した話が伝わるなどのように、ヤマチャの利用もあったことも考えられる。世人が茶に関心を持つようになって、茶を播種したり、あるいは荒廃した茶、ヤマチャなども再び世に出るようになるなどの諸条件が重なり、しだいに茶樹が育成され、小茶園が造成されていったのではないかと考える方が自然であろう。

こうして茶産地はひろがりを見せたが、その中にあって、山城国栂尾産の茶だけは、その品質のすぐれている点で別格の扱いをうけていた。ここは栄西から最初に茶種子を受けた明恵が、播種したと伝えられる高山寺のあるところである。栂尾の茶がいかに勝れたものであるかについては、次の諸書などによってもうかがうことができよう。

南北朝時代のはじめ、虎関禅師はその著『異制庭訓往来』のなかで「我が朝名山は栂尾を以て第一とす。仁和寺及び大和の茶は、その他の産地と比ぶれば瑪瑙と瓦礫の差あるも、その仁和寺および大和の茶を栂尾に比すれば黄金と鉛鉄の差あり」といっているし、当時来朝した宋の人も「幸に梅山（中国では栂の文字はない為これに梅の文字をあてていた）の信を得て、初めて日本茶を嘗む」と、これが日本茶の真味であるとたたえている。また元の国から帰化した臨済宗の僧清拙が栂尾で「行いて茶山に至り睡眼開く」

と詩によんでいる。これから茶山といえば栂尾をさすこととなったと伝えられるなど、栂尾の茶だけはとくべつの取扱いをうけていることがわかる。宮崎安貞の『農業全書』（一六九六年刊）は、「宇治、醍醐、栂尾は是れ本朝の三園、何れも性強き赤土の石土なり」といっているから、茶の成育に適した水はけの良い、酸性土壌という立地条件に恵まれたことがあるとしても、なおその扱われかたには異常な感じがのこる。これについては別項でさらに検討を加えてみたい。

## 喫茶の階層とその目的

茶産地のひろまりと、喫茶の流行とは表裏の関係にあるであろう。当時の喫茶法を考えるばあい、ヤマチャの利用は別として、大勢としては茶種や茶が中国から伝来したと思われるので、中国の飲用法を考慮に入れなければならないであろう。当時中国は南宋、金、元の時代にわたるが、金、元は宋の喫茶法によっていたようであるから、わが国にも種子や茶とともに宋の喫茶法が伝わったと思われる。宋の喫茶法については前章で紹介した通り、散茶（葉茶）、片茶（固形茶）および片茶の一種たる研膏茶の三種類の茶があり、一般には蒸し製の散茶が流行した。

したがってわが国でもこの散茶が一般には流行したと思われる。ただここで注意しなければならないのは『喫茶養生記』に紹介された製法である。即ち、「宋朝にて茶を焙る様を見るに、則ち朝に採って即ち蒸し之を焙（アブ）る。焙るに棚に紙を敷きて、紙の焦げざるように火を工夫して之を焙る」としている方法である。この方法だと揉捻の操作が加わっていないから碾茶の製法ともとれるのである。当時『喫茶養生記』が重視されているので、この蒸し製の碾茶が基本となり、それを薬研や臼で挽いた今の抹茶が造られてはいないかと推理されることである。

片茶の方は、茶葉を搗きかため種々の形に賦形したもの。研膏茶はそれに一そう手を加え、表面に光沢をみせる固形茶である。その利用法は、ともに薬研または挽き臼によって粉末とし、湯を入れた茶碗にこれを匙ですくって入れ、匙または茶筅で攪拌するいわゆる末茶法による飲み方をする。『喫茶養生記』のなかに「方寸の匙に二、三匙、極熱の湯にて飲む」とするのがこれであり、片茶、研膏茶はもとより抹茶としてもこの飲み方ならば少しも矛盾はない。

これらの茶がどのような人びとに飲用されたかと考えるならば、当時の社会を構成する貴族、僧侶、武士それに庶民の四階層を対象として観察すべきだと思う。ただしそれらについての記録は多くはないので、すべてを明確につかむことは困難である。そうしたなかで最も茶を利用した階層の順序をいえば、先ず僧侶があげられるであろう。栄西をはじめ、明恵に続いては永平寺の僧道元が宋より帰朝の際、茶入れを持ち帰ったということや、駿河の弁円の茶種将来説、西大寺叡尊の儲茶や大茶盛など、この時代は僧侶によって茶が啓発された感がつよい。さらに一二六七年（文永四年）筑前博多の崇福寺の大応国師が宋から台子（ダイス）（元来は仏具で、のち茶式に使用される道具となる）一台を持ち帰り、また茶宴や、茶の良否を鑑別して勝敗を争う闘茶の方法も伝えた（『本朝高僧伝』）とされている。このほか夢窓、虎関両禅師なども茶についての記述を残しているなど僧侶と茶との記録のみは圧倒的に多い。

さてこれら僧侶の喫茶の目的は何であるかというと、かれらは律宗の叡尊を除いては何れも禅僧であることで想像されるように、第一に禅の修業と関係があったことが考えられる。そのことは、一三二二年（元亨二年）に著わされた虎関の『元亨釈書』に「理源大師は修業中、茶盞を傍において昏睡にそなえた」とあり、また夢窓の『夢中問答』（一三二五年）に「唐人の茶を愛するは食を消し、気を散じる養生のため、わが国では蒙を散じ睡気をさます修業の資」とはっきり修業中の除睡の目的に茶を利用することをしるしている。一方律宗の叡尊の流れは、教化のための薬として施した儲茶のように、医薬による救済の方便として利用する方向に進んだ。その何れも栄西の薬効を敷衍（フエン）した利用法であることに変りはなく、これがいわば正統派といった喫茶法である。その茶は散茶か片茶、ことによると抹茶であることは『喫茶養生記』にしるされた製法ならびに飲用法の両者の記載によって先刻推定した通りである。だが、研膏茶は記録のないところを見ると、余りに高価に失するので、おそらく造られなかったか、伝来しなかったと思われる。

僧侶についでは、貴族、武士階層がこれに続く。これは栄西の教化が宮廷、武士の間に浸透し、『喫茶養生記』がかれらに支持されたことと関係があるかもしれない。

一三一九年（元応元年）足利尊氏は薩摩（鹿児島）吉松に本陣を定めたとき城内に茶を植えさせている（『島津藩政時代の茶の歴史』）。五年後の正中元年の『花園院宸記』には、日野資朝、同俊基らが飲茶の会合に乱遊したとあり、また貞顕は京都の子息に唐物（カラモノ）（唐、宋から舶来された美術品）と茶の湯のことを手紙に書き、調度を要請した（金沢文庫中の文書）ことが伝わっている。また京都の執権貞将に守邦親王が新茶を愛好しているから新茶を送るよう指示している。これらは喫茶を社交の手段ないしは趣味として利用したことを物語っているようである。

さいごに庶民はどうかというと、一二八三年（弘安六年）に僧無住の著わした『沙石集』に「ある牛飼、僧の茶飲む所に臨みていわく、あれは如何なる御薬にて候やらん」という一節があるように、庶民はまだ喫茶とは無縁で、茶そのものを知らなかったようである。

したがって喫茶の風はひろがったとはいえ、まだ僧侶や貴族、武士階層のもので、大衆の間には流行をみせていなかったと想像できる。茶の生産面からいっても、当時の茶園は今日からみれば、その規模はきわめて小さく、生産量も茶園単位では、大きくないから、需給の均衡はさほど高くない次元で保たれていたのかもしれない。

## 5　室町時代

### 生産と品質の向上

執権北条氏が亡びて足利尊氏が幕府を創設したのは、一三三六年（建武三年）である。

すでに鎌倉末期から、南北朝時代に茶は、九州、畿内、関東に栽培され、品質からいっても栂尾を頂点に宇治、醍醐などと梶野はひろがりつつある経過をみてきた。ひきつづいて記録を見ると、各地に茶の生産のひろがりを思わせる記述が目につく。それによると一三四一年（暦応四年）には紀伊国高野山の近くに茶園があると伝え、その翌年山城国上野庄では荘園の下司が茶の運上を拒否し、一四〇六年（応永十三年）筑後国黒木町霊巌寺の僧が明から茶種子を持ち帰り、製茶法を教えたとある。一四一〇年（応永十七年）下総国香取神社附近に「ちゃえん」の争論があり、文明年間（一四六九年～一四八六年）には江戸城に入る商品のうち常陸の茶が入荷されていることなどが散見する。これでみると紀伊、筑後、常陸にわたって茶の栽培がひろがってきたことが知られる。

産地のひろがりに呼応するように、品質の点でも関心が寄せられ、それぞれ向上してきたことは考えられるところである。たとえば室町初期に成立したと推定される『喫茶往来』には、栂尾茶を依然第一級品と推しているが、駿河の清見関の茶は「栂尾茶の末流で、平常の色香まことに佳作の精粋、殊勝（ことに優れた）の茶なり」と伝え、駿河にも名茶があらわれていたことを知る。また明徳年中（一三九〇年～一三九三年）近江国高野村、永源寺の円応禅師の徒弟越渓という者が、同寺の東山腹に茶園を起こし、一種の茶を製し、その法箸を以て焙煉し、専ら清潔を本とし香味良く、この茶を越渓とよんだという（『茶業通鑑』）から、こうした品質の向上には、地域ごとに工夫がされたとみられる。

### 高級品は抹茶か

品質の向上という点で、とくに感じられることは、栂尾の茶を筆頭に、以下駿河清見関の殊勝の茶、あるいは宇治、醍醐、山城諸郷の茶が他の地には見られない特別の扱いをうけていることや、銘園とよばれるなど群を抜いて高級品扱いをされていることである。これについては、これらの茶はひょっとすると、今の抹茶に当るのではないかという気がするのである。

そのわけは、室町初期に著わされた『異制庭訓往来』の茶の項に、茶筅、茶巾、茶杓、茶磨（茶臼）などの用語がでてくるし、同じころの『喫茶往来』にも茶筅という用語がある。これは末茶の飲用には欠かせない用具であるから、今でいう抹茶法がすでに浸透していたと考えられること。それに栂尾の茶が文献上でも特別扱いにされているし、また後述する闘茶で、栂尾産のみを「本茶」とし、あとの産地のものは「非茶」とされるほど、はっきり区別をつけていることもある。これは同種の茶であるばあいには、いかに品質が優れているといっても考えられないほどの差別である。これを抹茶と葉茶（煎茶）の差異であると考えると充分のみこめる気がするのである。そうみてくると、前項でも栂尾の茶を抹茶と推察が可能とのべたが、抹茶であることは、かなりはっきり推定されてくると思う。

抹茶だとするとこれは最高級品であるから、それを利用するものは、貴族とか僧侶、それと一部武士なども加えて闘茶用に利用されたと考えられる。次品としては宋から製法が齎らされた片茶を砕いた末茶もあったと思う。

一般庶民はどんな茶を飲んでいたかというと、一四〇三年（応永一〇年）東大寺南大門前に一服一銭の立売茶があった（『東大寺百合之書』）というから、社寺の門前や往来で喫茶するほど普及し、それは値の安いものであるから、番茶のようなもの、又は蒸し製の葉茶、いまの煎茶であると思われる。そのころ明では蒸し製から炒製の葉茶に変化しているが、これはわが国では迎えられず、極めて限られた地方、佐賀の嬉野などを除いては、殆ど蒸し製葉茶が主流となり、それが今日に至っているというわけである。

## 喫茶法の二つの流れ、闘茶と茶の湯

鎌倉末期には喫茶法が僧侶を中心として、栄西の喫茶法の流れをくむ正統派ともいうべきものと、いまひとつ貴族武士の間の社交ないし、趣味的喫茶法との流れに二分したことはすでにのべた通りである。前者は出世間的（超世俗的）であるし、喫茶の場所が主として寺院であり、且つ寺院の住職の居室「方丈」すなわち四畳半であることから、これを四畳半式喫茶法、後者は世間的であり、喫茶の場所が貴族の邸宅の書院であり、二、三階造りの台閣であるから書院式とも台閣式喫茶法ともいってよいであろう。ここでまず世間的な喫茶法をのべることにする。

鎌倉末期に、日野資朝らが飲茶の会合で、乱遊したことをしるしたが、これはただ茶を飲んで騒いだということとは考えられず、おそらくそこに闘茶の遊びが加わり、それに伴う集団的な酒宴が催されたと思われる。闘茶というものはどのようなものかというと、これは元来宋に於て流行し、これがわが国に伝わって日本式に発展したものである。そこで宋の闘茶と日本式闘茶（茶寄合、茶歌舞伎ともいう）を比較してその概念をつかむことにしよう。

宋の闘茶は、片茶を挽いて細粉としたものを、茶碗に入れ湯を注ぎ、茶碗の中の茶の浮沈、あらわれてくる茶液の色や、模様などを見て、水や茶の良否を鑑別する方法である。これは茶の鑑識力を競い、養うという目的があった。

日本式闘茶とはどういうものかというと、もっとも初歩的な「十服茶」という方法で、説明するとこういうぐあいである。まず来客は円座をつくる。各人に茶三種類（中に栂尾茶を含む）四包ずつ計十二包を渡す。その内から各一包を別にする。これを「客」と名づける。各人は三種類三服ずつを飲み、栂尾茶であれば「本茶」他郷産のものであれば「非茶」の札を入れる。さらに別にしていた「客」の三包みのうち一包を抽出し、これを飲み（計十服飲むから十服茶）これも「本茶」か「非茶」か判定し、合計十服のうち当てた数の多いものを勝とした。これも鑑識能力を養う点では、宋の闘茶と同様であるが、勝敗を争う中で多額の賭金が動き、実際には賭博的色彩の濃い遊戯となっていった。

闘茶を催す場所は、中国の書院造りの形式をとり入れた二階建ての建物で、階下は客殿、階上を台閣といい、ここが闘茶の会場となる。『太平記』などによると、床の間には高価な唐物を置き、豹や虎の皮を敷き、金襴緞子を身にまとい、珍果を積んだとある。茶終れば茶具を退け、美肴を調え、酒をすすめるという有様で、莫大な賭金は、惜しげもなく傾城（ケイセイ）（商売女）遊女などに与えたというから、贅沢な催しであったようである。

この風潮は、鎌倉末期にすでに貴族、武家の間に流行していたので、足利尊氏は、幕府創設の年に「建武式目」を判定して、この中で群遊佚遊の禁制を示し、連歌会や、茶寄合を禁止したが、この風潮を止めることはできず、十服茶は七十服茶、百服茶などと変って益々盛行した。こうして八代将軍義政（在位一四四九年〜一四七三年）のころ絶頂期を迎えている。

義政は勘合貿易といって、明との貿易に私貿易でないことを証明する勘合符（二片で一組の割符）を商船が携帯する貿易法を促進し、明との交易を盛んにしたが、政治家としては無能の評判が高かった。部下の諸将を統制できないため国内は群雄割拠し、戦乱は止むことなく、ついに応仁の乱がおこった。永い戦乱で京の大半は焼失し、公卿百官も離散する者も多く、その上天候不順が続き、農作物の不作は数年も続いた。それにもかかわらず、民の役務や賦税は日に倍して厳しい追求が行われていた。

この間に義政は、政務を怠り、日夜茶事に耽溺し、勘合貿易によって齎らされた舶来の器に凝り、或いは銀閣など華麗な邸宅をつくるなど驕りをきわめていたのである。後年頼山陽（一七八〇年〜一八三二年）は、このことを『日本政記』のなかで「海外の書画珍宝を求め、別業（別荘）を東山に築き銀閣をその中に興す。人心有る者の能くすることにあらず」と批判し、人間のなしうることでないとまで極論している。

次に僧侶を中心として発達した正統派ともいうべき喫茶法についてその流れを追ってみよう。

足利義政は、東山銀閣を中心に専ら歓楽的な茶事に耽っていたが、かれの側近には茶事など芸事の相手をする同朋衆として能阿弥、芸阿弥、相阿弥ら茶事に練達するものが仕えていた。そのうち能阿弥は唐物の鑑識眼がとくにすぐれている才能をもっていた。将軍の美術品の控帳ともいうべき『君台観左右帳記』をつくったとされていることでもわかる通りである。かれは茶事の様式について、道具飾りを美術的に工夫し、之を規定化して書院飾りという形式を整え（『君台観左右帳記』）また茶事に技能を発揮する人達の長短を取捨しつつ、茶器の飾り付けのための台子飾り法式を定めるなど、茶法の形式創造に多くの才能を発揮した。しかし能阿弥の茶は、東山流といわれるほど、義政の側近としての茶であり、台閣で行われる茶式、世間的な茶式の範囲を出ることはなかった。

当時この能阿弥に唐物の鑑識と立花の方法を学ぶ弟子に珠光がいた。珠光については一七九六年（寛政八年）に鈴木政道の著わした『茶人系譜』などによると、姓は村田、三十歳のころ京都大徳寺の一休禅師の俗弟子となり、禅の修業をした。修業中除睡のため茶を飲んでいるうち茶に心を傾けるようになった。これが茶を学ぶ契機となったと伝えられている。したがって珠光の心を傾けさせた茶の周辺は、栄西の流れをくむ正統派というべき出世間的な喫茶法が行なわれていたとみることができる。かれは禅を通してみる台閣風の喫茶は、華美奢侈に流れ、民衆の苦しみとは縁の遠い存在で、それは簡易質素な禅院の茶と、あまりにも懸隔があることを知ったに相違ない。かれは禅院の淳素な喫茶法に原点を求め、淳素なものを基本理念として新しい茶法を主張しようとしたと考えられる。

当時禅院における喫茶法は、喫飯法などあらゆる事柄を規定したなかの一つとして、厳しい規定の枠内にあった。これは鎌倉末期に明からわが国に伝わった古鏡明千の『百丈清規』をもとにして、永平寺の道元が日本式の『永平清規』を著わし、禅院における日常生活の詳細を定めたことによる。これは禅院においては、今日でも不可欠の指標となっている。

いま少し長くなるが『永平清規』の一端を紹介し、いかに微に入り細を穿っているかをみてみよう。まず洗面について「即処に洗面せよ。洗面の法は手巾を用って頸にかけ、両端前に端を交え、又両の腋下より両前に至らしめ胸に当てて結定せよ」(乾之巻弁道法)。食事について入堂の法は「合掌を面前にささげて入る。合掌の指頭まさに鼻端に対すべし。その臂は脇下につかしむることなかれ。前門より入るには先ず左足を挙(コ)して入り、次に右足を入れて行く」(赴粥飯法)というようにすべてこの調子である。また、仏前に茶湯を捧げるときは茶碗を台上に乗せて捧げるとか、このほか茶頭(サドウ)、茶礼について記すところが多い。およそ禅院に生活するならば、喫茶もこの規範に依らなければならない。それは簡素のなかに威厳をも備えるように見受けられる。

珠光は茶礼の中に仏法を見、仏法の中に茶礼ありと感じとり(桑田忠親の説)自らの茶法の形式を禅院の喫茶法よりとり入れることを定めたと見られる。

桑田はさらに、いまの茶道に使う湯瓶(トウビン)、台子、立花などはもともと禅院に使われ、禅院の風習であったといっている。珠光はそれらをも自己の茶法にとり入れ、茶室も禅院の方丈に擬して四畳半とするなど、道具立ても禅院から範をとり入れた。こうして珠光は禅林の茶法を主体としながら、能阿弥の東山流や質素な町人の茶などを巧みに折衷し、全く新しい茶法をたてた。そして茶を通して人間の平等を主張しようとしたのだと思われる。

珠光の茶法は、台閣風喫茶の社会風潮にあき足りない人びとの支持をうけて、一つの時代を画す新しい茶法としてうけつがれた。

珠光の精神をうけついだ一人に武野紹鷗がいる。かれは茶法を珠光より更に簡素な、民衆生活に親しみ易いものに近づけた。茶室も珠光のそれよりもさらに簡素な草の四畳半をたてたり、三畳、二畳半といった小座敷を案出しているのもその一例といえよう。紹鷗は和歌の素養もあり、かれの茶法の心髄は『古今集』の「見渡せば花も紅葉もなかりけり、浦のとまやの秋の夕ぐれ」の歌から感得したとされる。かれはこの歌の真意を自戒の資にすると共に門弟にも教えたという。かれは自らの枯淡閑素の茶を「侘(ワビ)の茶」といったが、この言葉も禅の語句ではなく和歌の言葉からでているものといわれている。紹鷗は堺の豪商で、同じ堺の豪商、津田宗及、津田宗達、今井宗久らと共に侘の茶をおし拡めた。当時の堺は遣明船の基地として栄え、北九州の博多と並んで貿易が盛んであり、南蛮貿易や朱印船貿易など独占的地位にあった。しかもこの一都市は豪商らを中心として、自治組織体制をもち、あたかも独立国家的機能さえもっていた。

できるだけ簡素を尊ぶ侘茶とはいえ、建物や庭、道具などそれ自体かなりの経済的負担がかかることであろうから、かれらの富はやはり侘茶の発展には必要なものであったかもしれない。こうして堺の豪商茶人たちは、遣明船で栄えた博多の豪商神谷宗湛らをも含めて、佗茶の世界を、その富とともに茶の道の主流としていくのである。

なお、当時お茶好きのものを数寄者といったが、次第にその道のすぐれた専門家を名人と呼ぶようになった。この名人は茶に使う唐物の鑑定もできなければならず、名人の資格の一つには唐物の道具を持つことも含まれていた。したがって名人といわれた紹鷗なども唐物の名物茶器、香炉とか水指しなど六十種類も持っていたといわれる。『三教思想と茶道』は「一宇（軒）の数寄屋（茶室）は反って金屋と比すべく、汚染せる一個の茶碗が数十個の黄金杯を圧倒す」といっているが、富なくしては佗茶人にもなれなかったのであろうか。

## 6　安土桃山時代

### 信長の茶

足利末期の国情不安定な時に、尾張や遠江などに地盤を固めた守護大名が、それぞれの領内を強力に支配し、戦国大名として台頭した。その中の一人織田信長が最初に全国を支配するようになった。ここで前項に続いて、佗び茶の流れを追いたいのだが、その前にふれておかなければならないのは、この時代を代表する二人の武将、信長と豊臣秀吉のことである。二人はともにその輝やかしい武勲のために文事文芸に関する事績が蔽われがちであるが、茶事とは深いかかわりをもっているからである。

信長は書画に通じ、また茶事を好み、とくに茶器を寵愛するという一面をもった武人であった。ところがかれの茶事は、茶を嗜む本来の目的とはちがって、茶器に対する愛着のみが異常なまでに目立つのである。そもそも唐物などの高価著名な茶器を持つことを堺の豪商茶人らの誇りとする気風があったが、それは数寄者としての一つの条件ともなっていた。信長は武将であるから唐物など持っていなくても別に沽券にかかわるというわけではない筈である。それにも拘らず茶器に対する異常な執着は何であったろうか。とにかくかれの名器にたいする執着ぶりを『信長公記』によってみてみよう。

一五六八年（永禄一一年）信長が京畿に進出したとき、堺の経済力に着眼し、その協力を求めるため、矢銭として軍費二万貫の寄附を申しつけた。これにたいし自治領国家というべき組織をもっていた堺の要人は協議した結果、硬軟両派に分れ、拒否派は決戦態勢をとった。このとき茶人今井宗久らは名物の茶器を贈り屈服してことなきを得たということである。宗久らの贈った茶器は「松島の茶壺」という重器とされている。

その翌年に信長は上洛しているが、その目的の一つには名物茶器の召し上げにあり、京都大文字屋所持の「初花肩(ハツハナカタ)

衝茶入（ツキチャイレ）」など数点の買い上げを行なったという。その翌年には、堺の天王寺屋宗及や松永弾正から逸品の茶器や絵画を召し上げ、一五七七年（天正五年）には宗久の茶杓など、名物蒐集は枚挙にいとまないほどである。権力と財力を利用して天下の名器を集めるその執心ぶりは尋常ではない。

　また、かれは一五七一年（元亀二年）と、一五七四年（天正二年）に京の上、中、下の衆を集めて東福寺に茶会を催したり、利休ら堺衆を招いて相楽寺で茶会を行なって（『宗及他会記』）いる。かれをこうした面から見ると、粗放野卑な武士に茶を通して礼節を教える行為とみられなくもないが、所詮かれは茶人ではなく、政治的手段に茶を利用したに過ぎないと思われる。というのは、かれの名器を集める目的は、これを保持することによって権勢の誇示をはかることと、ひとつには功労ある部将の恩賞に充てて人心を収攬することにあったと思われるふしが濃厚だからである。『信長公記』、天正四年（一五七六年）の条の、安土城の普請に功労のあった丹羽長秀に「周光茶碗」を下賜し、その十二月に但馬、播磨の征戦から帰陣した羽柴秀吉に名物「おとごぜの釜」を与えてその労をねぎらった、などがその一端を語るものであろう。

**秀吉の茶**

秀吉はあらゆる面において、信長の遺法を踏襲した。それは茶湯をもって経世の手段とすることも同様であった。主君信長が戦功の行賞に名物茶器を部将に与えたように、かれも「富士茄子」の茶入を前田利家に、「文茄茶入」を徳川家康にそれぞれ賞賜（相国寺和尚の『日記』）している。

　何事も派手好みの秀吉は、人心収攬の方法は信長より大がかりで、一五八七年（天正一五年）に催した北野の大茶湯では、町人、百姓の区別なく、異国の者も苦しからずとして、七、八百人を集めた（『長闇堂記』）ことがある。また、一五九〇年（天正一八年）には、関東の北条氏を攻めて持久戦となったとき、茶の湯を興行して部将をねぎらっている。このほかにも、筑前箱崎や、肥前の名護屋などでも大がかりな茶会を催した。

　かれは信長とちがい卑賤の出身であるから、ひと一倍に教養とか文化に憧憬を抱き、常にそうしたものに劣等感があった。したがってその裏返しとして、文化ととらえた茶の湯を愛好したのではあるまいか。かれは茶湯を大衆に近づけることに成功したが、政治的に茶を利用した点では、信長と変りはないようである。ただかれが信長とちがった点は、幸運にも千利休という茶人にめぐりあったことではないだろうか。かれは利休にながく接することによって豪華なものを抑え、わびしきものを肯定することを知ったであろうと思われるからで、このことをもって茶としては信長に一歩先んじることができたと言えると思う。

## 利休の茶

ここで利休の生いたちから、かれこそが侘茶の継承者となった経過をみることにしよう。千宗左の著わした『寛永諸家系図譜』によると、利休は堺の魚屋の長男として生まれ、堺に住んで少年時代から紹鷗に茶を学んだという。紹鷗は「佗の文」を利休に与えて茶道の精神を説いているがその中で「おん身はただ人にてましまさず候、聞く耳、見る目知りうるものあれば一分明徳くもりなく候」といっている。かれはこのように年若くして異質を認められていた。

紹鷗から利休にいたる時代には、信長に接して津田宗及や今井宗久らがいた。かれらは信長に政略的に利用されていたが、信長が挫折したあと利休らと共に秀吉に仕えた。宗及や宗久は、なお古流ともいうべき台子の手前に執着するところがあったが、利休は草庵の茶のみをおし進め、その才幹は秀吉にとくべつに認められていた。宗啓の著わした『南坊録』に「宗久は手前などせらるる体は、さりとも見事なり。それゆえに一度御意にても宗易（利休）より賞翫なりしかども、心入深からず、後には思召なおざるるとなり」とあり、利休が「心入の深さ」において優れていたことを記している。この心入の深さが余人の追随を許さない独自の境地をひらく基礎をなしたようである。この感情は「しおれ」であり「しめやかさ」の情念とも通じるものであろう。

利休のこうした心情は、秀吉の心をとらえ、二人の交情を深める大きな作用をした。秀吉、利休の間の消息をうかがうものとして、『南方録』はこう伝えている。秀吉から利久に「底ゐなき心の内を汲てこそお茶の湯者とはしられたりける」の歌を贈り、利休はこれを掛物に使ったと。秀吉も利休を通じて「底ゐなき心」を汲むことが茶の湯者の精神だと知る境地になったとみられる。一五八五年（天正一三年）秀吉が関白職に就き、その報恩のため茶会を宮中で開くに当り、町人の宗易は利休号を勅賜され、名実ともに天下一の茶匠の位置づけをされた。

利休はその茶において何を主張しようとしたのか。これについて『南方録』は次のような意味のことをいっているが、もっとも利休の茶を評し得ているというべきではなかろうか。「利休は茶において基本的に主張しようとしたのは、茶の湯の真味は草庵にあり、書院台子の茶風は格式法式のみを厳重にして、これは世間法（世俗法）である。草の小座敷、露路の一風はカネを忘れ、わざを忘れ、心味の無味に帰する出世間法である」と。利休は露次奥の草庵の小座敷といった民衆生活に、常に頭を向けていた点で、他の茶匠からは一頭地を抜いていた。かれは何げない素焼の楽焼とか、割れた庶民の茶碗にも、佗びの心を再発見させた。これは利休の最も基本的な理念であり、かれの主張はこの一点にあると見てよいくらいである。

利休のこうした考えは、秀吉が桃山百双の屏風の入手や、醍醐吉野の花見のような豪華に流れようとする心を抑制し、一段とわびしきものへ赴かせる茶湯を教えた。そしてそれは秀吉を通して例えば北野の大茶会のような催しをもち、かれの理念を一般大衆にもおしひろめた。ところがかれの理念は、封建権力に対しては一つの抵抗の表現ともうけとめられないことはなく、為政者にとっては考えようによっては危険性をもつものであった。

利休は秀吉の信任をえて、大阪城内において、町人として権力を得つつあった。大友宗麟が大阪城を訪れた際、大阪城内においては、外部のことは秀吉の舎弟羽柴秀長が牛耳っているが、城内のことは利休がすべてを知っていると驚いたと伝えられている。しかし強力な統制者であり権力者である秀吉にとっては、茶道に理解をもつとはいえ、所詮武人である。利休の茶における権威が、自己の権力に対立する存在となるのを好ましいものとは思う筈がない。それはやがて自己の権威を上廻るのではないかと恐れたかもしれない。

秀吉と利休の連繋によって、侘茶の精神は著しく社会的民衆的なものとなり、利休の茶は秀吉の庇護によって更に一層の広さと深さを増すとみられた。ところが突然利休は秀吉から死を賜わるのである。一五九一年（天正一九年）であった。このことは両者の関係がいわゆる破断界に達したと見るべきであろう。

利休の死因については、巷間多くの説が取沙汰されている。大徳寺の山門に利休自身の木像を置いたことが、秀吉の忌諱にふれたとか、秀吉が娘お吟を要求したことを拒んだとか、茶器売買にからんで不当の利益を得たなどである。さいきん井上靖は秀吉の征韓論に異議をはさんだことが怒りを買ったという説をたてている。秀吉の利休にたいする対抗意識の限界は、精神的権威より、政治的権威の方がまさることを示すことによって結着をみたととれるのではなかろうか。かれらの生きた社会は、力の強いものが勝つという時代背景があったことを見逃せない。

利休は死の前に、自らの死後「十年を過ぎず茶の本道すたるべし、すたる時世間には却て茶湯繁昌と思うべき也。悉く世俗の遊び事となって浅ましき成果今見るごとし」（『南坊録』）と侘茶の前途を憂えているが、その憂いは杞憂ではなくなるのである。

**茶の生産と喫茶風習**

この時期の茶の生産状態を文献によってみると、栂尾茶の衰微と、茶生産地域の一そうの拡まりを見ることができる。

一四八一年（文明一三年）に没した一条兼良の『尺素往

来』に「宇治は当代、近来の御賞翫にして、栂尾は此の間、衰微の体に候」とあり、一五七〇年(元亀元年)蘭叔の『酒茶論』にも「近代茶を好む者、宇治を以て第一となし栂尾之に次ぐ」といっているところをみると、曽ては「本茶」として誇った栂尾も、宇治にその座を譲り渡したようである。なぜかと考えると、すでに茶の需要が激増するにつれ、栂尾は土地狭く、しかも交通不便な山間の一渓村である。このため宇治川の沿岸に広漠と広がる、交通に便利な丘陵地帯たる宇治の茶園には生産量からいって敵しなかったと思われる。また秀吉も他郷の茶を宇治茶として売ってはならぬといった朱印状を与えて、特別に宇治を保護したことも宇治にとっては有利に作用したであろう。昭和の始めには栂尾に茶園は見られなくなったというが、今はどうなっているか。

その他の地方はどうかというと、薩摩藩では島津忠良(一五六八年没)が茶栽培を奨励しており、また、土佐の長曽我部元親が一五八七年(天正一五年)茶の検地を行なっていると伝え、奈良にも太閤検地の茶畑一覧の記録があり(一五九五年)、そのほか揖斐(美濃)池田町、遠州小笠郡などに元亀、天正(一五七〇年〜一五九一年)のころ茶園を開いたという記録がある。こうしてみると鹿児島、高知、岐阜などに茶園が拓かれ、ほぼわが国の東部から西南部一帯にわたって茶の生産地がひろまったことがわかる。

茶の利用状況については、当時日本に渡来した外国人が客観的な観察をしているので、これを見ると、一五六二年(永禄五年)に渡来した宣教師ルイス・フロイスは「日本人の飲むものは熱く、竹の刷毛で叩いて茶をいれる」といい、一五九六年(慶長元年)に来日したオランダのリンスホーテンは、茶が民衆の間にも食後の飲料となっていることや、また茶器は日本人の間でダイヤモンドのように珍重されている、などといっている。これによると、上流階層では高価な茶碗で、抹茶を喫し、民衆の間には、普通の煎茶が食後の飲料として普及してきたことを推察させてくれる。

## 7　江戸時代

### 大名茶の派生

利休の死後、利休の茶を継承したものは、何人かいるが、そのなかにあってよく利休の真意を伝えたものは、町人では南坊宗啓、山上宗二の二人、武家大名では細川三斎と古田織部それに小堀遠州等であろうか。

右のうち宗啓は、堺の富商の子に生まれ、利休の茶に共鳴する以外、禅林の風をとくに尊び、自らの物質的生活に反対のものへ志向を強めていた。かれは利休の茶道が世に行なわれないのを憤慨し、利休三回忌に霊前に『南坊録』を供え、以後行方が知れずになったという。山上宗二は

『茶器名物集』、『山上宗二記』を著わした。かれも堺市民による茶の伝統をうけついだ一人で、内心の深さを尊び心入の深い茶を愛した。当時流行の濃茶にたいして薄茶に真の茶味を求めてこれを守り、時の権勢に対立する主張をここに表現しようとした。秀吉に耳鼻を斬りそがれたというのも、何か同じ町人出身の利休に似た運命をもった茶人であったような気がする。

堺を舞台にしたこの二人と異なり、織部、三斎、遠州の三人はいずれも武将である。織部は美濃の出身で、信長、秀吉、家康に仕え、戦功によって山城国で三万五千石の大名にとり立てられている。かれの茶は利休の茶を継ぐとはいえ、おのずから利休と異なるものがあった。『古田家語』によると秀吉から「利休の茶は町人の茶である。町人風の茶を武家風に改めよ」との命令があったというが、その真偽はさておき、彼は独自の個性的な作意をこらしたことは確かである。形式的にも茶室に入るときの手水鉢を、低姿勢なつくばいから、立って使う、近世の武将らしい風儀をとり入れたり、茶屋も明るく広くしたように、前代的な様式を必ずしも踏襲することなく、自由なものへと表現することを試みた。

三斎は足利将軍家以来累代の武門の名家に育った。かれは利休の弟子のうち、有数の利休信奉者である。世の茶風を評して、昔の下手の方が、当代の上手よりましだという考えを持ち、常に利休に深い憧憬を抱いていた。利休が秀吉から堺に蟄居を命じられ帰郷のとき、罪人たる利休を淀の渡しまで見送ったのは、織部と、この三斎であることは偶然ではない気がする。

遠州は江州小室一万三千石の城主である。茶道では織部の教えをうけたが、茶室などは窓を広くして織部のそれより一段と明るく、茶風も近代的なものとした。『遠州の書き捨て文』によると「一飯をすすむとても志厚きをよしとする」というように、接待するときなど形式にとらわれず、心に重きをおいた。かれの茶の真意はここにあるようである。またこの『書き捨て文』によると「茶道とて外にはなく、君父に忠孝を尽くし、家々の業を懈怠なく、ことさらに旧友の交をうしなう事なかれ」と説き、封建社会に適応する茶に方向が変ってくるのが見られる。

これら新しく社会に迎えられる大名の茶道の主張に共鳴するように、徳川家の重臣たち、井伊直孝、堀田正盛、稲葉正勝や桑山貞晴ら諸大名が茶を学び茶道を説く。そしてかれらは大名茶と呼ばれる流れを形成するのである。茶道も徳川期の安定社会を迎えると、以前の時代のように個性陶冶を主眼とするよりも社会適応型というべきものに変化した。徳川の社会は、とくにこうした傾向を支持したために大名茶は一そう流行をみせる。

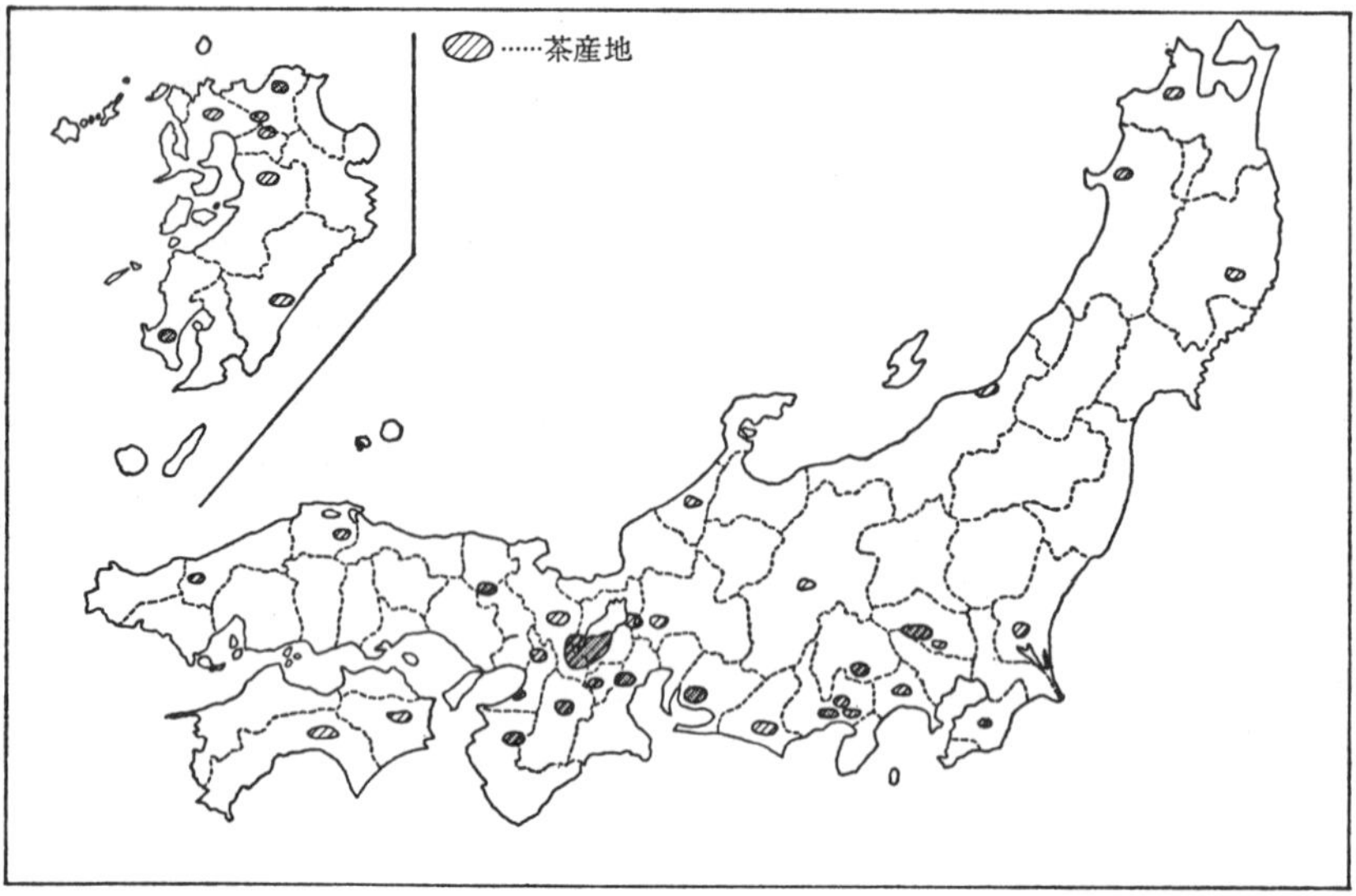


**江戸時代の諸藩の生産奨励策に伴う茶産地の拡がり**

（注：濃い部分は鎌倉時代すでに茶栽培が行なわれていた地域を示す）

## 諸藩の生産奨励策

諸大名が茶を嗜む気運が高まったことは、戦乱も収まり安定した時代になったことを意味する。当然のように大名たちの施策の重点は、管内の経済力強化へと切り替ってくるのである。領主大名たちの経済基盤は現物経済の上に立っているため、もともと米や雑穀を主とする勧農政策に重点をおいているわけである。かれらがいま目のあたりに茶の需要の多くなるのを見てとり、茶をも勧農の一環に組み込もうとしたのも自然の成り行きかもしれない。茶の湯に使う茶ばかりでなく、領民の茶の自給から、さらに商品作物としてこの産業化をはかるようになる。かれらの領内に茶栽培を奨励する動きが急激に著しくなってくるのを次の諸例が示している。

まず一六〇二年（慶長七年）に土佐の山内一豊は、領内に茶の採取を命じ、交易の資として上方に送った。ついで一六〇八年（慶長一三年）北国の南部藩では大和から茶種子をとり寄せ播種をはじめている。以下一六一八年（元和四年）彦根藩は近江政所（マンドコロ）の諸村に茶運上を課し、一六三八年（寛永一五年）日向都城では茶道役を設け、津軽藩が防風林として竹や椿とともに茶を植えたり（一六二四年〜一六四三年）、島根の津和野藩は茶栽培を奨励（一六四六年）し、土佐藩の野中兼山は「御国中の在々所々に茶の木を植えつけ」させ（一六六二年）、琉球藩も茶園をつくる（一六七三年）など多くの例を見ることができる。秋田藩にいたっては、北緯約四十度、おそらく茶栽培では北限かと思われる能代近くの檜山に茶園を造成している（一七三〇年）。

### 茶消費の大衆化と商品化

こうした生産のひろまりは、消費の大衆化につながった。極端な例では、一六一九年（元和五年）に著わされた『四季農戒書』に「大茶たてては喰らい、彼方こなたの留守をたずね行き人事をいう女房」などもあらわれている。ついに一六四九年（慶安二年）には『慶安御触書（オフレガキ）』が公布され「諸国郷村に大茶を飲み、物まいり、遊山ずきな女房を離別すべし」と茶好きの女房にとっては、何とも怖ろしい世の中になった。これは単に茶をガブ飲みというのではなく、おそらく茶湯などに凝った女房のことだろうと思われる。こういう特殊な例を除いては『本朝食鑑』（一六九二年刊）にいうとおり江戸では婦女子の間では、朝食前に煎茶を数碗飲む風習があったというのが、一般的喫茶の風習であったであろう。

前項で土佐藩が、茶を交易の資として上方に送らせたことをしるしたが、そのことや一六二八年（寛永五年）ごろできたといわれる土居清良の一代記のなかの『新民経月集』に、茶の採種や播種期についてのべるほか、茶摘み労力などは人を雇っても、現金収入になるからよいと述べている項などによって、これらは茶が商品化したことを示す例として見られる。遊山好きの女房が飲む茶も、おそらく自家用の茶ではなく、商品として買い求めた茶であったものと思われる。

### 茶製造技術の向上

茶の商品化は、製造技術の向上を齎らさずにはおかない。元禄期ごろになって各種の茶製造技術に関する指導書が、刊行されているのがそれを裏付けるものであろう。元禄期（一六八八年〜一七〇三年）以前の農書といわれる『百姓伝記』には、茶は上下万民の用いるものなりとし、茶を畠の境や、山畑などの荒地、屋敷内などを利用して栽培することや、播種方法についても説いている。一六九六年（元禄九年）に刊行された宮崎安貞の『農業全書』の中でも、茶は都市市中、田家、山中にても少しでも園地となる所あらば茶を播くべしと、これも空閑地の利用を説いている。このほか同書は肥培管理について詳論している。一七〇八年（宝永五年）貝原益軒は『大和本草』の中で、中国茶の炒製法と日本茶の蒸製法の長短をのべ、三宅也来は一七三二年（享保一七年）『万金産業袋』を著わし、挽茶や煎茶の製法とその商品価値について詳しい記述をしている。これら指導書のうち、当時の市中に飲用されている茶や各地の茶について述べた国学者上田秋成の『清風鎖言』の一節を紹介しておこう。

「茶に蒸し、焙じの製あり、鐺（ナベ）炒り、日曬（ボシ）の製あり。焙茶は上品、炒茶之に次ぎ、日晒（ボシ）は下品也。宇治、信楽は蒸焙を専らとす。他邦の茶種々なるべし。但し九州、四国の製は炒茶のみと聞こゆ。焙茶は烹るに宜しく、炒茶は淹煎（エンセン）に宜し。いわゆる出し茶なり。焙炒共に葉は青色を貴ぶ」などと茶に蒸製、炒製、日乾し製のあることを示している。ついでかれは、日本製の蒸製を上とし、中国の炒製茶を次としている。これなどは明朝では流行した炒製茶が、わが国では主流とならなかったいきさつを思わせる一項ともとれるのではあるまいか。また抹茶の銘柄はすでに十八種類にのぼっていること、近江信楽の蒸し製煎茶は絶品とされていることなどを明らかにしている。

このほかまとまった書物としては伝わっていないが、玉露茶の製造が江戸末期に開始されたことが伝えられている。一八三四年（天保五年）に宇治の茶商上坂清右衛門、翌年に江戸の茶商山本嘉兵衛、その翌年に遠江の志太郡の坂本藤吉が、相ついでいずれも抹茶用の碾茶から玉露煎茶の製法をあみ出したという。この時期に緑茶の品質としては最高のものが技術的に完成したとみてよいであろう。

**文人好みの煎茶道**

茶の品質が向上するにつれて、茶そのものの風味を自由に鑑賞するという気風がおこってくる。これは珠光や利休が喫茶の厳粛な雰囲気から、さらに内面的な哲学を求めようとしてわが国独自に発展させた茶道の流れとは別種のものである。

茶の風味を求める気風を高揚したものは、高遊外という黄檗宗の禅僧であった。かれは一六七五年（延宝三年）肥前の国に生まれ、諸国を遍歴して、その間黄檗、臨済、曹洞の各禅門に参禅した。そのうち感じるところあって寺院生活を脱れ、超然として隠逸の生活をおくった。やがて京都の通仙亭、あるときは双が丘に住み、六十歳のときから京の街を茶具をにない、煎茶を売り歩き生活をたてるようになった。詩をよくし、学者文人の間に交遊ひろく、世間ではかれのことを売茶翁とよんだ。かれの茶は街頭で売り歩くほどであるから、道具といっても大がかりのものはなく、炉台、湯灌（ぼうふら）、急須、茶碗といったものに過ぎない。この喫茶の風は、たちまち京の話題を呼び、江戸末期には頼山陽をはじめとする文人の趣味にかない、大雅、蕪村、竹田（チクデン）（田能村）ら南画趣向にも迎えられ、その喫茶の風は煎茶道としてもてはやされるようになった。この風習は主として文人たちが、上質の茶を賞味しつつ詩文、書画、管絃をもてあそぶという茶風であったから、文人茶とも称された。

この煎茶道の源流をたずねると、それは陸羽の『茶経』

に求められるという。同書の「五之煮」で茶を煮るには炭火が良いとか、使う水は山水がよいとかいい、「六之飲」でも茶の真の味わい方などをしるしている。唐、宋から降って明代にも『茶経』流の茶を鑑賞しながら飲む風習は続き、文人高士の間に仙境に遊ぶ境地を理想とする風が伝わっていた。この喫茶の風をわが国に伝えたのは、黄檗宗の隠元禅師であるといわれている。この風は禅僧や、主として儒者の間に伝えられていた。売茶翁は、この喫茶の風を総合確立したものといえるであろう。

この茶風は売茶翁流として知識人階層にひろがり、江戸末期から幕末、明治に入って全盛期を迎える。従来の茶道にくらべて、形式的に自由なものがあり、それがその発展をもたらした要因となったと思われる。

### 茶道観の変化

新興の煎茶道にたいし、従来の茶道は抹茶を利用することから抹茶道として区別するものもある。この茶道の流れはどうなったかというと、茶の思想は幕府の政治理念に合わせ、仏教的な茶道観から儒教的な茶道観に変化がおこっている。三斎の『伝心録』によれば「よき数寄者とは、武士の道具、身代相応に調え、召使の者までも不足なく抱えおき、その上にて茶の湯するをいう」などと、生活基盤の確立を優先するように変化を見せはじめてきた。さらに出雲松江の藩主松平不昧は、その著『贅言（ムダゴト）』のなかで「茶道は分を足ることを知るという方便なり」とほぼ同様の考えをうち出している。江戸末期になると階級的に無差別なるべき禅の流れをくむ茶道の根本精神は、江戸封建社会に迎合する茶道になり、利休の侘の精神とは離れてしまう。利休は自らの死後十年を過ぎず茶の本道すたるべしと予言したが、まさしくそれは当ったのであった。

### 生産者、流通業者の組織化

江戸末期にいたって、茶の需要増と生産の拡大は、生産者、流通業者に自らの利益を守るために組織化の動きが強まる。茶の生産方式も自家用生産主体の家内工業の形態から、少しずつ地主や小企業者の手によって商品生産を行なう小企業化が進行し、同時にかれらはそれを組織化するようになる。同様に流通業者たる商人も、自己防衛のために組織化を進める。

当時は幕府の統制下にあって、生産者や商人なども多くの禁令に束縛され、円滑な動きには支障があった。こうしたなかで、商人や家内工業者たちは同業組合を結成し、幕府や領主に冥加金を献上するという形で結合をつよめ、禁令などに手ごころを加えられることをもくろむという一般的傾向があった。茶の関係者もこの傾向に便乗するのに遅れはとらなかった。江戸の商人は一八一三年（文化一〇年）

茶の流通を統制するためとして、二十軒が結合して「茶株仲間」を成立させた。同時に生産小企業家も駿遠二州の茶産地に「茶仲間」を成立させた。

消費地商人の「茶株仲間」と、生産地の「茶仲間」及び生産農民商人との関係は、それぞれ本来は茶の流通を円滑化するために、互いの機能を活用し合う点で利害は反しない筈であるが、必ずしも理想通りにはいかなかった。一八二二年（文政五年）、駿河国川根地方の二十ヶ村連名で、江戸茶問屋の横暴を訴え、翌々年には、駿遠の産地百十三ヶ村、約三千八百戸の農民は、産地茶仲間の搾取にたいし、幕府に上訴（文政の茶一揆）するなどのことも発生している。一八四一年（天保一二年）にいたって、他の同業組合とともに、茶仲間も解散させられている。これは十年後には、再興令により、ふたたび駿州の茶仲間は復活し、以後明治にいたるまで続いた。

**日本茶輸出の前日**

この頃になると、鎖国日本に海外からの圧力が加わってくる。すでに産業革命を経過して、エステートなどによる大規模な、資本制生産の発達により、市場拡大を目ざす欧米列強は、その大量の商品の販路を求めなければならなくなってきた。同時に原料物資の獲得を期することもあって、その市場を東方に求め、鎖国日本はその標的にされる。フランス、アメリカ、イギリス、ロシアの諸国が相ついで通商を求めてきた。

江戸時代は初期に、封建制度の維持、強化をはかって鎖国し、わずかに長崎の出島を通してのみオランダとの対外貿易の道が開かれていたに過ぎなかった。それでも幕末期には、極めて制限されながらも一部がヨーロッパへ仕向けられてはいた。かれら欧米列強は幕府の制限にも拘らず、執拗に水産物や、金、銀、生糸などと共に茶を要求し、貿易額は増加の傾向にあった。かれらは、内外の金、銀との比価の相違によって莫大な金が、かれらに流出する流通経済の仕組みをわきまえていたからである。これを資料によってみると一八六八年（明治元年）には金一両につき銀の比価は、二二三・二匁であるが、一八六五年（慶応元年）では金一両につき銀は約一〇一匁、さらに遡って一八五四年（安政元年）では約六八匁（三井家編纂室の資料）と、金の為替相場は不当な安値をつけられていた。かれらは口では通商貿易と体裁の良いことをいっていたが、その本心は日本人の世界経済の無知につけこんだ金及び銀の掠奪に等しいものがあったといっても過言ではないであろう。

一八五九年（安政六年）、幕府はついにオランダ、アメリカ、イギリス、フランスと通商条約を結び、神奈川（横浜）、長崎、箱館（函館）を開港した。開港と同時に神奈川から公式には始めて、茶が輸出されることになった。かれら列強の待っていた好機は到来したのである。そして生糸と茶に重点をおくようにして、多量の買付けを行なう。

日本の茶の歴史上では、これを画期的な事績とたたえる向きが多い。確かにそれはそれなりに意義は大きかったといえるであろう。しかしかれらの求める茶は、日本人の考えるような東洋の神秘を宿す喫茶の風にあこがれたわけではなく、日本の風味をもつ茶を鑑賞するためのものでもなかった。かれらの求めるものは専ら金や銀であり、利益であったことを思い知るのはいま少し時間がかかったようである。

# 第三章　西欧諸国

## 1　まえおき

### 西洋人の見た中国茶

これまで中国と日本の茶について、その生産や消費の発展の経過をたどってきたが、ここでこの両国以外諸国の茶事情をみることにしたい。ところでその前にいったいかれら西洋人は未知の東洋の茶というものに、いかに接し、どういう印象をもったかということをみておいた方が良いと思う。これを知るために順序として中国と日本の両方に分けて、年代を逐ってかれらの見たところを整理することにする。はじめに中国の茶について、かれら西洋人の記述をみてみよう。

一五五九年、イタリア、ベニスの著名な作家ラムージオ（一四八五年〜一五五七年）の『航海記集成』が、かれの死後に出版された。それによると「明国では一種の植物があり、その葉を飲用に供している。かれらの国ではこれをチャと呼び、貴重品とされている。この茶は四川省嘉州府（いまの楽山県）で成育するらしい。かれらはその鮮葉を乾燥して熱湯に入れて飲む。空腹のときこの煎汁を一、二杯飲めば、熱病、頭痛、胃痛、腰痛や痛風など関節の痛みを除く。飲みすぎても不快ではなく消化を早める。旅行者には必携の品物である」としるしている。彼はこのほか同年に『茶』、『中国茶』の両書を出版した。この『航海記集成』が中国茶をヨーロッパに紹介した最初の文献であり、かれがヨーロッパで茶を知った最初の人とされている。これは従来から通説となっているところなのであるが、さいきん中国の安徽農学院の陳椽は、これよりおよそ五十年ほど前の一五〇六年に、ポルトガル人が中国に侵入し、茶のことを知ったとし（『茶業通史』）、また浙江農業大学の荘晩芳は、一五一七年にポルトガルの使臣、加必丹（カピタン）が海路広東に渡来して茶に接したという説を唱え（『栽茶与製茶』）ている。この加必丹は固有名詞でなく、キャプテンすなわち、船団長とか公使といった普通名詞だと思う。そうするとヨーロッパ人で、茶について最初に接したのはポルトガル人、これを文献で初めてヨーロッパに紹介したのはイタリア人ということになろうか。

『航海記集成』出版の翌年、中国を訪れたポルトガルの宣教師ダ・クルスは「明国では、高貴の家に訪問客があれば、チャという一種の飲みもの、それは苦味があって紅色で、薬になる飲料をポットに入れて出す」と伝えている。続いて一五六七年、ロシア人イワン・ペトロフとヤリシェフは、かれらの本国に茶のことについて報道したという。これはロシアに茶のことを知らせた最初の記録とされている。

一五九八年に、オランダの旅行家リンシューートンは、ロンドンで『航海と旅行』を出版し、この中に茶の記事があり、この本はオランダでも『旅行記』として出版された。これはイギリス、オランダに於ける最初の茶の記事をのせた書物とされている。このなかでイギリスは茶を chaa と発音しているという。

十七世紀に入って、一六一〇年に、ヨーロッパ人が最初に緑茶を求め、これは武夷茶（ボヘア）であるということを、オランダの医師トマス・ショートが『茶、砂糖、牛乳、酒と煙草』（一七五〇年刊）の中で説いている。一六二三年にスイスの植物学者ガスパード・バウヒンは、その著『山茶植物』に茶のことを載せ、一六三五年ドイツの医学者ロストークは、『煙草と茶を濫用する評論』を出版した。かれはこのなかで「一般にチャと称する飲みものの効果は、東方諸国では適用するかもしれないが、ヨーロッパの気候条件下では効果はない。医薬として使用するならば危険であり、飲茶は早死を招く。とくに四十歳以上の人には宜しくない」と、茶をこきおろしている。

そうかと思うと、一六四一年オランダの医師ニコラス・ディルクスは、その著『医学論』のなかで茶の薬効についてふれ「茶を用いるものは、その作用によってすべての病気から脱れ長生きできる。胆臓病、頭痛、ぜんそく、胃腸病などによくきく」と反対のことをのべている。

ついでペルシャ人の飲用についてのべたものがある。ペルシャ人は、茶を黒くなるまで煮つめ、これにウイキョウ、その種子、丁香や砂糖を加えて飲むとしたものである。これは一六六二年、イギリスのペルシャ大使ホルステンの『旅行記』および、同年に刊行されたオランダのアダム・オレアリウス公使の『公使旅行記』の両書にのせられている一節である。この茶は、いずれも蒙古からペルシャに渡った中国の茶であるともいっている。

このほか著名なのは、一六七九年オランダの医師ボンテコの出版した『コーヒー・茶・ココア』のなかで「毎日茶を八〜一〇杯ほど飲むことを提唱する。二〇〇杯飲んでも害はない。自分でも大量に飲んでいる」といっている。この茶礼讃の記事は、大いに茶の愛好者に支持され、オランダ東インド会社の茶貿易発展に寄与したと伝えられている。

十八世紀に入ると一七一三年にパリで、次いで一七三三年にロンドンで出版されたルノードの『インドと中国の古代記事』中に、九世紀のアラビアの旅行家の記録であるとして、中国の茶は百病を防ぐといったとある。またアラビア人は茶を thah と発音していたと記している。

一七六五年、ペーター・オズペックは『東インドと中国の旅行』のなかで、中国の緑茶が緑色なのは銅板で葉を焙って造るためだなどといっている。一八四八年に、サミュエル・ボールは『中国茶の栽培と製造』をしるし、薬用植物として茶を記述している。

### 西洋人の見た日本茶

一五六二年に日本を訪れたポルトガル人ルイス・フロイスは『日本史』のなかで、茶の湯のことを記し、竹の刷毛で叩いて茶をいれると「安土桃山時代」の項でのべたが、このほか信長が茶の湯の道具を愛好していることや、秀吉が茶の湯を政治的に利用していることなど、鋭い観察も行なっている。

その翌々年に日本に布教にきたイタリアのアルメイダ神父は、その故国への便りのなかで、日本人はチャと呼ぶ口あたりの良い植物を愛好していると報告をしている。一五七七年に来日したポルトガルの宣教師ロドリゲスは『日本教会史』のなかで、茶の栽培法については宇治の覆（オオイシタ）下茶園を観察し、また蒸し製焙炉仕上げの高級茶の製法などを詳しく記述している。その二年後に日本を訪れたヴァリニャーニは信長に会い、一五九〇年にこんどはポルトガル副王の使節として再来日して秀吉に謁見している。その八年後には三たび日本を訪れ、日本に教会堂を建てるときは、茶の湯の接待を行なう部屋を設けることの必要を説き、茶の湯に高い関心を寄せている。

また一五八八年、イタリアのマッフェイは『印度史』で、さらにその十年後オランダのリンシュートンは、前項にしるした『旅行記』のなかで、何れも日本茶のことについてふれ、日本の喫茶の習慣と、その儀式について言及していると思われる。これは共に茶の湯のことを見聞したことに基づいている。一五九六年に来日したリンスホーテンについては「安土桃山時代」の項でふれた通り、茶器をダイヤモンドのように珍重しているとの記述がある。

十七世紀に入って一六一五年、イギリス東インド会社の平戸商館駐在員が、本国へ茶の情報を送り、一六三七年オランダ東インド会社総督は、バタビアの商館長宛に「茶が人びとの間に多く飲まれ始めているので、すべての船の積荷に中国茶、日本茶のほかに、中国の茶壺（急須）を手配するよう」通信を寄せている。

これより先、イタリアの宣教師マテオ・リッチは、一六〇六年に故国への手紙のなかで、日本と中国の茶の飲み方の相違をしるし、日本人は粉末にした茶葉をコップの中の熱湯に入れ、かき廻して飲みほすと、抹茶の飲用と思えることを記述し、中国では熱湯の入ったポットに茶を入れ、茶の色、香や味の出たところで飲み、そのばあい茶滓は残しておくと観察している。

一六四九年、ドイツ人ヴァレニウスは、アムステルダムで『日本伝聞記』を刊行し、この中で抹茶法と思われる茶の飲用法について、好奇の眼で記述している。一六八四年、オランダ商館の医師として来日したドイツ人クライアーは、日本茶のことをジャワへ知らせている。かれはジャワに茶をもっていったともいわれている。

一六九〇年にはドイツの医師、ケンペルが来日している。かれは『廻国奇観』、『日本誌』や『江戸参府旅行日記』などで日本の茶の栽培製造をはじめ、日本旅行の間に見聞したことを詳細にのべている。たとえば街道沿いの旅館や、宿屋や森の中にたくさんある茶店で茶を飲むことができることや、茶園については、博多附近を通ったとき「斜面になっている山の畑には緑の所に約八歩の間隔で茶の木を植えている」など、具体的な科学者らしい観察を行なっている。

さらに十八世紀になって、一七七五年に来日したスウェーデンの植物学者ツンベルグは『日本植物誌』および『日本植物図譜』を著わした。この両書は近代日本植物学の基礎となったほど、日本の学界に影響をあたえた刊行物である。このほかにも『日本紀行』を著わし、茶についての多くの記述をのこしている。その中で日本茶の自生や栽培製造について詳しく言及している。茶の自生という点について、「茶樹は日本では自然に生える。とくに耕作地の境や耕作された山の上、丘の上などに見ることができる」とのべている。

ついで十九世紀のはじめ、一八二三年にドイツの医師シーボルトが来日した。かれは『日本』および『日本植物法』、『江戸参府紀行』を著わしている。かれは諸種の製茶法の記述や、また日本茶の分類などを行ない、また国内の旅行中に目にふれた、道路側の茶店や、殿中で抹茶を出されたことなどをしるしている。

一八六〇年に、日本を訪れたイギリスの園芸学者、ロバート・フォーチュンは、茶は九州に限らず日本中いたる所で栽培され、自生しているなど、ツンベルグと同様に、日本茶の自生説をとっているのは興味深いところである。

以上あげた諸資料の範囲でわかることは、ヨーロッパにチャという飲みものが知られたのは、十六世紀では、ポルトガル、イタリア、オランダ、それにロシア諸国であり、十七世紀にスイス、ドイツ、イギリス、十八世紀になって、フランス、スウェーデンだということである。そしてかれらのうけとめ方は、中国では主として医薬品として茶を理解し、日本では儀礼的な喫茶の風習について、好奇の眼で観察し、また茶の栽培や製法などについて、当時の日本人より、かなり具体的な記録を残しているというところであろうか。

## 2　ポルトガル

すでに述べたように、ヨーロッパではポルトガルが最も早く茶を知ったようである。ポルトガルは十五世紀の末に、喜望峯の迂回航路や、インド航路の発見、またブラジルを発見するなど史上最大の発見時代にあった。それで東洋にも触手をのばして、中国に侵入してきたのである。最初に茶を知ったとされる一五〇六年の六年後には、ポルトガルの商船隊がきて、明の都、大都（北京）で澳門（マカオ）に居留地を要求し、貿易活動を進めようとした。ところがその後この件は発展をみせず、茶についても同国が輸入したことは、ついに明らかにされていない。おそらくオランダによって東方の勢力を奪われたものと思う。

## 3　オランダ

**ヨーロッパへの道はオランダから**

さいしょに茶を商品としてヨーロッパに齎らしたのはオランダであった。このころ、十六世紀の終りごろオランダは、スペインの属領より独立を宣言して間もない時代で、地中海方面に出かけて東洋の商品を盛んに輸入して利益を収めていた。やがて直接東洋に進出し、ポルトガルの勢力を駆逐して、ジャワ、スマトラを手中に収めた。そしてジャワのバタビアを東洋経営の拠点とし、東方貿易の推進母体としては東インド会社を設立し、同社に貿易全般の業務を掌握させることになった。一六〇二年のことである。

同社設立の前年に中国と通商を開始していたが、茶については一六〇七年にオランダ商船がジャワから来て、澳門で緑茶を載せ、一六一〇年にこれをヨーロッパへ転送した。この茶がヨーロッパへ最初に渡った茶であるといわれている。ところがこれには異説があって、オランダは日本長崎の平戸に商館を設置したのが一六〇九年。その翌年に日本茶をバンタム経由で輸入した（角山栄の説）。したがって最初にヨーロッパに齎らされた茶は日本茶だというのである。どちらが先か結論は下せないが、ばあいによっては、中国茶がヨーロッパへ転送された年と、日本茶輸入の年とは同年だし、共にジャワを経由しているところをみると、両国の茶が同時にヨーロッパへ向けられたと考えることは可能だと思う。「まえおき」の項でふれたが、一六三七年に東インド総督が、バタビア商館長宛に「中国茶と日本茶を積むよう」指示していることなど考え併せてみると、両国の茶を同時に積載することはごく当り前のことだったのかもしれないからである。

その後オランダの茶の需要は増してきたようで、前記の東インド総督の指示のなかに、前段で「わが国民の間ではしだいに茶の需要が多くなっているから……」としるしていることでも明らかである。当時日本は鎖国下で、平戸に限定してわずかの貿易しか許されていない時代であったので、オランダの買付けは自然と、中国茶に重点をおくようになっていった。

同国の中国茶輸入量を数字でみると次のような経過である。

一七一五年、三一トン。このうち紅茶は三〜五トンである。翌年に四五トン。このうち紅茶は一〇％ほどである。一七三四年には、四〇一トンと増加し、一七三九年には同国の輸入品中でその額において茶は第一位を占めたという。一七八四年になると一五八七トンと急増し、五〇年前にくらべて四倍の輸入量をしめした。

これ以後、イギリスの東インド会社に圧迫され輸入は減少した。そこで同国植民地インドネシアの茶の生産へ重点を指向して、イギリスに対抗しようとするのである。

オランダは、ヨーロッパ大陸中では最大の茶消費国ではあるが、他の諸国たとえばイギリスに比べれば、さほど大量な消費国とはいえない。しかし世界の茶貿易市場としては、重要な地位を占めている。同国は茶の貿易に着手したのが最も早い国であった関係上、長期にわたりヨーロッパにおける茶の中継地としての地位を保っているからである。首都のアムステルダムはヨーロッパ最古の茶市場をもっており、ここはロンドンに次ぐ大茶市場である。ここには今でも年間約一八〇〇トン以上が輸入され、そのオークションは甚だ活潑である。

二十世紀になって、インドネシアの紅茶が発展し、紅茶の消費量は増加したが、緑茶は減少傾向にある。

**消費を助長した中国磁器**

オランダが茶を輸入した当初は、価格はあまりにも高かった。このため茶は一般の人の口には入らず、上流階級の人びとや、東インド会社の要人たちの独占する飲みものであった。そこへ中国からきわめて優秀な磁製の茶碗だとか、ポットが輸入されるようになり、これを愛玩し、また使用する風潮がおこり、茶の消費は増してきた。十七世紀の中ごろには、金持ち商人の妻子などが客を招いて、盛んに磁器を自慢しながら茶を飲むといったぐあいで、茶の消費を促進した。消費がふえ、輸入が増してくると茶価は降り、値段も手ごろになるにつれて一般にも飲まれてくるようになってきた。こうして十七世紀の末ごろには、全国に喫茶の風潮は普及したのである。

どのような茶を飲んでいたかというと、この頃はまだ緑茶の需要が多かったが、しだいに紅茶がこれにとって代ろうとしていた。当時朝の飲みものはコーヒーと定まっていたのだが、これがソフトな紅茶に切り変るようになってきたのも一因をなしたようである。

都市の富裕な家では、専門の茶室を設け、一般市民は、とくに婦人はビヤホールで茶を飲み、茶クラブなどを組織して、喫茶熱は高まった。十八世紀の末ごろには、消費の殆どは紅茶に変ってきたようである。

## 4　イギリス

**驚異的な輸入の増大**

現在世界で最大の茶消費国となっているイギリスも、茶の取扱いに関してはオランダに一歩を先んじられた。イギリスに茶が渡った初期には茶はオランダ同様、極く限られた階層の飲料に過ぎなかった。しかしやがて消費の増大につれてその輸入量は、驚異的に増大していくのである。先ずその経過を数字で見ることにする。

一六〇九年にオランダが、平戸に商館を開設したその二年後にイギリスが同じく平戸に商館を設置した。そして一六一五年に、この商館の駐在員が茶について最初の情報を送ったことは「まえおき」でふれた通りである。イギリスに商品としての茶が渡ったのは、一六三七年、イギリス東インド会社の商船が、広州から茶およそ五〇キロを積んだのが最初とされている。

一六五七年に、ロンドンのあるコーヒー店（トマス・ギャラウェイと考えられる）が、中国茶を輸入して、貴顕紳士の宴会用に売ったという。続いて翌年にロンドンの「政治公報」誌にサルタネス・ヘッドというコーヒー店が茶を販売する旨の広告を出した。一六六七年に東インド会社はバンタムに最高級の茶四五キロを注文し、翌年この茶が二ケース入りで計六五キロ入荷された。この茶は宮廷の閣議用に用いられたとされている。一六七八年にバンタムから中国茶約二トン輸入されているが、これはイギリス商人が、アメリカへ転売する為のものであった。

一六八九年に、イギリス厦門（アモイ）の商館が、買付けの委託をうけ、直接厦門から茶が入った。この年にはマドラスから転送された分を併せて輸入量は一一トンに達した。これらの茶はどういう茶であったかというと、緑茶が大部分であった。一七〇二年の東インド会社の買付注文によれば、シングロ緑茶三分の二、インペリアル緑茶六分の一、ボヘア紅茶六分の一とあることで想像できる。イギリスは現在殆ど紅茶の消費国であるが、この当時はまだオランダと同様緑茶の需要の方が多かったようである。値段の方も紅茶の方が緑茶より高く、このころで一ポンドにつき緑茶の小売値は一六シリング、紅茶は三〇シリングと、紅茶は緑茶に

### イギリスの仕出国別茶輸入の推移（単位 t）

| 年度 | インド（含パキスタン） | 中国 | セイロン（スリランカ） | インドネシア | 日本 | ケニア | マラウィ | その他 | 計 |
|---|---|---|---|---|---|---|---|---|---|
| 1721～30 | — | 1,816 | | | | | | | |
| | — | 2,211 | — | — | — | — | — | — | 4,027 |
| 1731～40 | — | 2,879 | | | | | | | |
| | — | 2,411 | — | — | — | — | — | — | 5,290 |
| 1741～50 | — | 4,916 | | | | | | | |
| | — | 4,253 | — | — | — | — | — | — | 9,169 |
| 1751～60 | — | 11,209 | | | | | | | |
| | — | 5,733 | — | — | — | — | — | — | 16,942 |
| 1866～75 | 3,892 | 45,974 | | — | — | — | — | — | 49,866 |
| 1876～80 | 15,264 | 55,947 | | — | — | — | — | — | 71,211 |
| 1881～85 | 25,830 | 51,013 | 944 | — | — | — | — | — | 77,787 |
| 1886～89 | 37,876 | 38,157 | 7,171 | — | — | — | — | — | 83,204 |
| 1934～38 | 125,387 | — | 68,148 | 15,469 | 3,037 | — | — | （含アフリカ）12,948 | (193,600) 224,989 |
| 1952～56 | 147,349 | — | 55,837 | 4,938 | 1,302 | — | — | （含アフリカ）21,342 | 230,768 |
| 1979 | 48,999 | 6,647 | 19,449 | 4,759 | — | 48,591 | 11,449 | 57,656 | 197,550 |
| 1980 | 62,230 | 5,612 | 24,022 | 5,780 | — | 45,115 | 16,754 | 51,523 | 211,036 |
| 1982 | 52,108 | 10,995 | 18,458 | 6,243 | — | 50,152 | 20,539 | 49,202 | 207,697 |
| 1983 | 42,673 | 13,706 | 8,800 | 5,314 | — | 53,855 | 17,936 | 39,867 | 182,151 |
| 1984 | 49,738 | 14,823 | 15,878 | 13,010 | — | 57,339 | 17,651 | 48,073 | 216,512 |

1721～1760の数字はイギリス東インド会社の輸入数量。上段は紅茶，下段は緑茶の数量。角山栄著『茶の世界史』（中央公論社刊）より換算転記。

1866～1956の数字は F.A.O. 資料による。以下数量はすべて紅茶。ただし1934～38の計の数字は別に 193,600 というのもある。

1979以降の数字は『Overseas Trade Statistics of the United Kingdom』による。

くらべてほぼ倍くらい高かった。

一七二一年になると輸入量は、四五〇トンを超えるようになり、その四年後には東インド会社に茶の専売権をもたせた。さらに一七四九年には、ロンドンを自由港とし、茶をアイルランドとアメリカに転送し易い措置をとっている。この頃から喫茶の風習は農村にも浸透したようで、一七六六年には、東インド会社の取扱い量は二七〇〇トンと急上した。

ついで一七七二年に一万三六〇〇トン、一八三四年に一万四五〇〇トン、一八四六年に二万五六〇〇トンと輸入増加は続いている。

この間、東インド会社の取扱う茶価が、その他の国の個人経営商社のそれより遙かに高いということで、同社は多くの人の告発を受け、国会でもその責任を追求されることもあって、東インド会社の茶独占形態は終り、同社は解体した(一八三四年)。

一八六五年、中国からの輸入量は四万五三〇〇トンに達したが、この頃から後述するようにインド、セイロン(スリランカ)が大量の茶を生産するようになり、中国からの輸入は減少の一途をたどる。それに加えて中国緑茶は着色茶や雑物混入が問題化して、緑茶の信用が失墜し、また国内需要も紅茶に変りつつある情況にあったため、中国茶の輸入減少は一そう拍車がかかった。言うまでもなく、中国茶に代ったものはインド、セイロンの紅茶であった。

その頃からおよそ百年。インド、スリランカの紅茶は、イギリスにとって大切な輸入品であることに変りなく、今日に及んでいる。

### 「午後の茶」にみる喫茶の発展

イギリスの茶輸入の増加は、アメリカ植民地へ転送することなどにも理由はあるが、その最大の原因は何といっても、国内需要の増大にある。そこで同国内における消費増大のいきさつをたどってみることにしよう。

一六六二年にポルトガルの皇女キャサリンはイギリスのチャールス二世の許へ嫁いだが、その時茶をイギリス王室へ齎らし、同時に宮廷に喫茶の風習をもち込んだといわれる。はじめの頃、茶はロンドンのコーヒー館で、男子専用の飲みものとして扱われていたが、ただ独身婦人だけはその例外であった。飲み方としては別に儀礼的な雰囲気はなく、茶をビールのように罎に入れて出していた。ただし宮廷や貴族たちは、ポルトガルから来たキャサリンや、オランダ王室から伝えられた独自の喫茶方法をもつようになっていた。一六六四年に東インド会社が王室用に献上した一キロほどの中国茶は、一ポンド(約四五三グラム)四〇シリングという高値だったというから、茶はまだごく一部上流階層のものでしかなかったはずである。

一六八〇年にサブリエール夫人が、紅茶にミルクを使用してからミルクティーが、イギリス正統派の飲み方となったと伝えられているから、そろそろ緑茶から紅茶に嗜好が変化を見せはじめたようである。ジョージ一世の時期（一七二〇年頃）に、中国緑茶は、武夷小種（ボヘア・シャオチュン）紅茶とともに、イギリス市場に入ったというから、紅茶は喫茶の風習にとり入れられたことがわかる。しかも値段も一ポンド一五シリングと安くなってきた。それでもまだイギリス人にとっては、茶は貴重品扱いで、上流家庭では、立派な装飾付きの銀や銅製の箱に、緑茶と紅茶を別々に入れ珍蔵するといった状態であった。

またこの頃、中国から高価な磁器が入り、磁製の茶碗やポットを使うことも一つの自慢となったことは、オランダのばあいとよく似ている。ポットに茶を入れて、それを小さな茶碗に注ぎ入れて飲んだ。この茶碗の容量は大匙一杯分ほどしかないので、これを大事そうに何回もだして飲んだようである。愛飲家は何十杯も飲んだという話が伝わっている。その横綱格は、文学者サミュエル・ジョンソンであった。かれは一回の茶席で二〇杯から四〇杯ぐらい飲み、その間談論風発、夕方から翌朝四時頃になっても、なおやめなかったという。かれには茶癖博士という敬称（?）がつけられた。このほか著名人の愛飲家としては、エディンバラのヨーク公爵夫人、ウェリントン将軍や政治家のグラッドストンなどがいる。

こうした著名人の喫茶は、茶をひろめるのに大いに貢献したようで、茶会も随所で行なわれるようになった。一八三〇年には、リバプール、プレストン、バーミンガムなどでは茶会が盛んになり、多いときには二五〇〇人も一堂に会し、茶具や鮮花を飾りつけ、雅致に富んだ茶会が行なわれた。

一方国内では産業革命が進行し、近代的労働者階層の数は、農民層を上廻るようになって消費は飛躍的に伸びた。かれら労働者の飲み方の例をあげると、まず目をさまして火をおこす時に一杯の茶を飲み、朝の五時半ごろまた一杯、別の一杯をかれの妻に与えて職場に行く。職場で一杯、あと仕事の時間単位だいたい二時間間隔で飲み、家に帰って食事の時に飲み、寝る前にも一杯といったぐあいであったという。

また十八世紀の半ば過ぎから「午後の茶」の習慣が生まれてきた。イギリスにおける「午後の茶」は世界的に有名なようだが、これをロンドンの夏の例でみるとこうである。公園など露天の涼しい場所に、いたるところティールームが設けられ、ここで午後の茶を飲むというのである。このほか午後になると旅館、劇場、映画館やクラブなどすべて茶を出す。各社交場や年会や会議などでも午後の茶が出るという状況だという。一八七九年には、ロンドン、リバプール間の鉄道で午後の茶を出すようになったのを皮切りに、その他の路線や、船舶もこれにならうようになった。一九二九年に王室専用航空会社は「午後の空中茶」まで出現させた。イギリス人は、まるで喫茶に芸術を感じてでもいるかのように、老若男女を問わず、一杯の好い茶をたしなむ風習を身につけたようである。ちなみにFAOの統計によれば、一九五五年〜一九五七年の三年間の国民一人当りの年間消費量は、日本が六八〇グラムに対して、イギリスは四キロ四二〇グラムで、よく茶を飲む日本人のじつに六・五倍も消費するという。イギリスが世界最大の茶消費国となったのは偶然ではない。

**紅茶の起源**

オランダにしても、イギリスにしても、当初は緑茶を飲んでいた。それが十八世紀の初めごろから、緑茶を主体として紅茶が追従してきた形になり、やがて今日のようにすべて紅茶主流の喫茶に変化した。これはどういうことであろうか。紅茶はいったいどうして発明されたのかといった疑問が残る。ここでこの点についてふれてみたい。結論からいえば実際のところ紅茶の発祥については明らかでないといった方がよいかもしれない。

中国で最初に造られたのは緑茶であることは今まで述べてきた通りであって、これには異論はないと思う。したがって緑茶から紅茶に変化発展した可能性は高いといえるであろう。紀元四九五年ごろの著述とされる中国の『広雅』に「荆巴の間、茶を採り飲まんと欲して先ず炙って赤色ならしむ」という語がある。これは製造過程か飲用の過程で緑茶が紅変したことをいうのであって、これを緑茶から紅茶に変った一つの証拠とみなすことはできるかもしれない。明の田芸衡の『煮茶小品』に「鮮葉を日光によって萎凋(イチョウ)（しおれ）する過程で、蘭花の如き清香を発す」とあるが、これは現在紅茶を造る過程で行なう萎凋とほぼ同じで、この清香は緑茶の製造過程では生じることはない。日本でもこれを萎凋香といっているが、感じの良い芳香といったところである。

この萎凋された葉を揉捻すると、次第に酸化酵素がはたらいて紅変現象がおこってくる。これを放置すれば一そう紅色になる。すでに質的に変化したというべきで、これを乾燥すれば香味とも全く緑茶と異なったものとなる。これが紅茶である。したがって緑茶の製造過程において酸化酵素が死滅しないと半発酵の烏竜茶か、完全発酵の紅茶に変り易いということはいえるのである。

そこでインド洋の高温多湿の海洋を通ってイギリスに運ばれた緑茶が、発酵して紅茶になったという話もでてくるのであろう。中国の陳椽の説によると、最初に生葉を蔭干しにして、揉捻して日乾すると簡単な工夫(クンフ)紅茶ができる。

これは誰でもきわめて簡単にできることから、この紅茶は、誰が造ったと特定する記録がない筈である。したがって紅茶の起源については確証は困難であるとし、いわば自然発生的に紅茶が生まれたとしている。

これと似たような説を、斉藤禎がたてている。それを要約するとこうである。

茶の製造は技術的にいって自然現象をコントロールできるほど高度なものではないから、あるていど自然に順応して製造が行なわれていた。天候不良が続けば生葉は自然に発酵することもあり、半発酵の烏竜茶ができることもありうる。ヨーロッパに輸出されたころの中国茶は武夷山のものと、浙江省天台山のものが多く、武夷山でできる武夷茶は大部分烏竜茶系統の茶である。中国が自信をもって売った武夷茶は色が黒かったが品質が良く、イギリス人の嗜好に合ったのではないかというのである。買手の嗜好に合わせて、烏竜茶をさらに発酵させているうち完全発酵の紅茶が造り上げられたというわけである。

じっさいに十七世紀のはじめに、オランダやイギリスで武夷茶（中国式に発音するとウーウェイ、つまりボヘアに近くなる）の指名買いが多くなってきたが、これが紅茶流行へ変化するきっかけとなったとするこのことは、ちょうど日本の煎茶が、日本人の嗜好に合わせて自然に造り出されたと同様の経過ではないかと思い合わされないこともない。

## ボストンのティーパーティー

イギリスの茶消費の伸びるにしたがって、輸入は、十八世紀の後半から特に顕著に増大したが、正規の輸入以外、即ち密輸量もほぼこれに匹敵するほど増大した。こうした趨勢にイギリス政府としては、頭をなやます事がいくつか派生してきた。一つにはアメリカ植民地においても茶の消費が増し、これに仕向ける茶に課税を強化したことに対する不満が高まったこと。さらに多量の輸入茶代金の決済の為の国内銀流出の増加。それと関連して中国茶依存の現状打開の必要といった三つの点がそれであった。そのどれもが容易に解決される問題とは思えないものである。しかもこれらの問題はすべて意外な方向に発展して解決をみるのである。

その一つボストン・ティーパーティーという事件のいきさつはこうである。

アメリカ向けの茶については東インド会社に輸出特許権を与えていたが、かねてから課税に反対していた植民地は、一七七三年ついにボストン港で、茶を満載したイギリス船を襲い焼き打ちして発火点に達した。これがボストン茶会事件と呼ばれる事件である。これに憤激したイギリス議会は、直ちに懲罰の意味の強制的な諸法令を制定した。一方これに対抗してアメリカ植民地は、本国と抗争を開始し、やがて一七七五年に本国軍と植民地軍は衝突した。これはアメリカ独立戦争へ発展し、ひいて合衆国誕生の端緒となった。とこういうわけである。

## アヘン戦争

多量の茶輸入に伴う、代金決済の為の国内銀の大量流出について、ついにイギリス政府は、インド産のアヘンを中国に売渡すことで、貿易のバランスを図り、銀流出を阻止しようとした。すると中国ではアヘンの吸飲が盛んになり、之を求めるため、こんどは中国の銀が、イギリスへ逆流をはじめた。これを怖れた中国は、一八三九年、イギリス商人のアヘンを没収し、焼却した。かねてイギリスは中国側の貿易制限の撤廃と、自国に必要な茶の産地である中国との接近をはかっていたので、このアヘン焼却を好機として、中国に戦いをいどんだ。これがアヘン戦争である。

この結果は、中国側の屈服で終り、一八四二年南京条約の締結となる。香港の割譲など屈辱的な条件であった。これに便乗したアメリカ、フランスも中国と条約を結び、これら各条約は中国を強制的に世界市場に引き込み、同時に関税自主権を奪うなど、中国の半植民地化の基調をつくった。イギリスにとってみれば意外に好ましい展開となって、悩みの一つは解決したのである。

## インドで茶栽培を開始

イギリスの茶輸入の増大にともなって派生した問題の一つに、中国茶依存の現状を破って、茶の自給策を検討することがあった。

当時イギリスとフランス間で、インドにおいて植民地争奪戦が行なわれていたが、一七三六年、ついにイギリスはフランスを破り、インド植民地を掌握することとなった。ここでイギリスは、世界帝国としての地位を確定的にして、国運隆盛の時期を迎える。イギリス国内ではインドに対する関心を、従来にも増して高めたのは当然であろう。そして茶の自給対策として植民地インドの自然条件は、これを解決するかもしれないという期待が徐々にふくらみつつあるのも自然の流れであったであろう。

自然科学者ジョセフ・バンクス卿は「茶樹の栽培はインドでは、ブータンに近い北方山岳地帯ビハール、ランプールなどの土地が適している」とのべたのは、こうした気運の盛りあがった一七七八年のことである。これをうけて一七八〇年、イギリス東インド会社の船主は、広州から少量の茶種子をカルカッタへ運んできた。同社のウォーレン・ヘイスティングスはその一部を、ブータンとジョージ・ボーゲルに播種し、その余りの種子をロバート・キド将軍の個人的なカルカッタ植物園にうえた。このことは、インドに於ける茶樹栽培の最初として記録されることになった。

ついでイギリスの数人の科学者たちは、駐清国公使マカートニィに随伴して中国に行き、茶種子を求めて、これをバンクス卿の推薦した方法にしたがってカルカッタの王室植物園に播種した。一八三四年にインド総督ベンティンクは、茶業委員会を組織して、中国茶樹のインドにおける繁殖の可能性について検討を命じ、同委員会のゴードンは、中国に赴いて茶の栽培と製造を学ぶことにした。実はその前年に東インド会社と中国間に契約のあった茶貿易協定は満期を迎え、中国側はその続行を拒否していた事情もあって、イギリスとしては何としてでもインドの茶生産に期待をかけざるを得ない状況に追い込まれていた。

当時清国では外国人の国内観光旅行を禁止していたが、ゴードンは強引に大量の武夷の茶種子の入手に成功した。翌年この種子はカルカッタに到着している。ゴードンは同時に中国の茶業技術者の招聘にも成功している。ゴードンがカルカッタに送った茶種子は、同地の植物園に四万二〇〇〇株の茶苗として育成され、この茶苗は一八三五年から翌年にかけてアッサム省や、ヒマラヤ山岳地のクモンとダラトンなどにそれぞれ植えられたという。

## アッサムで茶樹を発見

中国の茶苗が育成されるその十年ほど前、一八二三年に、イギリス待望の茶樹がついにアッサムで発見された。それを発見したのは、ブルース兄弟である。これはその後のインドが世界最大の産茶地域になることを考えれば、茶にとってはまさに画期的な大発見といわなければならない。ところがそのような大発見も発見時にはあまり騒がれはしなかった。

というのは、これより七年ほど前の一八一五年イギリスのレーター陸軍大佐が、アッサム省シングロで野生茶樹を発見したという報告がなされており、その翌年にガードナーがネパールのカトマンズで野生茶樹を発見したという報告もあったのである。しかもこの二人の報告には疑義ありとして問題にされなかったいきさつがあった。その頃は中国茶しか知らなかった植物学者は、これを茶樹だと断定する知識を持ち合わせなかったのは、この二人にとっては不幸なことであった。中国茶は概して葉が小さく、アッサム種の葉は一見してわかるほど大きいのである。このため元来同じチャの樹が別のものだと断定されていたからである。

茶樹発見に限っていえば、一八三一年にもチャールトン陸軍大尉が、アッサム省のビーサで野生茶樹を発見し、同時にかれは、現地人がその乾燥した葉を煮出して飲用していると、カルカッタの農業園芸協会に報告をしている事実もある。

しかるにブルース兄弟が、茶樹発見者という栄誉をになったものは何であったろうか。かれら兄弟は、自ら発見し

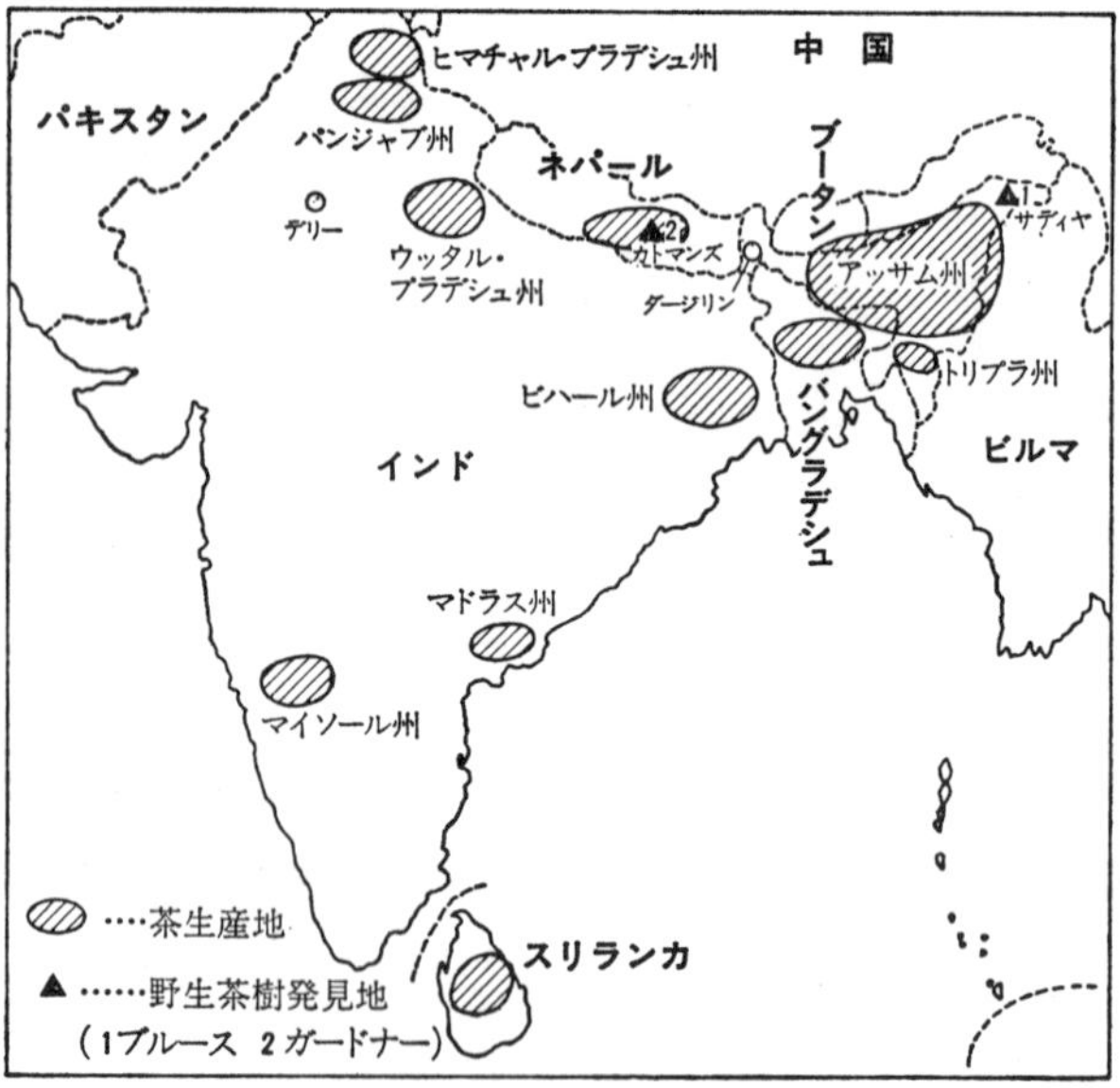


植民地政策による茶産地の拡がり（インドとその周辺）

た茶樹を発見に終らせることなくその種子により緑茶の製造に成功したからにほかならないと思う。ロバート・ブルースの弟C・A・ブルースが、発見した茶樹の種子を発育させて、この葉から茶を造ることに成功したのは茶樹発見に劣らぬほどの功績ではないだろうか。またこの製茶に関しては、ゴードンの招聘していた中国の技術者が、製造を指導したということも陰の功績者として見逃せないのではなかろうか。C・A・ブルースの造った緑茶の見本は直ちにロンドンに送られた。

一八三九年、イギリス人の手によって発見された茶樹の栽培を目的として、新しくベンガルに茶業会社、ロンドンにアッサム会社を設立した。

このころ本国イギリスの年間消費量は、約一万三〇〇〇トン、他の文明国の総消費量に匹敵するほどであったから、野生茶樹の発見といい、製茶の開始といい、まことにイギリスにとってはタイミング良く幸運が舞いこんだというべきであった。

このアッサム会社は、翌一八四〇年に、茶園面積約一六〇〇ヘクタール、およそ五〇トンの茶の生産に成功し、これを契機にアッサム地方に企業的大農場、エステートが誕生する。そしておよそ三十年後の一八七一年には、この地方における紅茶品種の栽培面積は、約一万二〇〇〇ヘクタール、エステート茶園数二九五に成長した。

生産の上昇をもたらした、エステートは、多大な資本の投下と、安価な原住民の労働力を結集して、多くの収益をあげる生産方式であるが、それは必ずしも順調に推移したとは限らない。一八七四年の、イギリス議会ではインドの茶栽培地における労働力の確保に、苛酷な労務管理の報告がなされ、論議を呼んだのはその一例であろう。

エステートの茶生産を伸ばす為に貢献したのは、製茶機械の進歩も見逃せない。そのころ茶の摘採機、分離機、混合機や乾燥機など相次いで発明され、とくに一八八四年に、インドの研究家ジャクソンの発明した茶の揉捻機は、茶の大量生産を促進する画期的な役目をになったようである。

一八八八年、ついにイギリス本国における紅茶の輸入量は、インド茶が、始めて中国茶を抜いて首位を占め、悲願ともいうべきイギリスの茶自給計画は軌道にのった。

インドは、アッサムに茶樹が発見されてから、わずか五十年で、茶の大生産地に変貌をとげた。それから更に百年、インドの主権が回復して十年後の一九五七年、FAOの統計によれば、茶園面積、三二万五〇〇〇ヘクタール、茶生産量、三一万余トン、世界第一の茶生産国に成長した。

現在インドでは、約三〇%の茶樹が、樹齢六十年以上の老木で、収量は低下する一方であるため、この改植問題が、インド政府の改植補助金などで解決されれば、さらに飛躍が期待されるのではなかろうか。

## 5　ロシア（ソ連）

十六世紀の中ごろ、ロシアは茶というものを知ったが、茶の飲用をはじめたのは、同世紀の末といわれる。茶を組織的に輸入したのは、一六八九年、ピョートル大帝と、清の康熙帝の間に締結されたネルチンスク条約以降のことである。

この条約によって、ロシア東南部、中国と接するあたりに境界が定められた。それまで境界が不明確な地帯には、蒙古、新疆と西蔵地区あたりから、中国の辺境用として供給された粗悪な黒茶と称する類の茶が、出廻っていた。またシベリヤには多くのアジア諸国の移民が入りこんでおり、かれらもこの黒茶に親しんでいた。ネルチンスク条約には、これらシベリヤ方面の住民と、国境確定後ロシア人となった辺境の住民に供給する目的で、茶貿易のことをもとり入れられたのである。

一七二七年ごろ、ある旅行者は、一頭当り六〇〇斤（三六キロ）の茶を積んだ駱駝三〇〇頭におよぶキャラバンが、張家口から蒙古を経由して、シベリヤの原野を横断するのを見かけたと伝えているから、このことだけでも相当量の中国茶がロシアに輸入されていたと想像できる。

ロシアに輸入される茶は、やがて輸送と保存に便利な圧搾茶たる紅磚茶に変ってくる。これは福州で造られ蒙古で飲用されていたものである。一八九六年にロシアは漢口に租界を設け、ここで大量に磚茶の生産を開始するようになった。これらの磚茶は天津や張家口に居留するロシア商人によって、本国や外蒙古に運ばれた。この茶は商人にとって非常に利益の大きいところからその取扱い方も積極的で、このことはロシアの茶消費を促進する結果になった。第一次大戦前はイギリスに次いで、ロシアは世界第二の大輸入国となり、その輸入量は年間約七万五〇〇〇トンという尨大なものとなった。

こうした傾向を早くからみてとった政府は、イギリスと同様、茶の自給をはかる必要に迫られてきたのである。

そこでとられた措置として先ず一八三三年、中国から茶種子をとり寄せ、クリミヤ地方で栽培を始めた。しかし同地方の低温という気象条件にはばまれ、これは成功しなかった。ここでは、それから十五年ほどあとでも試験栽培を行なったが失敗に終っている。耐寒性および耐霜性の品種が育成されなかったことが原因とされる。

一八四七年に、再び中国から茶種子を導入して茶園を造った。ここは、アナバ、クラスノダール、ネビノミスク山脈の北部傾斜地の森林地区で、山脈の近辺と、黒海沿岸の気候が亜熱帯であるという条件に恵まれ、茶の栽培に適したようであった。しかしやがてグルジア地方が最適であるとの調査に基づいて、一八七〇年ごろに、ここに皇室専用茶園を開設し、次いで正式な茶園を造成することになった。

一九一七年、革命によってソビエト政府が誕生してから、国内消費の見込量から見て、茶生産の規模が比較的小さいということから、新政府は、茶の本格的栽培を推進することとなる。

ソ連の茶生産方式は、コルホーズ（民間集団農場）と、ソホーズ（国の所有又は、管理下にあって雇労働を使用する農場）の二種があり、それぞれ独立的な経営体となっている。

一九二五年、チフリスに資本金五百万ルーブルの半官半民のチャイグルジア茶業会社を設立、五年後に、グルジアに全ソ連茶業科学研究所を設置し、茶の生産流通ならびに研究態勢を整備した。科学研究所では、茶の栽培を他の地区でも実施すべく、あらゆる可能性を研究調査しているようで、例えば、沿海州や、旧日本領の樺太までも調査実験の対象としたという。

ソ連科学者たちは、今なお茶栽培を更に広範囲な地域に求め、研究調査を進めているが、現在のところ、グルジア、アザバジァンおよび、クラスノダールの三地区に限定されているようである。ソ連の茶生産量その他については、統計数字の発表に消極的であるため容易に捕捉し難いが、FAOの統計によれば、一九五八年の茶生産量は、五万八〇〇〇トンという。

### サモワール喫茶

ロシアにおける茶の飲用は、もともと中国辺境用の茶が利用されていた関係で、その喫茶風習もはじめは、中国の辺境民族と同様の飲茶方法をとっていた。その後独自にロシア風喫茶をあみ出した。それは言ってみればサモワール式喫茶ともいうべきものであろうか。

ロシア風の喫茶に欠かせないものは、サモワールである。これは銅や、真鍮、あるいは高級なものは銀で造られており、その高さは大きいもので一メートルはあろうかという一種の豪華な湯沸し器である。サモワールで沸かした湯の中に、飲む分量に応じた茶を入れ、これを茶碗に入れて飲むのだが、そのときレモンの一片を加えるのが普通の家庭のやり方で、牛乳などは加えない。サモワールはそのばあいテーブルの中央にすえられ、家族団欒の中心であり、茶会の主人公でもあるように見える。

農民はレモンを加えることはなく、果汁などで代用することがある。ときには酒を少量加えて寒さを防ぐ飲み方をする。都市や村を問わず、日夜を分たず茶を飲むといわれ、茶を愛好する点では他国にひけはとらないと思われる。しかし遺憾なことにはこれを数字で証明するような統計の発表に接しられないことである。

# 第四章　二〇世紀の動向

## 1　茶園開設の動き

茶の消費がそれこそ地球的規模で広まるにしたがって、古い歴史をもつ茶の生産国は、その市場の拡大に積極的に取り組みをはじめる。その一方でこの経済作物に着眼する国が広大な市場の一角に割り込もうと、新興の茶生産国として台頭してくる。二〇世紀は社会の動きも波瀾の時代だが、茶の歴史にとっても起伏に富んだ時代といえるのではなかろうか。

新興の茶生産国は、中国や日本の歴史にくらべれば、はるかに新しいのであるが、しかしそれら諸国は茶の栽培を開始すると、その生産量はたとえばインドが世界最大の産地となったように、茶の後進国とはいってもその躍進ぶりは顕著で目をみはらせるものがある。

また消費面からいっても、イギリスが紅茶文化といわれるようなものを、そしてロシアがサモワール式喫茶法を生んだように、それぞれ新しい喫茶の文化を創造した。これまたわれわれに、茶の世界の広さを知らせ、未来への期待をかけさせるものがある。

これから紹介しようとする国は、今後どのように茶生産が発展し、いかなる茶の文化を提供するのか、いわゆる茶の新興国は未知の要素に富んでいるだけ関心を寄せずにはおれない。順序として新興産茶地のうちでも比較的古く、生産量も多いセイロン（スリランカ）とインドネシアの茶を先にとりあげ、次いで今後もっとも未来性に富むといわれるアフリカ諸国の茶について、代表的な国々をとりあげてみることにしたい。

### セイロン（スリランカ）

スリランカは、現在インド、中国に次いで世界第三の茶生産国である。茶の栽培を開始したのは今からおよそ百年ほど前のことであった。そのときはすでにオランダの統治から離れて、イギリス領になっていた。ここもインドと同様、イギリスの茶自給計画の一環として茶業は発達した。

セイロン島は、茶の栽培にとって、その自然環境は殆ど理想的といえるほど、高温多湿の土地である。したがって湿気を含む熱帯山岳地帯に産する茶は、生産量もさることながら、その品質はきわめて高く、上級茶生産の割合が多い。同国茶業の発展は、こうした条件下に急速に発展をみせたという大きな特色をもっている。いまその発展の経過をたどってみよう。

まず最初にこの国に根をおろした茶は、一八三九年にカルカッタ植物園から、とり寄せられた種苗をパラトニア植物園に植えて育成された茶樹であった。次いで二年後、セイロンに住んでいたドイツ人M・B・ワームが、中国の種苗をロスチャイルドコーヒー園に植え、そこで繁殖した茶苗を、かれの弟、G・B・ワームがソカマに繁殖させ、これを製茶したのが、同国にできた茶のはじめとされる。

一八五四年に種植者協会を組織して、茶の生産増強をはかると共に、ここの指導下に紅茶の試製品をロンドンに送ったところ、好評を得た。これに気をよくして一八六七年に、茶園を各所に開き合計八ヘクタールに達した。これら茶園に播種した種子は、アッサム種と中国種の交配種であるとされている。その十年後に全島にわたってコーヒー樹の病害が蔓延し、コーヒー園の殆どは破産に追いこまれた。これによって茶生産に転換するものが続出し、政府も茶の生産増強のため一段と熱をいれた。その結果は驚くべき茶園面積の増大を導いたのである。一八八〇年には全島の茶園面積は五七〇六ヘクタールであったものが、十五年後に一二万二〇〇〇ヘクタールと二十一倍強に急増していることでわかる。

セイロンの茶園の形態は、インドと同様に、イギリス人の経営になるエステート方式が、早くから採用され、その労働力はインド東南部からの移住労働者に依存している。セイロン茶取締法によれば、およそ四・〇五ヘクタール（一〇エーカー）以上のものをエステートと見なしているようである。一九四一年の数字をみると、エステートの数は二四七三、最大規模のものは、一二〇〇ヘクタール、最小のもので二ヘクタールあるという。

セイロンの生産増強に拍車をかけたのは、新品種の育成に成功したことがあげられる。この新品種の茶樹は、一九四〇年ごろ、セント・クームスの茶研究所でされていた多年の研究が実ったもので、このうちのある品種にいたっては、極端に収量が高く、在来種にくらべて数倍といわれるものである。この成功によって、新品種による改植が各地に行なわれ、セイロンの茶業は、更に躍進をみせることになった。

これを数字でみてみよう。一九三四年～一九三八年の五年間の平均栽培面積は、二二万五〇〇〇ヘクタールに対して、一九五八年には、二三万一〇〇〇ヘクタールで、その伸び率は一〇三にとどまっているが、茶生産量では、一九三四年〜一九三八年の平均一〇万三〇〇〇トンに対して、一九五八年には一八万七〇〇〇トン、伸び率は一八〇ということに見られる通り、単位面積当りの収量は顕著な増加を見せている。

セイロンは一九四八年に、イギリス連邦内の独立した自治領になったが、独立後も同国は農産物の輸出に重点をおいている関係で、ゴム、ココナッツと共に、茶輸出に力を入れ、インドに次ぐ、世界第二の大輸出国となっている。一九七〇年の実績は、茶園面積は二四万一八〇〇ヘクタール、生産量二二万二三一〇トン、輸出量は二〇万八二五〇トンで、生産量の九八％は輸出に向けられている。

**インドネシア**

インドネシアは、第二次大戦までは、茶の生産量は八万トン余りあって、中国を除けばインド、セイロンに次ぐ世界第三の生産国であった。ところが戦時中に、日本の占領下におかれ、それまで順調に発展するかに見えた茶業は挫折し、今もってその傷痕は癒えないのが現状である。

いま同国茶業興廃の軌跡をたどってみよう。

そもそもこの国は、茶に関しては古い歴史をもっていた。一六〇七年にオランダ船が澳門からジャワへ緑茶を運んできて、これを一六一〇年にヨーロッパへ転送したのが、茶に接する発端をなした。この転売によってジャワは茶の取扱いが莫大な利益を生むことを知ったのである。これ以降中国茶の転売はオランダ東インド会社の主要な業務の一つとなった。

一七二八年、同東インド会社は、中国から茶種子の輸入を本国政府に建議して、茶生産へのきっかけを作った。だが実際に茶が栽培されるのには百年を要している。

インドネシア政府は、日本にも来たことのある植物学者シーボルトを招き、中国と日本から大量の茶種子をとり寄せた。バイテンゾーンの植物園で試植の指導をうけて、これが成功をみたのは一八二六年のことであった。ついでギャロートに茶試験場を設けて、茶生産の積極化をはかるようになる。三年後に最初の茶工場をマナヤサに造り、わずか一〇キロの茶の製造を行なった。この茶は小箱に入れてオランダ王室に献上された。

一八七五年ごろまでは、中国種とアッサム種の両立てで茶種子の導入をはかっていたが、やがてアッサム種の方が生産効率の高いことに着眼して、これを中心に栽培が奨励された。そして一九〇七年にバーナードが、スマトラが茶生産の適地であるということを提唱し、その二年後には、スマトラに大規模な茶園が開設された。この地域は茶の栽培に極めて好適であると、かねてから研究者たちは指摘していたところであった。ジャワ島の企業家たちもスマトラに茶園を開くために続々と移動した。かれらの移動先は、東海岸のデリーに集中された。スマトラの大部分の茶は今でもここが中心地となって生産されている。

一九二七年の茶生産の実態は、左の数字に見るような、発展ぶりを示した。ジャワの茶園は二六九ケ所、面積八万四〇〇〇ヘクタール。スマトラの茶園二六ケ所、面積は一万二四〇〇ヘクタール。このほか両島土着民の茶園二万五二〇〇ヘクタール、合計一二万一六〇〇ヘクタールであって、これはさらに上昇の気運にあった。そして第二次大戦直前は、推定茶園面積二一万ヘクタールに達し、殆どセイロンに匹敵するほど、日本茶園のおよそ五倍におよぶ広大な茶園を擁するようになったのである。

世界茶主要生産国生産数量表（単位kt）

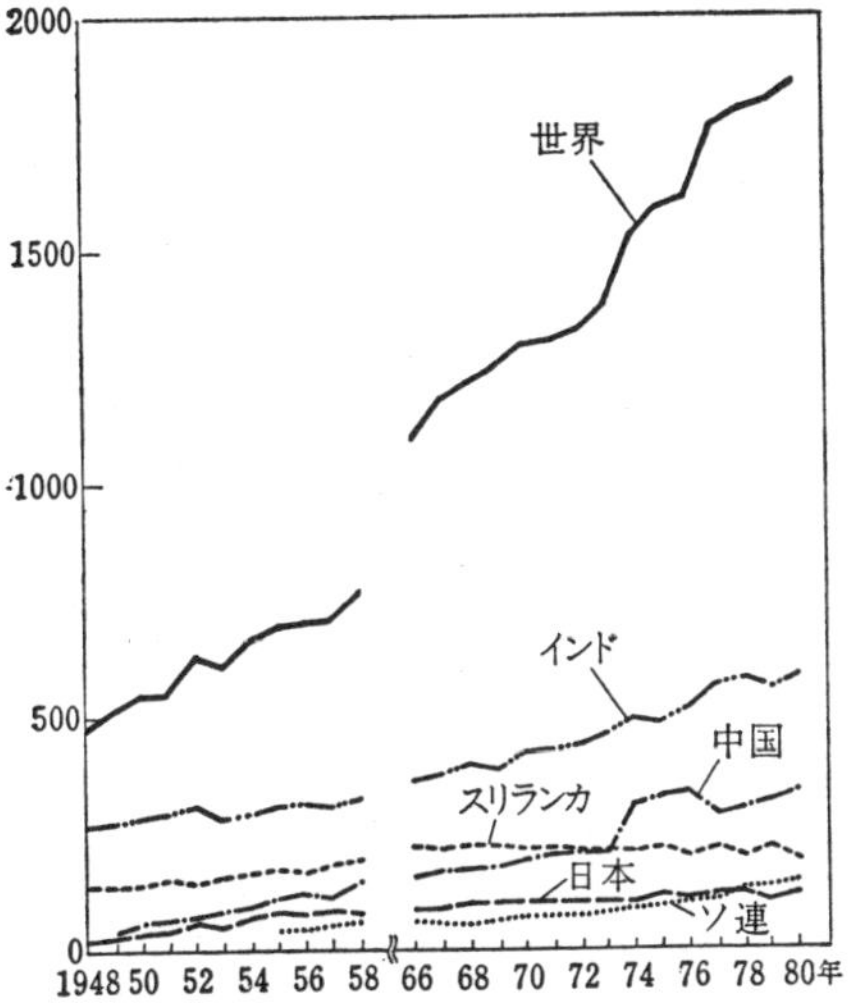


F. A. O. 資料による。
世界計1949〜58年は中国の数量を含まない。

だが、不幸な大戦の勃発によって、この国の茶業は全くうちのめされてしまう。すなわち日本軍の占領下にあって、茶園面積のおよそ三分の一の茶は引き抜かれ、残りも土着の小農民に引き渡され、これらも食用作物などに転作を余儀なくされてしまったのである。戦後も食糧不足が続き、こうした事情は容易に好転を見せない。

インドネシア独立二年後の一九四七年に、エステートの復活をみたが、その年の生産量は僅かに一五〇〇トンに過ぎない状態であった。一九五二年には全市場の値下りの打撃も大きく、それが政情不安とも重なって、多くのエステートの経営は、危険に瀕することとなった。

これに対して、小規模茶業者が、茶を支える比重を高めてきた。一九五七年頃から生産や輸出も若干の増加をしめし、一九七〇年ごろには、茶園面積六万二四〇〇ヘクタール、生産量も三万トンほどに恢復させている。しかし、そのままの増加傾向を維持するための良い条件に乏しいので、近い将来において、茶生産国に占めていた往年のような地位を挽回する見込みは、今のところきわめて望み薄で、さらに時間をかけなければならないようである。

### 新興のアフリカ諸国

アフリカ大陸、ことに東部海岸沿い一帯の諸国は、荒地が多くまだ新茶園を開拓する余地を少なからず残している。

何れも茶の生産に着手したのは早くて十九世紀末、その殆どは二十世紀以降という新興の産茶地帯である。しかしその生産量は、次第に増加の傾向がつよく、国内需要に満足するいくつかの国を除いては、海外市場に重点を指向し、輸出は急激な勢で伸びつつある。いま世界の茶の生産国のなかでは、最も未来性に富んでいるという点で、注目を浴びているのはアフリカ諸国であるといえるであろう。これからそれら国々の茶業発展の経過をみてみよう。

〔ケニア〕　伝えるところによれば、ケニアに最も早く茶を栽植したのは、二十世紀のはじめ、オーチャードソンという兄弟であったという。一九二五年にブルックボンドとジェームス・ファインレイ両家で会社を組織して、大規模な茶の栽培と製造に着手した。設備の良好なエステート方式によったこの会社は、他の工場生産を含めてこの年に、一五三ヘクタールの茶園から約二六〇トンの茶を生産し、そのうちおよそ七三トンをイギリス向けに輸出した。

それから八年後の一九三三年には、二〇ヘクタール以上の茶園所有者でケニア茶栽培連合会を結成した。この年の国内茶園面積は四八〇〇ヘクタール以上、生産量一四五七トンに達し、アフリカ州では生産量の最も多い国となった。

ついで一九四〇年には、生産量四五三六トン、輸出量四二七八トンと上昇し、一九七〇年には茶園四万二七八ヘクタール、生産量四万一〇七五トン、輸出量三六一〇トンと、輸出を除いては、生産は飛躍した。

この国は、平均収量は比較的に高く、東洋の茶園に劣らぬものがある。生産量的にみても台湾の七〇％ほどに当るという、将来性に富む茶業国で、茶園は更に拡大の傾向にある。

〔マラウィ〕　一八八五年、スコットランド教会のエルモリック博士がイギリス王室植物園からマラウィにもってきた二株の茶苗が生長した。数年後にこの二株から採れた茶種子をムランジのコーヒー園に試植したのが、茶栽培のはじめと伝えられている。一九〇一年にコーヒー業が衰えたのを機に大量の茶種子を播き、コーヒー園に代えることにした。当時の茶種子はすべて雑種であったが、のちにインドからアッサム種を取り寄せ、数年後には面目一新した多くの茶園を造成した。

茶業発展のあとを数字でみると、一九〇四年、茶園面積一〇七ヘクタール、生産量五・五トンというところで出発したが、それから約三〇年後の一九三二年には、面積五〇三八ヘクタール、生産量一二〇〇トン、輸出量一一〇〇トン余りに成長した。輸出の九四％はイギリス向けの紅茶である。さらに一九七〇年には、面積一万五二〇〇ヘクタール、生産量一万八七〇〇トン、輸出量一万七七〇〇トンと急成長している。

この国の茶生産上の難点は、雨期が十一月から翌年の三月にかけて集中するため、大量の収穫は十二月ないし三月に集中的に、工場の能力を最大限に発揮させなければならないことにある。このため粗製の傾向に陥り易いので、より近代的な栽培と、工場能力の拡充が急務とされるようである。

〔ウガンダ〕　一九〇三年から、一九〇九年にかけて、インド、スリランカその他の国から輸入していた茶種子を、毎年エンテベの植物園で試植をしたのが茶の生産に着手したはじめである。一九一〇年にキャンパラに本格的に茶苗を育成したのが好成績を収め、これに気をよくした政府は各地に本格的茶園の開設を奨励することになった。一九三三年に茶園面積一二八ヘクタール、生産量二九トン、輸出量一四トンに過ぎなかったが、一九七〇年には面積一万七五〇〇ヘクタール、生産量一万八二〇〇トン、輸出量三万一〇〇トンと急成長している。

〔モザンビーク〕　二〇世紀の初頭に茶園を開いた頃は、アフリカでも重要な茶の産地になると思われた。ところがポルトガル政府の消極策により、予想に反して発展することなく、アフリカでの重要度は失われた。それでも一九四八年に生産量一八〇〇トンと称されていたものが、一九七〇年には、茶園一万五〇〇〇ヘクタール、生産量一万七〇〇〇トン、輸出量一万六六〇〇トンと成長した。ヨーロッパ人のプランテーションにおける生産が奏効したのである。なお輸出はすべてポルトガル向けの紅茶である。

〔タンザニア〕　第一次大戦前にドイツ人が、茶樹を試植したことがあり、このときこの国の東南部高地は雨量が多く、土壌も茶栽培に適していることを調査した。一九三〇年には、なお試植の時期をでなかったが、茶園二〇〇ヘクタール、一九トンの生産はあった。やがて次第に主要な経済作物の一つとして茶をとりあげる気運が盛りあがり、一九六四年に中国と国交が開かれると、直ちに中国から技術者を迎え、茶園の開発を進めた。一九七五年の生産量は、一万三五〇〇トンと称されている。

〔モーリシャス〕　東部の島、モーリシャスは、一八四四年にM・ジャネットという者が、茶の栽培を開始し、これに政府は資金援助をしたと伝えられている。一九三二年に茶生産量は二〇トン、四七年に二三五トン、五七年に八六〇トンと順調な発展をみせ、一九七〇年には二六二五トン、その三年後には四七〇〇トンと、ここも急成長をとげている。

〔ジンバブウェ〕　一九二七年に茶園を四〇ヘクタール造成し、翌々年さらに四〇ヘクタールと増植した。一九四〇年の生産量は一七三トン、輸出量は一四二トンであるが、その後はさらに伸びていると思われる。

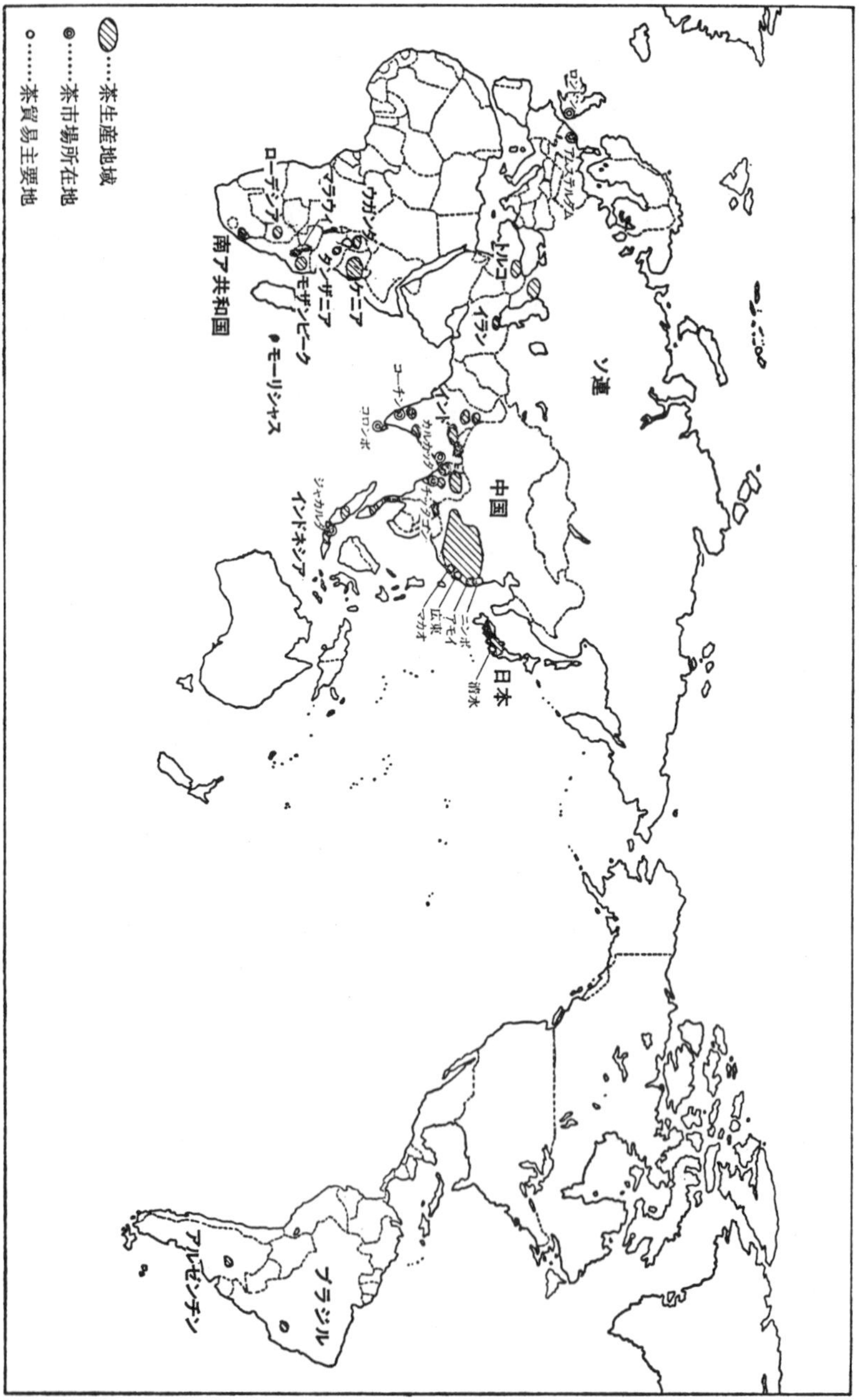


世界茶生産地域及び茶貿易拠点図

以上アフリカ諸国のうちでも、茶業の顕著な成長をみせたところをあげたが、ここにあげた諸国の一九七〇年頃の輸出の総量をみると、約七万トンにのぼり、これは、インド、セイロンのそれのおよそ三五%前後に相当することがわかる。アフリカ諸国の茶は、価格の点で競争力が強く、東洋先進産茶国の中級茶か、又はそれ以下級の茶にとっては強敵となりつつある。

これら諸国の茶業の拡大する原因を考えると、それは価格の点は言うまでもないが、一つには東部地域は肥沃な適地がなお多いこと。気候が一般的には良好であること。茶は比較的新しい作物で、病虫害の侵蝕が少ないこと。販売、輸出に関して政府の規制が少なく、輸出税や物品税率が低いこと。それに労働賃銀が比較的に低廉で、生産費が低いことなどいくつかの理由が見出される。

しかしこれに対して難点もある。それは自然条件としては、年間の降雨が一時期にかたより過ぎる。したがって北西部や中部とくらべれば問題なく良いとしても気候は良好とはいい切れないこと。人為的条件としては、一般的に政情が不安定であること。優良種子の入手が輸入制限等のために困難であること、アフリカ土着民は、生れ故郷に執着心が強く、エステートの労働力確保に安定性がないなどといったこともあげられるであろう。

ともあれ近代の茶業をながめるとなれば、アフリカを見逃すことができないことは確かなようである。

## 2　中国の動向

中国はその古い茶の歴史を通して、これまで実に多くの変転を重ねてきた。茶は医薬として始まったとは言いきれないが、封建社会のもとで、文人の優雅な趣味の対象となり、ある時は政治的に利用されたりした。茶の専売や、茶馬交易、あるいは北西辺境の種族を鎮撫する具として、国の興亡にも関与することもあった。その蔭に貢茶や重税に喘ぐ生産農民の声もきかれた。そうした曲折を経ながらも、茶が生産、消費の面で発展した経過を見てきたわけである。その茶は直接、間接に日本をはじめ、インド、スリランカ、ソ連やアフリカ諸国に渡り、それぞれの国に根をおろすか、または新しい茶樹の発現を誘発した。そこで生産された茶は利用面では、玉露茶とか紅茶とかさまざまな変化をとげつつ、それぞれの国の嗜好に合わせて、アメリカ大陸を含む五大州にひろがった。茶の母国といわれるゆえんも、この辺にあるといっていいのであろう。

これから見ようとする、中国の今世紀の茶は、曾て経験したことのない、外からの圧力によって苦渋に満ちた道が待っていたことや、またその逆境をはね返して、茶の母国たる底力を見せるといった時代を迎えようとするのである。

## 収奪された茶業者

一八四二年、アヘン戦争に敗れた清国は、南京条約さらに続く北京条約によって列強の半植民地的な色あいを深めていった。貿易港も広州一港にとどまっていたものが、さらにイギリスに割譲された香港は別として、厦門、福州、寧波、上海と開港され、その各港にイギリス、ドイツなどは直ちに自国資本による洋行（商館）を開き、権益拡大の橋頭堡をつくった。

これら洋行は、茶産地に直行し、紅茶の買い付けを始めて、商品を掌握し、中国茶貿易の実権を持つようになる。このため輸出は形の上では急激に伸長する結果となった。対イギリス向けの数字だけ見ても、南京条約締結以前の一八三四年には一万四〇〇〇トンだったが、一八八〇年～一八八八年の九年間の年平均は七万二〇〇〇トンと、同年の総輸出量一〇万八〇〇〇トンに対して六七％に達し、一八八六年には、イギリス向けを筆頭に総輸出量一三万四〇〇〇トンに急上昇している。

しかしこの輸出増大の恩恵に浴するものは洋行の蔭にかくれてこれを操る資本主義国家と、国内官僚たちの一部に過ぎなかった。

何故かというと、それには先ず国内の茶の流通事情を知る必要がある。当時国内の流通は、茶生産者――茶行（又は茶販といい荒茶の仲買人）――茶号（国内向と輸出向の二種があり仕上工場）――茶桟（仲介業者）――洋行――輸出といった機構になっていた。この機構に加えるに、前時代的な商慣習がつきまとっていたために輸出の伸びといっても、内容的には茶業者とくに生産農民のふところを潤すことはない結果になるのである。それをみよう。

茶の流れは最終的には外商たる洋行の手を経て輸出されるのである。洋行は直接産地に赴いて買叩きをするほかは、茶桟から買い上げる。茶桟に商品代金を決済するばあい、日本にも曾て存在した歩引き粉引きなど六％、および九九五の扣息といって、〇・五％は必ず天引きする慣習がある。もちろんその前に値決めの時には強圧的な買叩きは常套手段である。ついで茶桟は茶号に決済するばあい、九九五の扣息、縄掛け、修箱、楼磅、検査、保安、出店、釘代など二十項目ほどの諸費用を差引く、さらに茶号は茶行に対して補箱、目減り、小運送その他下監、吃盤、香金、殺尾といったよく理解できないようなものを含めて手数料として差引き精算する。茶行は最終段階たる農民にたいして、茶園の整理費や茶生産資金として、予想される収穫を担保に貸付けを行なう。そのばあい一〇〇元の貸付金は、最初から一〇ないし二〇元差引くといった詐欺的行為が当然として罷り通る。さらに貸付金には二分の利息がつく。茶行の買上げ重量一一〇斤に対して一〇〇斤と計算することも公然の秘密といったぐあいである。各流通段階それぞれに下部機構から収奪する仕組みになっていて、最後のしわ寄せは、何処にも肩代りできない農民ということになるのである。このほか政府は土地税、茶葉専税、軍餉税、保衛団費、教育附加金、地方保安費などを茶業者から徴収した。こういう仕組みの中にあっては、いくら輸出が伸びても茶業者の利益にはつながる筈はない。

その結果齎らされるものは、最も被害の大きい農民の生産意慾の喪失。それに流通各段階でコスト高を理由に茶価を上げて、はね返ってくる国内需要と輸出減ということになる。こうしたことで輸出伸長の裏に、生産、国内需要と輸出の減少は進行しつつあったのである。

**生産、消費、輸出の減退**

別の面からいえば、当時大工業による外国製品が大量に流入し、これが民族工業の発展を阻害したという事情がある。これは大衆の購買力低下につながり、この面からも茶生産者は生産意慾を失う結果となった。農民は自己防衛のために、家内工業者と結合する方向に走り、わずかながらの生産を維持するに汲々とした。確かな数字を把握することは困難だが、一八六六年〜一八八五年の二十年間の年平均生産量は一五万トンと推定（『中国的茶業』）されているが、この数字でみる限りこれは当時の輸出量に対するせいぜい一ぱいの生産量だということがわかる。

当時国情は、内に争乱が絶えず、外部からの圧迫は強く、しかも日清戦争（一八九四、五年）により、軍事的政治的に日本からの圧迫が強くなるという状態におかれていた。

茶の輸出についてみると、紅茶市場たるイギリスは、インド、セイロンの台頭によって奪われ、緑茶市場は、最大手たるアメリカが日本茶の進出によって侵蝕された。独占市場の観があったアメリカへは、一九二八年〜一九三八年の十一年間の年平均輸出量は、わずか一五〇〇トン、アメリカ総輸入量の七％にも達しない落ち込みようである。アメリカは着色茶の輸入を厳禁し、元来着色茶を慣習としていた中国茶はその門戸を閉ざされたことも悪い条件となったのである。

中国茶の別の緑茶市場であった、東北部旧満州、蒙古、ソ連とアフリカ市場さえ日本に奪われてしまう。

清朝が滅びて中華民国になって（一九一二年）もこの事情は変らない。これを数字で見ると、一八八六年〜一九〇五年の年平均輸出量一〇万二〇〇〇トン。一九〇六年〜一九一五年、同じく九万トン。一九一六年〜一九二五年同じく四万トンと、往年の面影はすでになくなっている。

中華民国は、茶の失地回復のためその方針として、流通及び製造技術の近代化および輸出の振興に主眼をおいた。輸出振興策としてさし当り上海と漢口に出口検験局（輸出検査所）を設け、標準茶を設定し粗悪茶の輸出防止に当るなどの措置をとったが、頽勢を挽回するには至らなかった。国内は反帝国主義と封建主義、軍閥打倒の運動の渦中にあって、茶の輸出どころではなくなったのである。第二次大戦前の数年間の年平均生産量は、わずかに四万三〇〇〇トン、輸出量は一万三〇〇〇トンに落ち込んだ。それこそ中国式の表現を借りれば一落三千丈の急落ぶりである。

一九四九年中国共産党により、中華人民共和国が成立した頃の中国茶は、茶園や生産施設は全く荒廃し、品種は雑混、製造は粗放、したがって品質は不統一という最悪の生産状態にあった。しかも前時代的な流通機構は依然として旧態を保っていた。その上生産や消費の統計その他信憑すべき情報は皆無であり、いかに茶業を復興するか、その端緒さえつかみかねているかに見えた。

**新生中国茶の底力**

新中国成立後、党と政府は一体となり、茶業恢復に全力がつくされた。一九四九年に全国産業会議を政府が招集し、その翌年北京に国営の中国茶業公司を設立、各茶区に支部をおきこれにすべてを託した。そこで打ち出された方針は、まず主要茶区として祁門、屯渓、紹興、福鼎などを指定し、ここに毛茶加工場を設置する。流通面の旧習を廃除して中間手数料を最小限にとどめる。対外貿易を促進するため、貿易協定をできるだけ多くの国と結ぶ。研究機関の拡充と技術の向上をはかる。茶農民の組織化と指導者の育成。といった五項目を重点としたものであった。それと並行して茶園の拡大、生産技術の革新、機械化を直ちに実施することとした。

その成果は、予想外ともいうべき速度であがってくる。これを数字で日本（括弧内）のそれと対比してみるとその一端をうかがい知るのに都合が良いと思う。生産面において、一九五二年、六万二五〇〇トン（五万七〇〇〇トン）。一九五五年、一〇万八〇〇〇トン（七万二八五〇トン）。一九五八年、一四万五〇〇〇トン（七万五八八トン）。一九八〇年、三二万五〇〇〇トン（一〇万二〇〇〇トン）。輸出量において一九五八年、四万四八〇〇トン（七五〇〇トン）。

以上で見る通り、生産、貿易両面において、日本とは差をひろげつつあることはわかる。しかも生産面においては、いまスリランカを抜いてインドに次ぐ世界第二位の位置を占めるようになった。中国のこうした躍進ぶりをみると、歴史の古さからくる強靱な茶業の底力を見せつけられる感を深める。

## 3　日本の動向

日本の茶は十九世紀の中ごろ、横浜開港と同時にまとまって始めて国外に輸出されたことで全く新しい局面を迎えた。そこでこの時を一つの区切りとして、それ以降を今世紀の動向の中に含めて、その流れを追う方が見易いと思われる。したがってここでは、そうしたやや広義の観点からの今世紀としてながめることにしたい。

これまでのところをふり返ってみると、日本の茶の歴史も浅からぬものがあることを知った。日本は中国と早くから交流の道を開いた関係で、茶は先ず仏僧の手によって中国から伝えられ、僧院を中心に喫茶の風がおこった。やがて王朝貴族の喫茶趣味をよび、群臣佚遊の手段に利用されることもあった。また一方では、茶道という芸術的な独自の文化を創造し、大名茶道は勧農殖産の茶を芽生えさせた。そして町人の欠かせない日常の飲料としたのは歴史の上では、ごく最近のことであった。

そうした経過を見てきたところで、さて今世紀はどうであろうかというと、茶に新しい経済作物としての近代的意義を見出し、ある時期においては、国づくりに貢献するのである。そしてその時期を過ぎると次第に狭められてくる内外市場の見直しをせまられるようになる。そういう時代を迎えようとするといっていいであろうか。

**日本茶の近代化**

一八五九年、横浜開港と同時に日本産の茶が、主としてアメリカ向けに輸出された。この年度に輸出された数量は、一八〇トンとも二四〇トンともいわれている。このことは日本茶にとっては画期的な出来ごとであった。というのは鎖国下日本では、過去に茶の輸出をしたことはあったのであるが、それは長崎平戸を通して極くわずかの数量が輸出されていたに過ぎず、それにくらべて規模において全く大きな相違があるということである。

それとこの茶の輸出にはもう一つの意義があった。それは開港と共に輸出されたのは、茶のほか他の農水産物があったわけで、このことは先進欧米諸国の強要によって、鎖国日本が解放され、日本経済が世界経済の中に組み込まれようとする、その幕あけという意味をも持つからである。日本産業の近代化はこの時点で始まり、その一翼を茶がになったという見方をしても良いと思う。

たとえば角山栄は、これまでは「文化としての茶」であったが、これ以降は「商品としての茶」になったといっており、大石貞男は史家の立場から「開港までは全国的に統計資料に乏しく叙述も定性的なものに止まらざるを得なかったが、この時点ではじめて定量的な考察が可能になった」という意味のことをいっている。いずれも茶なり茶業が、表現の差はあるにしても、この時、近代化の端緒をなしたと認めていることに変りはないようである。

茶の貿易に限ってみれば、鎖国下でも長崎を通して行な

歴年荒茶生産数量及び茶輸出入数量表（単位kt）

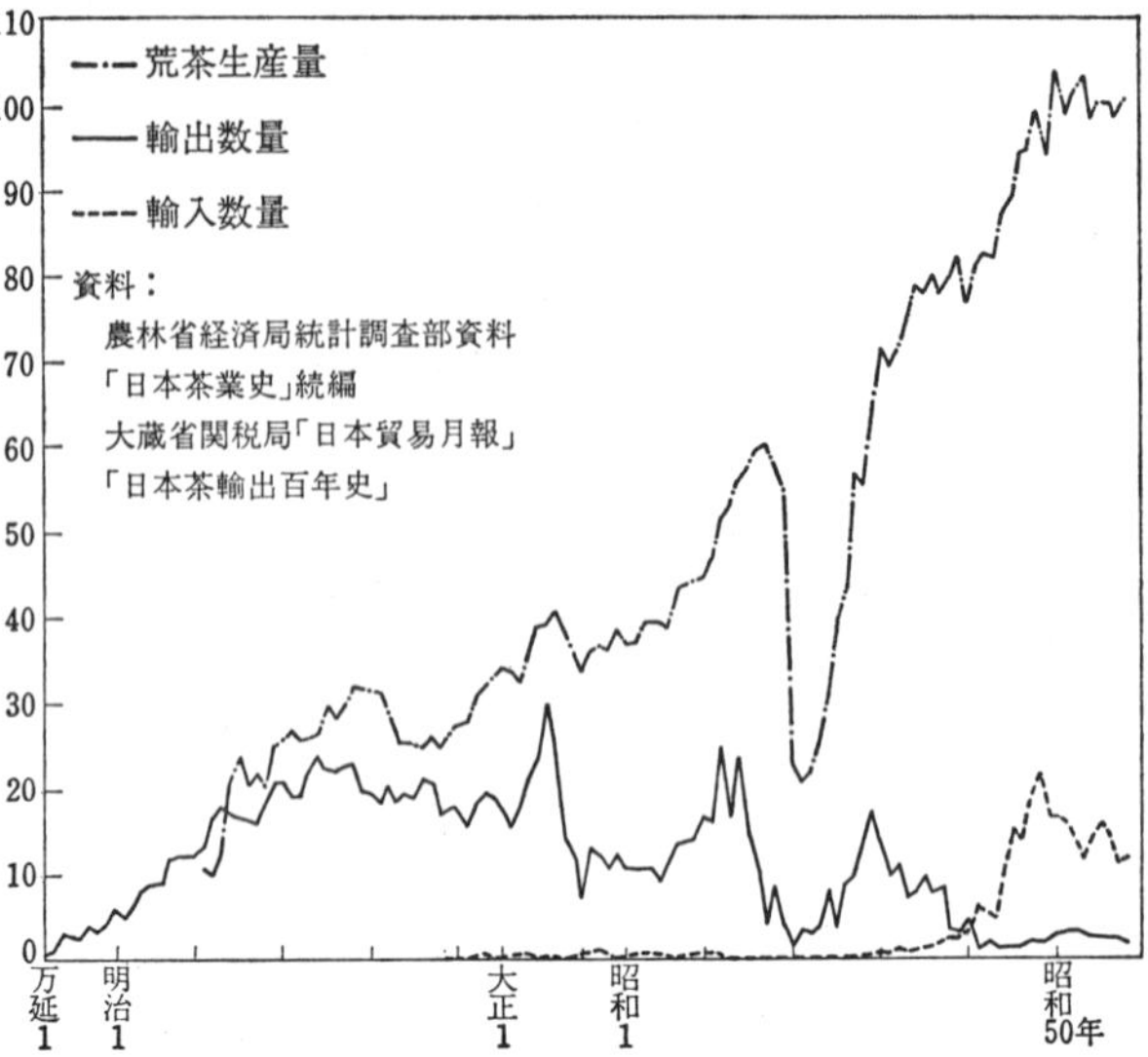


われていた。加賀藩では文化年間（一八〇四年〜一八一七年）に茶を輸入しているし、一八五六年（安政三年）には、イギリス商人が日本茶を買付けており、また開港の年には長崎の茶商大浦慶が、茶六トンを輸出している。しかしそれらは量的には問題となるものではなかった。したがって開港初年度に一八〇トン（一説によれば二四〇トン）輸出したということは、画期的といってもよいと思う。

それ以降、翌年に一三八〇トン、一八六八年の明治元年に六〇〇〇トン、一八七七年に一万二五〇〇トンと急激な輸出の上昇をみせた。

維新前後の日本経済を支えたものは、農水産物が主体であったため、初期の輸出は生糸や茶、蠟それに水産物に限られていたが、とくに生糸と茶はその主力を占めた。これを貿易額でみると、一八六一年に全輸出額に占める茶の割合は三・八六％、翌々年は七・九％。一八六七年は約一七％（二〇％ともいう）、翌年の明治元年には二三％に達している。

それにしても、江戸末期に疲弊した農村地帯から、よくも急上昇する輸出量に見合う茶の生産があったものと驚くのほかはない。横浜開港の年に長崎の大浦慶が多量な受注に接しながら、九州中をかけ歩いて、漸く茶六トンを輸出したということを聞いているが、それが当時としては実情であったのではないかと思えるからである。

明治一〇年前後の統計を見ると、輸出量が生産量を上廻るといった現象に気がつく。このほかにも、明治一八年、二四年などにも同様の不合理な点が見られる。これは前年の在庫をはき出したということではなく、輸出量が比較的正確に把握されたのに対して、生産量については諸情報を掌握しきれないほど、輸出が先行したことによるものと思ってよいであろう。

いま明治初期に、茶の輸出を裏付けた生産事情を考えるばあい、いくつか思い当るが、少なくとも次のような点で成果をあげた為に、多量の輸出をなし遂げることができたと思う。

まずその一つとしては、新興の茶産地が形成されていたこと。すなわち横浜開港に先だって、相模、武蔵など横浜に近い諸藩で、オランダ向輸出のためとして、茶の植付けを奨励していたという事実がある。また東海地方牧の原や三方ケ原などにおける士族の帰農による大規模な茶園の開拓が実を結び、これらの地が新しい茶の産地になったことがあげられるであろう。次いで従来の産地たる京都、滋賀、三重、静岡など諸府県に貿易向けの生産が増強され、さらに奈良、岐阜、福岡、愛媛、熊本、千葉などの諸県が茶輸出に参加したというように生産地の範囲が拡大したこと。それに農村に茶の商品化に伴う貨幣経済が浸透し、生産意慾が高まったこと。単位面積当りの収量を増加させる技術上の進歩があったこと。明治政府が、近代化社会の実現に必要な外貨をねらい、博覧会や共進会などを主催し、生産奨励措置をとったこと。とくに外国資本の強い圧迫と強要のあったこと。以上の諸点がそれぞれ互いに関連しながら、輸出という錦の御旗の下で官民こぞって生産に励んだことの成果がみのりつつあったということではなかろうか。

言えることとは、近世の日本茶業は、世界資本主義の圧力に強要された輸出により、近代化が促進されたのであって、国内需要を支えにして発達した過去とは、全く異質の経路をたどって発展をしたということである。

初期の輸出は、外国商館がイニシアチブをとっていたため、日本商人は商館に売り込むだけの半植民地的貿易であったから、輸出が伸長したといっても、そこに商人の貿易手続などの無知につけ込む外商の買叩きは日常のことであったと思う。また外商経営の「お茶場」という仕上工場に働く日本人労働者の苛酷な労働や、低賃銀といったことも当然のように存在したことであろう。

**茶業組合の結成**

ところで、こうした生産増強の対応も、急進する輸出茶の需要に追いつけなくなってくる。このため無理をしてまでも辻褄を合わせようとしてきた。緑茶でいえば、場当り式の粗製濫造がはじまり、はては茶に似せた偽茶までも輸出するようになる。紅茶にしても折角政府が明治初期に、多田元吉らに期待を寄せ、多くの労力と費用をかけて、生産の緒についたにもかかわらず、インド紅茶の前に影をうすめていた矢先、これに泥を塗るように不評を買う未熟な紅茶を製造した。これを輸出に向けて一時的な要求に応じようとしたのである。

はたせるかな、一八八二年オーストラリアから、日本茶の異物混入が指摘され、同年アメリカ議会は贋茶輸入禁止を決議し、ニューヨークの茶審査員から、日本茶に石膏、滑石、着色用に有害な群青の混入が認められたと抗議が寄せられた。

当時日本の茶業は、生産、輸出の伸びに伴って、生葉を栽培する生産者、生葉売りの仲買業者、これに第一次の加工をする荒茶製造業者、それに産地問屋、消費地問屋、小売、外商に売り込む売り込み商といった大まかな機能分化が行なわれ、流通機構を形成しつつあった。不正茶の混入を指摘されたことは、売り込み商ばかりでなく、茶業関係者にとって、きわめて衝撃的であった。例えば末端の小売商にしても、輸出の不振は、直ちに茶相場の不安定につながるため、茶の売れ行きにも影響をうけるといったぐあいである。

この不名誉な日本茶の悪評にたいする対策として、それぞれの業者は、茶業組合を結成して、組合員相互の自戒牽制と、共存の為の結束をはかることになった。一八八四年に制定された「茶業組合準則」は、こうした粗悪品輸出の反省を動機として誕生した。この組合結成には下敷きとして、前にふれた通り江戸末期に結成された江戸の茶株仲間や、駿遠二州の茶仲間という組織があったために、比較的順調に進んだようである。

「茶業組合準則」のなかで、自家用製造者を除く、茶製造業者、販売業者すべてを対象として、第一項「他物若シクハ悪品ヲ混淆シ、或ハ着色スル等不正ノ茶ハ製造販売セザル事」とあるのがそれを物語っている。

「茶業組合準則」はついで「茶業組合規則」とし、この制定の年には、殆どの府県で組合が結成され、同年には、全国組織の中央茶業組合が設立された。これは一八八七年に茶業組合中央会議所と改称し、以後一九四三年第二次大戦を前にして中央農業会に併合されるまで、五十六年にわたり、官僚主導から民間自主的な立場において、日本茶の生産指導、情報の蒐集、貿易振興の中枢機関として存在することになる。

茶業組合の組織化によって、全国的な集散市場が育成され、茶の輸出は、一八九一年に第一次のピークを迎える。輸出量は二万四〇〇〇トン、仕向地は主としてアメリカ、カナダ。生産量は二万六五〇〇トン。茶園面積は約六万ヘクタール、内静岡県が第一位で一万一〇〇〇ヘクタールという数字である。

### アメリカの喫茶事情

ここで日本茶の最大手たるアメリカ合衆国の喫茶事情を紹介しておこう。

合衆国はアメリカ大陸中では最も早く茶を知った国であ

る。植民地時代からイギリス本国から転送されてくる茶によって味を覚えた。一七四八年に、ニューヨークを訪れた一旅行家の日記に「この町には良い水が無い。けれども少し離れたところに良い水の出る大きな泉があって、住民は茶に使うためこの水を汲みに行く」という一節がある。またこの茶に使う泉の水の行商人がふえてきたので、一七五七年には、ニューヨーク市議会では「ニューヨーク茶水販売人取締規則」を制定したという。ニューヨーク市民は茶の味について敏感だったようだが、このころ飲んだ茶は緑茶ではないかと推察できる。というのは紅茶はミルクや砂糖を加えるから、このように水に対して敏感でなくてもよいと思うからである。

はじめのころは茶価も高かったようで、高い輸入関税の不満が導火線となって発生した、ボストン・ティーパーティー（一七七三年）事件でもわかる通りである。合衆国は民族は単一ではないから飲む茶の量、種類ともにそれぞれ異なり、また地域によってもその利用に大きな差がある。五大湖周辺のオハイオ、イリノイなど各州の森林労働者などが緑茶をよく飲んでいると伝えている。季節によっても飲み方に相違があり、たとえばテキサスなど南部の諸州では冬は熱い茶、夏はアイスティーを飲むとされている。飲む茶の種類は、紅茶が主体であるが緑茶や烏竜茶も飲まれる。

二十世紀のはじめに都市では、茶に代ってコーヒーが普通の飲料となり嗜好に変化をみせたが、さいきんになって取扱いの簡易なティーバッグが普及し、茶の需要は盛り返しつつあるという。

一方休息の時間には、イギリス式の午後の茶の風習も入り、喫茶熱はこの面からも回復しているようである。ニューヨークだけでも一寸した喫茶店や、休憩できるティーガーデンといったものが、二五〇〇軒ほどにふえたといわれている。土地が広く、人種も多い国だけに、コーヒーでもココアでも、茶にしてもよく消費する国柄のようである。

### 紅茶に圧されたアメリカ市場

一八九四、五年（明治二十七、八年）の日清戦争の勝利により、日本は世界列強に伍す第一歩をふみ出し、対外的には、日英通商条約を締結した。従来の不平等条約を改正し、その他アメリカ、イタリア、ロシア等十四ケ国とも条約を改正し、関税自主権をもつに至って、茶の輸出に良い条件が具わってきた。それと共に外国商館への売り込み主体の貿易も日本人の手による直輸出が次第に主流をなしてくる。これを機に政府も、海外販路拡張の為、茶業組合中央会議所に毎年七万円の助成金を支出して、海外市場の拡大に力を注ぐことにした。

ところが、当時輸出量の七五％を占めていた最大手たるアメリカで、突如「製茶輸入税法」が議会を通過した（一八九八年）。これはアメリカが、キューバ問題に端を発して、スペインと紛争を生じたため、この軍費捻出の為にとった非常手段で、税率は茶一ポンドにつき一〇セントという高率なものであった。アメリカ向けには、中級茶が多く、この卸売価格は一ポンド概ね一六セント前後であるから、一〇セントの課税は原価の六二％に相当する。しかもコーヒーは無関税という片手落ともいうべきものであった。この輸入税は、日本側の猛反撃によって一九〇三年に廃止されたが、輸出は一万八五〇〇トンと急減した。日本茶の生産方式は、生産農家に密着する家内工業の域を出ず、インド、セイロン茶のエステート生産方式に対抗するにはコスト高の影響も見逃せない要因であった。

そのような時期、埼玉県の高林謙三は、製茶の粗揉機を発明し、続いて国内で、精揉機や中揉機の発明が相ついだ。これら機械は、やがては日本茶の量産につながる基礎的な役目をになうのだが、当初はまだ製品を手揉製より優るものにはなし得なかったので、直ちに日本茶のコスト低減には結び付かなかった。

一九〇四年日露戦争が始まると、戦争遂行のため、軍需が優先し、茶を輸出すべき輸送船は激減し、輸出は低迷した。その間隙に、安値のインド、セイロン紅茶がアメリカ市場に集中する。後年日本茶がアメリカ市場を失うのは、コーヒーの無関税によりコーヒーのアメリカ市場進出を容易にしたことが一つある。それとインド、セイロン紅茶の大量出廻りにより、アメリカ人の嗜好を刺激の強いコーヒー、紅茶に変化させる最初の楔が当時すでにうち込まれたことに原因があるといわれている。

## 『茶の本』とその後の茶道

日露戦争の終った翌年、一九〇六年に、岡倉天心は、『ブック・オブ・ティ』（茶の本）をニューヨークで刊行した。日露戦争の直後のことであり、アジヤの小国日本が、大国ロシアを破ったというので、欧米列強の注視を浴びている時であった。天心はこの書を唐の陸羽の『茶経』（ブック・オブ・ティ）に擬したのであろうか、該博な智識を駆使して、人間性の茶碗、茶の流派、道家と禅、茶室などの史的観察を試みた。それと共に、一貫して欧米に向っては、産業主義に対する警告と、アジアに向っては、理想への回復を呼びかけた。利休の死については、政治への隷属を拒否して死を選んだそのことは、芸術の勝利としてとらえた。この本は、一九二八年までに早くも十四版を重ね、フランス、ドイツ、スウェーデン、スペインの各国語に翻訳された。日本国内よりも、むしろ国際的に高い評価をうけた。

ところで天心がこの本を出版したころは、茶道は極端に衰えていたときであった。この本は茶道が日本文化の精粋として海外の理解を深める役目をになったが、それよりも国内に与えた影響の大きさで、より評価されて然るべきだと思う。『茶の本』は、衰えた茶道にたいして、世間にはその見直しを求め、茶道者には勇気と希望を与えるといった内容を含んでいると受けとめられるふしが充分にあると思われるためである。

では茶道は、どうなっていたのだろうか。それをみよう。江戸末期には仏教が衰え、一方儒学が盛んになってきている。儒者、文人を中心として、高遊外を始祖とする煎茶道すなわち文人茶が流行してきたことは、前にふれた通りである。儒学が盛行するにしたがって僧侶の権威は自然と下がってきた。もともと僧院に出発し、僧院に根づいた茶道、そしてこれを受け継ぎ、発展させた茶道者は、もはや信長や秀吉の頃のような社会的権威を失い、経済的にもゆとりを欠くようになってしまう。家元制度というものができたのも、格式だとか勢力を保持するために、一つの手段として考えられたことなのである。

それが明治維新の大変革期を迎え、世の中が欧化万能の風潮に支配されるようになると、古い伝統をもつ茶道は、古きものとして弊履のように捨て去られた。民衆の心に芽生えた合理主義の前に、茶道はいたずらに格式を尊重する形式的な遊戯にしかうつらなかったのである。茶道はこれまで依存していた大名もなくなり、辛うじて宮中、皇族や華族、政治家などに取りすがった一部を除いては、安定的な収入の道はなく経済的に苦しい破目に追いこまれるようになっていた。

『茶の本』はこうした時代を背景にして出版されたというところに、その意義は深かったといえるのではなかろうか。

しかし天心の呼びかけに応じうるものは、経済的に安定した者しかいなかったに違いない。それがやがて藤田伝三郎とか、三井の益田鈍翁や原三渓、小林逸翁、松永耳庵といった実業家たちによって茶道復興のきざしを見せることになるのである。だがそれはしばらく後のことである。

**輸出新市場の開拓**

輸出の低迷を続けるうち、一九一四年第一次大戦が起こり、日本経済は好転してくると同時に、茶の輸出は未曾有の活況を呈した。一九一七年に、輸出量は、第二次のピークというべき、三万余トン（統計上の同年の生産量は三万九〇〇〇トン）を記録した。これは、イギリスが軍需物資の輸送を重視し、アメリカ市場へ向けるべき、インド、セイロン茶の輸送に困難を来たしたため、いわばアメリカ需要の穴埋め的現象という特殊事情によるものである。したがって永続性はなく、大戦終了と共に、インド、セイロン茶は、その滞貨と共に再び洪水のようにアメリカへ大量に向けられ、日本の茶輸出は後退する。折からアメリカに於て、日本茶の木茎混入問題が起こり、輸出後退に拍車がかかり、一九二一年（大正一〇年）に、僅か七〇〇〇トンと明治初年の数量にまで落ち込んだ。

このままインド、セイロンのアメリカ市場蚕食が推移すれば、日本の茶業にとっては致命的である。これに対して市場確保の早急な対策を迫られた日本は、当面の木茎混入問題については、三番茶以降の摘採禁止、機械濫用の自粛などの励行によって対処することとし、一方新しい市場の開拓を目ざした。

その頃、国内の科学者たちは、茶の成分について研究を進めており、一九二四年に三浦政太郎は、緑茶中にビタミンCの存在を証明し、山本頼三は、同じくビタミンAの存在を発表し、辻村みちよは、緑茶中からカロチンの抽出に成功するなど、緑茶の普及にとっては好箇の材料を提供した。日本茶は時を移さず、これも緑茶の消費宣伝の手段としたことは勿論であった。

ただしこういった科学的成果は、今日においては緑茶消費促進のため、最も有力な材料となっているが、少なくともアメリカでは意外にも大した宣伝効果をあげることにはならなかったようである。当時アメリカ農商務省の試験結果は「実験の結果、日本茶が、ビタミンCに富むとの主張は確認せられざるに至った」という公表（『日本茶輸出百年史』）をしたという経過があることでわかる。

新市場として着眼したのは、ソ連とモロッコを主軸とする北アフリカであった。

茶の一大需要国たるソ連へは、曾て紅磚茶を輸出した実績をもつが、これは品質不良の為、悪評を蒙って輸出は中絶状態にあった。一九一七年の革命後、資本主義列強の干渉により紛乱を続けるソ連に、茶の輸入が途絶状態にあることを知った日本は、それまで中国茶の独占市場であった広大な市場に、中国式製法による玉緑茶（グリ茶）を売り込んだ。一九二五年一三六トン強の輸出成功にはじまり、十年後には四五四五トンに達し、新市場開拓の第一の目標は成功をおさめた。

北アフリカ市場は、一九二四年マルセイユ駐在の菅領事の外務省宛の報告により、モロッコが緑茶を愛用し、その茶は中国産であることを知ったことから開発の端緒をつかんだ。その後、茶業組合中央会議所の調査により確認して、一九二七年試売を開始したのが橋頭堡となった。四年後には一八一トンの輸出をして、以後この市場は、日本の海外市場としては最近まで有力視される程になり、開拓の第二の標的もねらい打った。これに加えて一九三三年、インド、セイロン、ジャワ三国間で紅茶の輸出制限を行なった国際協定によって、紅茶の不足したイギリスから、意外にも紅茶の受注が増加した。こうして一九三七年から翌々年にかけて、総輸出量二万四〇〇〇トンに達し、第三次の輸出のピークを記録した。

　ひるがえって、第一次から第三次の輸出のピークを支えた国内の生産事情を見ると、地域別には静岡県の生産増加が顕著なことが判る。静岡県の生産増大の要因としては、一八九九年に清水港が正式に開港場に指定され、貿易港を地場にもったこと。他の地方に卓越した近代的生産方式をとったこと。例えば一九三三年の一戸当りの生産高でみると、静岡県は約八〇六キロに対し、京都府で五二・五キロ、鹿児島県一四キロ強、岐阜県一八キロと格段の相違のあることでもわかる。そのことは手揉み製茶の生産から、量産可能な機械製茶への移行が早く進んだ結果であり、且つ機械製茶が手揉茶に劣らない技術上の改良、進歩があったからであろう。

**第二次大戦前後**

　ソ連や北アフリカの新市場が軌道に乗ろうとしていた矢先、一九四〇年日、独、伊三国同盟の調印直後に、先ずソ連市場が脱落し、次いで、アメリカ、カナダ、イギリス、アフリカ市場も脱落した。そしてわずかに軍事力を背景にした。満州、関東州、蒙疆など、いわゆる円域市場に限定されてしまう。

　一九四一年太平洋戦争勃発により、食糧の輸入が途絶し、茶園は食糧作物栽培に転換を余儀なくされた。製茶工場は、燃料、潤滑油等の資材に不足し、製茶機械も撤去され、軍需工場へ変貌する。こうした事情により一九四二年の六万一〇〇〇トンの生産量は、敗戦の年一九四五年には、二万三〇〇〇トンに急下降した。

　生産は減少したが、国民一人当りの需要量は徐々に増加の傾向をみせてきた。茶不足は価格の高騰を招くため、政府は公定価格を実施して、価格の統制を行なうことにした。しかしこうした一片の通牒によって、自然の勢いに抵抗しようとするのは無理であろう。再三の統制価格の改訂にも拘らず、効果は期待するにはほど遠かった。いやむしろ、いわゆる闇価格の方に実勢はあったといった方がいいというのが実情である。価格統制に側面的に協力すべき茶業組合中央会議所も、その頃は「食糧その他重要農産物確保の国家使命を完遂する為」にすでに中央農業会に吸収され、およそ六十年にわたる歴史を閉じていた。

　一九四五年八月に無条件降伏をした日本は特に食糧事情が最悪で、国民は飢餓に瀕した。連合軍は、このため主要食糧の放出を行ない、その見返り物資に、茶を指定し、日本政府に通達してきた。

　瀕死の茶業会にとっては、旱天の慈雨として、にわかに活気を呈し、一九四六年八月に、清水港から約六八二トンの緑茶をアフリカに仕向け、期待を今後につないだのは当然であったであろう。

戦後の輸出は、政府の管理下におかれていて、民間に移行したのは、一九四九年である。当時は中国茶が未だ立直らない事情もあって、アメリカ、カナダ、アフリカ等、元来中国茶になじんでいた諸国へと、またコーヒーの減産による世界的な紅茶の需要増もあり、イギリス向け紅茶と輸出は伸長した。一九五四年には、一万七〇〇〇トンの輸出実績をあげている。

しかし日本茶の輸出は、この年を境に、漸減し、一九六三年以降、今日まで五〇〇〇トンを上廻ることはなくなってしまう。

その原因は、いくつか考えられるが、一般的にいえることは、世界の茶市場は紅茶が主流となったということであろう。第二次大戦を境にして、海外ことにアメリカ、カナダ市場は、日露戦争の時と同様に緑茶の空白期をもった。その間に紅茶の嗜好が特に高まったという事情がある。その上日本の紅茶は、インド、セイロンのそれに比べて、品質の点で格段に劣るのは事実である。また緑茶市場は、新興のアフリカ地帯は、元来中国茶になじんでいたところである。そこへ中国茶が復興し、日本茶をはるかにしのぐ品質と価格の好条件で進出したから、これまた策のほどこしようが無くなったというのが実情である。

輸出の凋落に代るようにして、茶の輸入が増加するのは、何と見たらよいであろうか。一九七三年の数字をみると、ウーロン茶などの輸入量は二万二〇〇〇トン、それに対して輸出は僅か二五〇〇トンである。明治初期には国の運命に深くかかわった茶の姿は、すでにどこにも見られない。

横浜開港以来、日本の茶業は、輸出によって支えられてきたといってよく、輸出の向背はそのまま茶業全体の一喜一憂に直結した感がある。そのため政府や業界の指導機関は、その施策の殆どを輸出中心に重点をおいてきた。ところが、ここへ来て生産量は一〇万トン前後と、史上最高量にほぼ定着してきた。輸出に期待をかけられなくなったいま、更めて国内需要に関心を寄せなければならなくなったのだが、それは遅きに失したといえば、言い過ぎになるかもしれない。

しかし国内需要の再喚起といっても、それは安易な道ではない。特殊な茶を利用する茶道方面の需要増はあるとしてもこれは別として、国民の食生活の変化が齎らす、緑茶離れ、嗜好飲料の多様化に伴う需要の減退、とくに若年層の茶にたいする無関心傾向、といった問題が山積しているのである。これらにいかに対処するか。日本の茶業としては、それが当面の課題となるのではなかろうか。

# 参考文献

〔和書―茶関係〕


愛知の茶三十年のあゆみ　愛知県茶業連合会　一九七九

阿波の茶　山内賀和太　徳島県相生町役場　一九八〇

江戸時代茶商古記録　一七一六頃（享保年間）

お茶の効き目　林栄一　ベストブック　一九八〇

お茶のきた道　守屋毅　日本放送出版協会　一九八一

お茶の製造法　出村要三郎　地人書館　一九三三

お茶の百科　松下智　同成社　一九八一

御飾記　相阿弥　塙保己一編『群書類従』遊戯部第三六一巻　経済雑誌社　一九〇二～〇六

海外に於ける製茶事情　加藤徳三郎編　『茶業彙報』第一三輯　茶業組合中央会議所　一九二六

皖浙新安江流域の茶業　呉覚農　大滝茂訳　『雑誌茶業界』第三〇巻　一九三五～三六

喫茶往来　玄恵　塙保己一編『群書類従』飲食部第三六八巻　経済雑誌社　一九〇二～〇六

喫茶養生記　鎌倉寿福寺本　鎌倉同人会編　かまくら春秋社　一九七九

栄西禅師　喫茶養生記　銭屋惣四郎編　竹苞楼板　一六九四

祁門紅茶の生産及び運銷　中支建設資料整備事務所　一九四一

金元茶法史料　田中忠夫『東亜経済研究』第三巻　一九一九

君台観左右帳記　塙保己一編『群書類従』遊戯部第三六一巻　経済雑誌社　一九〇二～〇六

紅茶百年史　全日本紅茶振興会　一九七七

茶道史年表　桑田忠親編　東京堂出版　一九七三

茶道辞典　高橋竜雄　冨山房　一九四〇

新修茶道全集　桑田忠親、高原慶三　創元社　一九五一

茶道年表　千宗室編　淡交社　一九八〇

茶道の歴史　桑田忠親　講談社学術文庫　一九八四

茶道百話　木下桂風　三省堂　一九七六

狭山茶業史　桑田愛三　埼玉県茶業協会　一九七三

生活を奏でる茶　石塚幸男他　第一法規出版　一九八一

製茶篇　高橋橘樹編　博文館　一九八五

世界の茶の動向と展望　日本茶業中央会　一九四八

膳所藩の茶専売仕方　寺尾宏二『経済史研究』第二巻

千利休　唐木順三　筑摩書房　一九七五

宋代茶法研究資料　佐伯富　東方文化研究所　一九四一

宋代茶法の見落された一面　加藤繁著　角田健三編　一九四一

宋代の茶商軍について　佐伯富著　角田健三編　一九四一

宋代の茶法茶馬　松井等『東亜経済研究』第二巻　一九一七

蘇連磚茶輸入事情　三井物産㈱業務部資料課　一九四〇

実験茶樹栽培及製茶法　田辺貢　西ヶ原刊行会　一九四〇

支那安徽省及び浙江省の茶業　山本亮　茶業組合中央会議所　一九三八

支那茶業史論　田中忠夫『東亜経済研究』第五巻　一九二二

支那茶業の機構　呉覚農　松崎芳郎訳　茶業組合中央会議所　一九

四〇
支那茶業文献目録　松崎芳郎編　茶業組合中央会議所　一九四二
支那茶資料　堀有三編　一九三二
支那に於ける飲茶の風俗と唐宋時代の茶道　松井等著　角田健三編　一九四一
支那歴代煎茶考　山下寅次著　角田健三編　一九四一
酒茶問答　三五園主人　平安書房松栄堂梓　一八四一
趣味の商品学、茶コーヒーココア　古屋晃　商品研究所　一九三一
新茶業全書　静岡県茶業会議所　一九六六
新茶業全書　静岡県茶業会議所　一九八〇
茶業伝習所事業報告　台湾総督府茶業伝習所　一九三八
地方茶の研究　橋本実　愛知県郷土資料刊行会　一九七五
茶　諸岡存　泰光堂　一九四三
茶　亀山正雄編　茶業組合中央会議所　一九四〇～四二
茶　鈴木正吉編　静岡県茶業連合会　一九四九～五二
茶園閑話　竹内信英　安楽窩板
茶樹栽培法　大林雄也、田辺貢共著　西原叢書刊行会　一九一〇
茶樹品種改良其他　杉山彦三郎　静岡県安倍郡茶業組合　一九四〇
茶経　盛田嘉徳編　河原書店　一九四八
茶経評釈　諸岡存　茶業組合中央会議所　一九四一
茶経評釈外篇　諸岡存　茶業組合中央会議所　一九四三
茶業全書　星田茂幹　擁万堂　一八八八
茶業全書　静岡県立農事試験所茶業部、静岡県茶業組合連合会議所共著　一九三一
茶業読本　日本茶業連合委員会　一九四一
茶業に関する調査　農商務省農務局編　大日本農会　一九一二
茶業の周辺　大石貞男　静岡県茶業会議所　一九三七
茶業の常識と実際の経験　小玉勝平　茶業誘導舎　一九一七
茶業必要　上林熊次郎、江口商廉編述　山中市兵衛売捌　一八七七
茶業宝鑑　村上鎮　有隣堂　一九〇〇
茶業宝典　静岡県茶業協議会　一九五〇
茶業ミニ辞典　曽根俊一、足立東平編　静岡県茶業手揉保存会　一九七八
茶業要覧　繁田武平　狭山繁田園　一九一六
袖珍茶業要覧　静岡県立農事試験場茶業部　一九一三
茶説集成　加藤景孝　擁万堂　一八七四
茶祖三国師之行跡　静岡県茶商工業協同組合　一九五一
茶とその文化　諸岡存　大東出版社　一九四一
茶の世界史　角山栄　中公新書　一九八〇
茶の美術　東京国立博物館　一九八〇
茶の文化　守屋毅　淡交社　一九八一
茶の文化史　村井康彦　岩波新書　一九七九
茶の本　岡倉天心　角川文庫　一九七〇
茶の歴史について　矢野仁一　『茶道全集』第一巻　創元社　一九三六
茶譜（茶経全集本）　兎道斎霞伯序　平安客舎　一七五八
茶務僉載　胡秉枢　竹添光鴻訳　勧農局板　一八七七
中国茶業復興計画　呉覚農、胡浩川　茶業組合中央会議所訳　一九三八
中国の名茶　荘晩芳、唐慶忠　荒井藤光、松崎芳郎訳　一九八二

中世における茶の普及について　新山裕子　一九七七
朝鮮の茶と禅　諸岡存、家入一雄　日本の茶道社　一九四〇
町人茶道史　原田伴彦　筑摩書房　一九七九
日本茶史　宮地鉄治編『茶』茶業組合中央会議所　一九四一～四二
日本茶道史　西堀一三　創元選書　一九四三
日本自身　杉山利明編　雑誌第六巻第四号、特集日本人と茶　日本自身社　一九八二
日本茶業史続篇　茶業組合中央会議所　一九三六
日本茶業史第三篇　全国農業会茶業部　一九四八
日本茶業発達史　大石貞男　農山漁村文化協会　一九八二
日本茶輸出百年史　日本茶輸出組合　一九五九
梅山種茶譜略　高遊外　高山寺板行　一八三八（一八九三復刻）
福岡の八女茶　九州の茶業研究会　一九七七
北宋茶史　角田健三『茶』茶業組合中央会議所　一九四二～四三
本草綱目茶　李時珍　和田利彦編『国訳本草綱目』春陽堂　一九三四
美濃茶の栽培と加工　岐阜県編　一九七五
牧之原開拓史考　大石貞男　静岡県茶業会議所　一九七四
利休再論　桑田忠親　日本美術工芸　一九五〇
緑茶製造学　李興伝　松崎芳郎訳　静岡県茶業連合会　一九五四
緑茶の文化と経済　竹久二雄、昭子　家の光出版サービス社　一九八四

### 〔和書―一般〕

異制庭訓往来　虎関師錬　塙保己一編『群書類従』文筆部第一四〇巻　経済雑誌社　一九〇二～〇六
飲食事典　本山荻舟　平凡社　一九七八
叡山大師伝　近藤瓶城編『改定史籍集覧』別記類第六〇号　近藤出版部　一九六〇
江戸名所図会　鈴木棠三、朝倉治彦校註　角川書店　一九六六、六七
神奈川県史　神奈川県編　一九七八
漢口―中央支那事情　水野幸吉　冨山房　一九〇七
閑際筆記　藤井懶斎『日本随筆大成』吉川弘文館　一九二七
行基菩薩伝　太田藤四郎編『続群書類従』伝部第二〇四巻　一九二三～二九
鋸屑譚　谷川士清『日本随筆大成』吉川弘文館　一九二七
近世三百年史　国際文化情報社　一九五五～五六
近代日本産業史序説　信夫清三郎　日本評論社　一九四六
クルウゼンシュテルンの日本紀行　羽仁五郎訳『異国叢書』東京駿南社　一九三一
ケンプェル江戸参府紀行　呉秀三訳『異国叢書』東京駿南社　一九二九
古今著聞集　近藤瓶城編『改定史籍集覧』纂録第三五号　近藤出版部　一九六〇
古事談　近藤瓶城編『改定史籍集覧』纂録第三六号　近藤出版部　一九六〇
埼玉県の歴史　小野文雄　山川出版社　一九七九
酒茶論　蘭叔　塙保己一編『群書類従』第三六八巻　経済雑誌社

一九〇二～〇六
聖一国師　曽根俊一、足立東平　静岡県茶業会議所　一九七九
世界大百科事典　下中邦彦編　平凡社　一九六四～七一
世界伝記大事典　桑原武夫編　ほるぷ出版　一九七八～八一
静岡県の歴史　若林淳之　山川出版社　一九七九
シーボルト江戸参府紀行　呉秀三訳『異国叢書』東京駿南社　一九二八
大漢和辞典　諸橋轍次編　大修館書店　一九七六
太閤秀吉の手紙　桑田忠親　角川文庫　一九六五
大典禅師　小畠文鼎　福田宏一　一九二七
チンギス・ハン伝　村田孜郎　日本公論社　一九三六
ツンベルグの旅行記　山田珠樹訳『異国叢書』東京駿南社　一九二八
ニッポン　ブルーノ・タウト　森儁郎訳　明治書房　一九四七
日本経済を築いた数寄者たち『太陽』二三二号　平凡社　一九八二
日本経済史概説　中村吉治　日本評論社　一九四七
日本植物図鑑　牧野富太郎　北隆館　一九三二
日本随筆大成巻二、三、七、九　吉川弘文館　一九二七、二八
日本農業（八、九合併号）　杉山正元編　全国農業会　一九四七
値段の明治、大正、昭和風俗史　週刊朝日　一九八一
農業及園芸第二七巻第一号　及川伍三治編　養賢堂　一九五二
芭蕉文集　大場俊助編　大洞書房　一九四三
扶桑略記　近藤瓶城編『改定史籍集覧』通記第一号　近藤出版部　一九六〇
文化大年表第一～六巻　日置昌一　大蔵出版　一九五五
別冊太陽三九号　高橋洋二編　平凡社　一九八二
都名所図会　秋里湘夕選　吉野屋為八梓　一七八〇
梅尾山高山寺明恵上人　村上素堂　梅尾山高山寺　一九三一
耶蘇会士日本通信　村上直次郎訳『異国叢書』東京聚芳閣　一九二七
山城名勝志　近藤瓶城編『改定史籍集覧』新加書通記第一八号　近藤出版部　一九六〇
横浜市史稿　横浜市役所　一九七三
輿地誌略　内田正雄纂輯　文部省　小林新兵衛刊　一八七五
洛陽伽藍記　楊衒之　入矢義高、森鹿三共訳『中国古典文学大系』平凡社　一九七九
歴史を動かした七十七人の名僧『歴史読本』別冊　新人物往来社　一九八一
永平清規　道元禅師　青木山本覚寺蔵写本
永平大清規　曹洞宗講義第七巻　新楽会　一九三四

〔**漢籍**―茶関係〕

祁紅茶復興計画　呉覚農、胡浩川　中華民国実業部上海商品検験局農作物検験組　一九三三
栽茶　童啓慶　新華書店北京発行所　一九八二
栽茶与製茶　陶秉珍　中国国書発行公司『農業叢書』　一九五一
宣和北苑貢茶録　熊蕃　明刊叢書本
続茶経　陸廷燦撰　清、雍正一三（序）
遵生八牋　茶　高濂　清刊本
大観茶論　宋徽宗　明刊叢書本

茶経　陸羽　新刻茶経本、明刊胡徳文校
茶具図賛　審安老人（序）『茶経全集』　一二六九
茶作学　荘晩芳　北京財政経済出版社　一九五六
茶譜　顧元慶　新刻茶譜本　胡文煥校正
茶録　蔡襄　明刊本
中国茶業復興計画　呉覚農、胡浩川　上海、商務印書館　一九三五
中国茶業問題　趙烈　上海、大東書局　一九三一
中国茶業問題　呉覚農、范和鈞　上海、商務印書館　一九三七
中国的茶業　荘晩芳　上海、永祥印書館　一九五〇
中国的名茶　荘晩芳、唐慶忠等　浙江人民出版社　一九七九
本朝茶法　沈括　明刊叢書本
茶業通史　陳椽　北京、農業出版社　一九八二
中国茶葉歴史資料選輯　陳祖槼、朱自振編　北京、農業出版社　一九八一

〔漢籍―一般〕
古今図書集成　陳夢雷編、蔣延錫増補　上海同文書局影印本　一八九〇～一八九四
（主要収載書目）随書、唐書、宋史、捜神後記、大唐新語、隠逸伝、続博物志、唐国史補、茶譜、旧唐書、夢渓筆談、清波雑志、桐君録、東坡志林、岳陽風土記、雲林遺事、日知録、山家清供、広州記、大観茶論、品茶要録、北苑別録、本草綱目、古今治平略―歴代茶権、学菴類稿―明食貨志茶法
清稗類鈔　徐珂編　上海、商務印書館　一九一七

〔洋書―茶関係〕
A journey to the countries of China. Fortune, Robert, London, John Murray. 1852
A tea planter's life in Assam. George M. Barker, Thacher, Spink & Co. 1884
All about Tea. Ukers, William H., M. A., New York, The Tea and Coffee Trade Journal Company. 1935
An account of the cultivation and manufacture of tea in China. Ball, Samuel, Esq., London, Longman. Brown, Green & Longmans. 1848
An account of the manufacture of the Black Tea. C. A. Bruce, G. H. Huttman, Bengal Military Orphan Press. 1838.
China as a tea producer. Torgasheff, Boris P., Shanghai, Commercial Press, Ltd. 1926
Tea...A text book of tea planting and manufacture. Crole, David, London, Crosby Lockwood and Son. 1897
The Book of Tea. Okakura Kakuzo, New York, Duffield & Company. 1929
Two visits to the tea countries of China and the British tea plantation in the Himalaya. Fortune, Robert, London, John Murray. 1853
Tea trade in central China. T. H. Chu, China institute of pacific relations. 1936

〔洋書―一般〕
A trip to China. Ukers, William H., M. A., New York, The

Tea & Coffee Trade Journal Co. 1935
All about Coffee. Ukers, William H., M. A., The Tea & Coffee Trade Journal Co. 1922
Bibliotheca Sinica. (西人論中国書目) Henri Cordier. 北京、文殿閣書荘 一九三八 影印本
Voyage Autour du Monde. Le Comte de Beauvoir, E. Plon Cie Editeurs. Paris. 1868

251
弁円(ベン エン) 66, 68, 262, 264
封演(ホウ エン) 26, 30, 226
星田茂幹(ホシダ シゲミキ) 174
星野胤夫(ホシノ タネオ) 193
細川三斎(ホソカワ サンサイ) 111, 113, 274, 275, 279
細谷清(ホソヤ キヨシ) 194, 195
堀井長次郎(ホリイ チョウジロウ) 188
ボール(Samuel Ball) 156, 284
本阿弥光悦(ホンアミ コウエツ) 106, 110
ボンテコ(Cornelis Bentekoe) 120, 283

## マ 行

前田夏蔭(マエダ ナツカゲ) 150
牧野富太郎(マキノ トミタロウ) 196, 221, 251
増田三平(マスダ サンペイ) 165
松浦宗案(マツウラ ソウアン) 95
松平不昧(マツダイラ フマイ) 138, 141〜143, 145, 146, 279
三浦政太郎(ミウラ マサタロウ) 188, 318
三谷宗鎮(ミタニ ソウチン) 130
源順(ミナモト シタゴウ) 39
三宅也来(ミヤケ ヤライ) 131, 277
宮崎安貞(ミヤザキ ヤスサダ) 124, 263, 277
宮沢文吾(ミヤザワ ブンゴ) 253
宮地鉄治(ミヤジ テツハル) 197, 198, 251
明恵(慧)(ミョウ エ) 63〜65, 71, 79, 261, 263
夢窓(ムソウ 疎石ソセキ) 71, 73, 74, 264
村田珠光(ムラタ ジュコウ) 87, 90, 124, 268, 269
村田宗珠(ムラタ ソウジュ) 90
村野盛政(ムラノ モリマサ) 143, 147, 158
村山鎮(ムラヤマ シズメ) 178, 250
毛文錫(モウ ブンセキ) 39
望月発太郎(モチズキ ハッタロウ) 177
諸岡存(モロオカ タモツ) 195, 197, 220, 246

## ヤ 行

ヤコブソン(J. J. L. L. Jacobson) 155
矢野仁一(ヤノ ジンイチ) 16, 19, 221
藪内紹智(ヤブウチ ジョウチ) 108
山田宗徧(ヤマダ ソウヘン) 120, 122, 123, 125, 127
山上宗二(ヤマノウエ ソウジ) 98, 274
山内一豊(ヤマノウチ カズトヨ) 103, 276
山本嘉兵衛(ヤマモト カヘエ) 152, 278
山本頼三(ヤマモト ライゾウ) 188, 318
耶律楚材(ヤリツ ソザイ) 66, 242
熊蕃(ユウ ハン) 61, 238
ユーカース(William Ukers) 194
楊一清(ヨウ イッセイ) 88〜90
葉清臣(ヨウ セイシン) 48, 236
横山孫一郎(ヨコヤマ マゴイチロウ) 172
好川海堂(ヨシカワ カイドウ) 66, 187, 255
吉川温恭(ヨシカワ ヨシズミ) 143, 147, 155, 158
吉村新兵衛(ヨシムラ シンベエ) 114, 115

## ラ・ワ行

頼文政(ライ ブンセイ) 60, 237
ラム(Charles Lamb) 152
ラムージオ(Giovanni Batista Ramusio) 93, 282
蘭叔(ラン シュク) 96
陸羽(リク ウ) 26, 30, 37, 38, 71, 219, 227〜229, 278, 316
陸亀蒙(リク キモウ) 37, 227
陸樹声(リク ジュセイ) 20, 95, 223
理源(リ ゲン) 71
李時珍(リ ジチン) 100, 221
李肇(リ チョウ) 43
リッチ(Matteo Ricci) 103, 284
李白(リ ハク) 26, 227
リプトン(Thomas J. Lipton) 191
劉源長(リュウ ゲンチョウ) 119
リンシュートン 284
リンスホーテン(Jan Huyghen Linschoten) 101, 274, 284
リンネ(Carl von Linné) 134, 136
レットソン(J. C. Lettsom) 138
盧同(ロ ドウ) 33, 71, 227
ロドリゲス(Girão João Rodriguez) 96, 284
ワット(George Watt) 182

蘇軾(ソショク 東坡トウバ) 51, 53, 54

タ 行

大応(ダイオウ) 67, 70, 264
大典(ダイテン) 138, 259
高橋箒庵(タカハシソウアン) 187, 195
高林謙三(タカバヤシケンゾウ) 172, 177, 179, 316
沢庵宗彭(タクアンソウホウ) 113
ダ・クルス(Da Cruz) 93, 283
竹内信英(タケウチノブヒデ) 165, 252, 256
竹崎嘉徳(タケザキヨシノリ) 194
武野紹鷗(タケノジョウオウ) 90, 92, 93, 124, 269, 272
多田元吉(タダゲンキチ) 167～169, 173
立花実山(タチバナジツザン) 122, 125, 127
田中仙樵(タナカセンショウ) 178
田中長三郎(タナカチョウザブロウ) 253
田辺貢(タナベミツグ) 183, 193, 196
谷口熊之助(タニグチクマノスケ) 194, 250, 252
ダビッドソン(Samuel C. Davidson) 169
達磨(ダルマ) 22
チャールズ二世 116, 117, 290
チャールトン(A. Charlton) 151
長闇堂(チョウアンドウ) 111
趙賛(チョウサン) 28
張揖(チョウユウ) 17, 21, 224
張又新(チョウユウシン) 31, 229
趙烈(チョウレツ) 191
陳継儒(チンケイジュ) 100
陳寿(チンジュ) 223
陳椽(チンテン) 117, 126, 202, 213, 214, 221～223, 251, 282, 292
辻村みちよ(ツジムラミチヨ) 190, 196, 318
津田宗及(ツダソウギュウ 天王寺屋―テンノウジヤ) 92, 97, 99, 269, 271
津田宗達(ツダソウタツ) 94
ツンベルグ(Carl Peter Thunberg) 139, 140, 250, 285
ディクソン(B. Dickson) 159
手島岩雄(テジマイワオ) 182
寺島良安(テラシマリョウアン) 128, 252
田芸衡(デンゲイコウ) 92, 246, 292
土居清良(ドイセイリョウ) 95, 277
道元(ドウゲン)65, 66, 263, 268
陶弘景(トウコウケイ) 22, 221
陶秉珍(トウヘイチン) 202
ド・キャンドル(De Candolle) 22, 171
徳川家康(トクガワイエヤス) 105, 106
豊臣秀吉(トヨトミヒデヨシ) 93, 96, 97, 102, 270～273, 275, 284
屠隆(トリュウ) 100, 103

ナ 行

中井猛之進(ナカイタケノシン) 201, 251
中尾佐助(ナカオサスケ) 208, 251
永谷宗七郎(ナガタニソウシチロウ) 132
南坊宗啓(ナンボウソウケイ) 100, 274
能阿弥(ノウアミ) 88, 268
野中兼山(ノナカケンザン) 276

ハ 行

白楽天(ハクラクテン) 33, 35, 226, 227
橋本実(ハシモトミノル) 186, 251
羽田敏雄(ハダトシオ) 152
羽田野敬雄(ハタノノリオ) 170, 251
速水宗達(ハヤミソウタツ) 144, 145, 148
原崎源作(ハラザキゲンサク) 177, 182
バンクス, ジョゼフ 139, 294
人見必大(ヒトミヒツダイ) 123
皮日休(ヒニッキュウ) 37, 227
馮時可(ヒョウジカ) 95
平尾喜寿(ヒラオヨシトシ) 173, 174
平賀源内(ヒラガゲンナイ) 136, 252, 253
フォーチュン(Robert Fortune) 156～158, 161, 162, 250, 285
藤原明衡(フジワラアキヒラ) 50
ブリス(A. W. Blyth) 170
ブルース兄弟(Bruce) 148, 152, 153, 295, 296
古田織部(フルタオリベ) 101, 102, 106, 115, 274, 275
フロイス(Luis Frois) 94, 97, 99, 274, 284
文帝(ブンテイ) 23, 225
ベイルドン(Samuel Baildon) 164, 169,

行基(ギョウキ)　25, 254
許次紓(キョジジョ)　104
許慎(キョシン)　17
金大廉(キンダイレン)　33
キンモンド(J. K. Kinmond)　163
空海(クウカイ　弘法大師コウボウダイシ)　30～32, 34, 36, 38, 254～256
空也(クウヤ)　40, 42, 257, 259
虞世南(グセイナン)　23
クルゼンシュテルン(Ivan Eyodorovich Kruzenshtern)　144
呉大五郎(クレダイゴロウ)　176
黒川真道(クロカワマミチ)　185
黒田如水(クロダジョスイ)　102, 103
玄恵(ゲンエ)　74
ケンペル(Engelbert Kämpfer)　22, 122～124, 128～130, 250, 285
乾隆帝(ケンリュウテイ)　131, 248
黄儒(コウジュ)　52
高遊外(コウユウガイ)　132, 133, 136, 151, 259, 278, 317
高濂(コウレン)　99
顧炎武(コエンブ)　15, 121, 220
呉覚農(ゴカクノウ)　192, 193, 195
虎関師錬(コカンシレン)　71, 73, 262, 264
顧元慶(コゲンケイ)　90, 91
胡浩川(コウコウセン)　192, 193
後花園天皇(ゴハナゾノテンノウ)　84
小林一三(コバヤシイチゾウ)　205
胡秉枢(コヘイスウ)　168
小堀遠州(コボリエンシュウ)　101, 109, 111, 113, 275)

## サ　行

蔡襄(サイジョウ)　49, 50
最澄(サイチョウ)　29, 30, 32, 33, 254～256
酒井甚四郎(サカイジンシロウ)　172
嵯峨天皇(サガテンノウ)　31, 35, 255, 256, 257
坂本藤吉(サカモトトウキチ)　153, 278
佐々木導誉(ササキドウヨ)　75, 76
佐瀬佐太郎(サセサタロウ)　186
サブリエール夫人　291
沢村真(サワムラマコト)　183, 189
柴山元昭(シバヤマゲンショウ)　131
シーボルト(Philipp Franz von Siebold)　148, 149, 151, 158, 163, 285
志村喬(シムラタカシ)　194, 198
ジョンソン(Samuel Johnson)　135
釈皎然(シャクコウネン)　26
ジャクソン(Wiliam Jackson)　165, 170, 172, 174, 178
重源(ジュウゲン)　59, 260
周高起(シュウコウキ)　118
周公旦(シュウコウタン)　15, 219
十四屋宗伍(ジュウシヤソウゴ)　91, 92
松花堂昭乗(ショウカドウショウジョウ)　111
徐献忠(ジョケンチュウ)　92
徐光啓(ジョコウケイ)　109
白井光太郎(シライコウタロウ)　190
審安老人(シンアンロウジン)　69, 91
神農(シンノウ)　15, 219, 220
沈括(シンヤク)　54
杉田晋(スギタススム)　172
杉山彦三郎(スギヤマヒコサブロウ)　159, 182, 252
鈴木牧之(スズキボクシ)　150, 153
鈴木政通(スズキマサミチ)　151
スチュアート(Cohen Stuart)　186
ズーフ(Hendrik Doeff)　145
スミス(A. V. Smith)　177
セヤージ(Alfred Sayage)　159
千宗左(センソウサ　江岑コウギン)　113, 114, 116, 118
千宗左(センソウサ　如心斎ニョシンサイ)　132, 134
千宗室(センソウシツ　一燈イットウ)　132, 138
千宗室(センソウシツ　玄々斎ゲンゲンサイ)　165
千宗室(センソウシツ　仙叟センソウ)　117, 125
千宗旦(センソウタン)　113, 115
銭椿年(センチンネン)　90, 167
千利休(センノリキュウ　宗易ソウエキ)　92, 93, 95～97, 99, 102, 124, 271～275
相阿弥(ソウアミ)　89, 268
宋子安(ソウシアン)　48
荘晩芳(ソウバンボウ)　70, 214, 255, 282
蘇廙明(ソイメイ)　37

# 人名索引

## ア行


赤堀玉三郎(アカボリ タマサブロウ)　168
足利尊氏(アシカガ タカウジ)　72, 264, 265
足利義政(アシカガ ヨシマサ)　267, 268
足利義満(アシカガ ヨシミツ)　76, 78, 79
麻生慶次郎(アソウ ケイジロウ)　179
阿部正信(アベ マサノブ)　155
アルメイダ(Irnão Luis d'Almeida)　94, 284
晏子(アン シ　晏嬰アン エイ)　15, 219, 220
井伊直弼(イイ ナオスケ)　159, 160
池坊専栄(イケノボウ センエイ)　89
市川文吉(イチカワ ブンキチ)　174
出村要三郎(イデムラ ヨウザブロウ)　195
稲垣休叟(イナガキ キュウソウ)　145, 147
今井宗久(イマイ ソウキュウ)　93, 95, 97, 100, 269, 272
隠元(イン ゲン)　114
ヴァリニャーニ(Alessandro Valignani)　96, 284
ヴァレニウス　285
ウィリアムズ(Llewelyn Williams)　194
上田秋成(ウエダ アキナリ)　142, 144, 145, 277
ウォード(F. Kingdon Ward)　183
臼井喜一郎(ウスイ キイチロウ)　178
内田三平(ウチダ サンペイ)　185
栄西(エイ サイ)　43, 59, 60～65, 71, 253, 261～263, 266
叡尊(エイ ソン)　67～69, 262, 264
永忠(エイ チュウ)　31, 256
江沢長作(エザワ チョウサク)　156, 176
袁高(エン コウ)　28, 29
遠藤元閑(エンドウ ゲンカン)　125, 126, 132
円仁(エン ニン)　33, 34, 36, 254
王涯(オウ ガイ)　34, 230
王褒(オウ ホウ)　16, 222
欧陽修(オウ ヨウシュウ)　17, 48, 50, 51
大井次三郎(オオイ ジサブロウ)　251
大石貞男(オオイシ サダオ)　16, 250, 251, 311
大浦慶(オオウラ ケイ)　160, 312
大倉喜八郎(オオクラ キハチロウ)　165
大蔵永常(オオクラ ナガツネ)　155
大谷嘉兵衛(オオタニ カヘイ)　161, 163, 176, 192
大林雄也(オオバヤシ ユウヤ)　175, 182, 183
岡倉天心(オカクラ テンシン)　152, 181, 184, 189, 316
押田幹太(オシダ ミキタ)　205
織田信長(オダ ノブナガ)　93, 95～97, 270, 272, 275, 284
織田有楽(オダ ユウラク)　105, 107
オレアリウス(Adam Olearius)　110, 116, 283
温庭筠(オン テイキン)　37, 229


## カ行


貝原益軒(カイバラ エキケン)　125, 127, 128, 277
郭璞(カク ボク)　19, 221
華佗(カ ダ)　17
ガードナー(Hon Edward Gardner)　146, 295
金森宗和(カナモリ ソウワ)　115
金森得水(カナモリ トクスイ)　162
上坂清一(カミサカ セイイチ　清右衛門セイエモン)　152, 278
上林熊次郎(カミバヤシ クマジロウ)　169
上林清泉(カミバヤシ セイセン)　153
神谷宗湛(カミヤ ソウタン)　98, 102, 106, 270
蒲生氏郷(ガモウ ウジサト)　101
川上宗雪(カワカミ ソウセツ)　135
顔師古(ガン シコ)　23
顔真卿(ガン シンケイ)　27, 20, 227
徽宗(キ ソウ)　55～57, 238
北向道陳(キタムキ ドウチン)　92, 94
北村四郎(キタムラ シロウ)　202, 251
キャサリン(Catherine of Braganca)　116, 290
ギャラウェイ(Thomas Garraway)　115
丘濬(キュウ シュン)　85, 243

**編著者略歴**

松崎芳郎（まつざき・よしろう）

1913年千葉県生まれ。
大東文化大学卒業後、茶行組合中央会議所、
全国農業協同組合連合会を経る。
『支那茶業文献目録』『中国の名茶』等の
編訳書あり。
1991年2月死去。

☆本書は1985年、1992年、2007年に小社より
刊行された『年表 茶の世界史』の新装版です。

年表 茶の世界史 新装版

2012年 9月25日　初版第1刷発行

編著者　松崎芳郎
発行者　八坂立人

印刷所　(株)平河工業社
製本所　ナショナル製本協同組合

発行所　(株)八坂書房
〒101-0064　東京都千代田区猿楽町1-4-11
TEL.03-3293-7975　FAX.03-3293-7977
http://www.yasakashobo.co.jp


ISBN978-4-89694-144-9

## ◆関連書籍のご案内

### ロマンス・オブ・ティー—緑茶と紅茶の1600年

W・H・ユーカース著／杉本 卓訳

中国での茶樹発見以来一六〇〇年、世界各国で独自の喫茶習慣を生みだした緑茶と紅茶。西欧へ持ち込まれた17～18世紀当時に飲まれていた茶の三分の一は緑茶だった。本書は緑茶・紅茶文化のすべてを詳述。その歴史に秘められた、伝説・逸話・名言・芸術の一大データベースである。

二六〇〇円

### カフェイン大全—コーヒー・茶・チョコレートの歴史からダイエット・ドーピング・依存症の現状まで

B・A・ワインバーグ、B・K・ビーラー著／別宮貞徳監訳

コーヒー・茶・チョコレート・コーラ飲料・ダイエット薬品・風邪薬……。現代人はなぜカフェインが好きなのだろう？普及までの歴史から、医薬としての価値、さらにはカフェイン漬けのわれわれの身体に何が起こっているかまでを精査、最新の知見をもとにその実像に迫る。

四八〇〇円

### 料理百珍集

何必醇・器土堂 他 著／原田信男校註・解説

「豆腐百珍」「玉子百珍」など、江戸時代中・後期の「百珍もの」と言われた料理書九点を集成し、復刻。豆腐、鯛、卵、蒟蒻、甘藷、柚、ハモなどの各素材について、各々約一〇〇種類、計八四〇種もの料理法を載せる。

二四〇〇円

### 香料文化誌—香りの謎と魅力

C・J・S・トンプソン著／駒崎雄司訳

「香り」は世界中で様々な方法で楽しまれている。いったい「香り」は、いつ・どこで・どのように使い始められ、用いられてきたのか。古今東西の膨大な資料を基に展開される、紀元前から近代までの「香り・香料」の歴史。

二八〇〇円

＊価格は税別価格

## ◆関連書籍のご案内

### 江戸のお茶 ―俳諧 茶の歳時記

山田新市著

「江戸時代の人は、お茶に塩を入れて飲んでいた⁉」どんな茶が、どんな飲まれ方をしていたのか？ 茶にまつわる幾多の俳諧を紹介しながら、意外な角度から江戸時代の喫茶模様・喫茶文化の実態に迫る。巻末に「資料 俳諧茶合」として蒐集した二〇〇〇余りの茶の句の一覧を付す。

二四〇〇円

### 江戸の野菜 ―消えた三河島菜を求めて

野村圭佑著

江戸の庶民は、どのような野菜を食べていたのだろうか？ 季節ごと旬の野菜は、どこで作られ、どのようにして大江戸市中へ運び込まれていたのだろうか？ 近郊での野菜の栽培、流通、販売、舟運、川と野菜との関係、飢饉と野草の利用まで、野菜を通して当時の生活の一端を明らかにする。

二四〇〇円

### 資料 日本植物文化誌

有岡利幸著

日本の風景と文化をつくりあげてきたさまざまな植物を取り上げて、人とのかかわりを示すさまざまな資料を集成し、解説をくわえながら、わかりやすく紹介する。マツ、竹、ウメからニセアカシア、カラマツ、ヨモギやタラノキまで、話題満載！。

五八〇〇円

### プラントハンター東洋を駆ける ―日本と中国に植物を求めて

アリス・M・コーツ著／遠山茂樹訳

8〜20世紀初頭、世界随一の緑の宝庫・日本と中国でヨーロッパの人々を熱狂させる花々を危険を顧みず探し求めた植物収集探検家たちの活躍を描く、定評ある原著からの初邦訳！ 図版・地図170点、参考年表など、資料も充実。

二六〇〇円

＊価格は税別価格